Arbres et arbustes fruitiers

Production écologique des fruits et petits fruits

Jean Richard

Arbres et Arbustes Fruitiers

Production écologique des fruits et petits fruits

Revu et corrigé par Guy Langlais

BROQUET inc.
418, chemin des Frênes, L'Acadie, Qc, CAN. J2Y 1J1
Tél.: (514) 357-9626 / Télécopieur: (514) 357-9625
Internet: http://www.stjeannet.ca/broquet
Courrier électronique: broquet@stjeannet.ca

Données de catalogage avant publication (Canada)

Richard, Jean, 1918-

Arbres et arbustes fruitiers : Production écologique des fruits et petits fruits

Publ. antérieurement sous le titre : Fruits et petits fruits. (1987).
Traduction de écological fruit production in the North.
Comprend des références bibliographiques et un index.

ISBN 2-89000-448-1

1. Arboriculture fruitière. 2. Horticulture fruitière. 3. Baies (Fruits). 4. Agriculture biologique. 5. Agriculture des régions froides. 6. Arbres fruitiers - Taille. I. Langlais, Guy. II. Titre. III. Titre : Fruits et petits fruits.

SB357.H3414 1997 634'.0484 C97-941066-5

Infographie : Antoine Broquet

Révision : Éric Tourangeau

Dépôt légal — Bibliothèque nationale du Québec
3ième trimestre 1997

ISBN 2-89000-448-1

Table des matières

Table des illustrations

Avant-propos

J'ai été formé en Suisse comme «arboriculteur professionnel». Mon travail consistait à aller de ferme en ferme pour planter, tailler, greffer des arbres fruitiers. J'étais aussi responsable de la lutte contre les insectes et les maladies dans les vergers de mes clients. Pour ce faire, j'ai donc utilisé différents produits chimiques en quantité. En fait, je vendais ces produits pour augmenter mes revenus. Pendant la saison estivale, de même qu'en automne, je m'occupais de la commercialisation des fruits de la région.

Mon village natal est situé au pied d'une montagne, au sud d'une plaine fertile, dans la partie française de la Suisse. Cet endroit est propice à la production de fruits : pommes, poires, prunes et, surtout, cerises.

Il y a plus de cinquante-cinq ans, mon frère Paul, qui s'inquiétait déjà des dangers que représentait l'emploi abusif de produits chimiques pour l'environnement, me dit: «J'observe la façon dont tu traites les arbres de tes clients et je constate que tu obtiens de beaux fruits en abondance. Je me pose cependant la question de savoir pourquoi tu soignes les feuilles de ces arbres alors que le problème vient en fait du sol.» Je lui ai répondu qu'il était bien possible que le problème vienne du sol mais que j'étais malgré tout convaincu de parvenir à contrôler la situation en appliquant des produits chimiques. La réplique ne se fit pas attendre et je ne l'ai jamais oubliée: «Ne compte pas produire cette variété de cerise dans trente ans, si bonne soit-elle, car de la façon dont tu procèdes, il n'y aura alors plus de cerisier!»

Mon frère voyait juste et sa réflexion était logique. À cette époque, les cerisiers les plus jeunes des vergers dont nous parlions avaient plus de trente ans; les arbres de cette variété, qui donnent des fruits recherchés pour leur grande teneur en sucre, vivent 75 ans environ. Il était donc facile de prévoir la fin de leur période productive. Aujourd'hui, cinquante-cinq ans plus tard, il ne reste en effet plus que quelques cerisiers centenaires. C'est ainsi qu'en deux générations, nos méthodes modernes de production ont détruit une production pourtant bien adaptée à une région donnée, et cela depuis des siècles. Dans ce cas, je dois reconnaître qu'il me faut accepter une bonne partie du blâme.

L'année de mon arrivée au Canada, en 1952, j'ai constaté que les producteurs de fruits de la péninsule de Niagara, en Ontario, faisaient la même erreur que moi, en Suisse, avant et pendant la guerre. Après quelques dizaines d'années de production de pêches, cerises, poires, abricots, prunes et raisins, le sol devenait pollué par les innombrables produits chimiques auxquels recouraient les producteurs. Pis encore, ce sol devenait tellement dépourvu de matière organique qu'en plusieurs endroits il était à peu près inutilisable. C'est alors que j'ai commencé à douter de l'efficacité à long terme des techniques modernes de l'agriculture.

En 1961, nous avons acheté une ferme au Québec, dans la fertile plaine du Saint-Laurent. C'est là que, depuis, je pratique l'agriculture biologique. Maintenant que j'ai atteint l'âge de la retraite, j'ai vendu la ferme non sans garder un hectare de terrain. Au moment où j'écris ces lignes, j'en suis donc au début de ma trente-septième année de production agricole sans recours aux produits chimiques!

Pendant une quinzaine d'années, j'ai donné des cours de production de fruits et petits fruits dans la plupart des régions habitées de la province de Québec.

Pour répondre à une demande sans cesse croissante, j'ai publié un premier livre en 1981: *Guide pratique de production —Fruits et petits fruits—Agriculture écologique,* écrit en collaboration avec madame Céline Caron. Le premier tirage de 3 000 volumes a été écoulé en moins d'une année. L'année suivante, nous avons effectué un second tirage, de 5 500 exemplaires cette fois.

Au printemps 1983, j'ai publié un petit livre de 60 pages intitulé *Taille des arbres fruitiers— Transformation et formation.*

Au cours de l'été 1983, j'ai publié, en collaboration avec Bart Hall-Beyer, 5 000 copies d'un livre en langue anglaise: *Ecological Fruit Production in the North.* Dernièrement, alors que le second tirage du premier livre, *Guide pratique de production—Fruits et petits fruits— Agriculture écologique,* est épuisé, il m'a fallu faire un choix. Il fut finalement décidé qu'il n'y aurait pas de nouvelle édition, mais plutôt une adaptation du livre anglais en une édition française revue et augmentée. Pour ce projet, il m'a fallu racheter les droits de Bart Hall-Beyer pour ses textes parus dans l'édition originale.

Ce livre est donc conçu pour répondre au mieux aux besoins des producteurs de fruits et petits fruits dans les régions à climat rigoureux.

Que le lecteur soit amateur ou professionnel, il trouvera toute l'information requise pour expérimenter une méthode de production qui respecte l'environnement et qui donne une bonne idée de ce que sera l'agriculture de l'avenir.

Aujourd'hui, la première édition de *Fruits et petits fruits* de Jean Richard publié par la Maison d'Éditions Broquet est épuisée. Nous avons donc décidé de mettre à jours ce beau volume et d'y inclure des nouvelles méthodes alternatives de production fruitière. Pour ce faire, nous avons demandé à M. Guy Langlais, aviseur de projets en production fruitière biologique pour le Centre d'agriculture biologique de La Pocatière, de bien vouloir travailler à cette tâche.

Je souhaite donc que cette édition améliorée réponde comme la première aux besoins des lecteurs intéressés.

Jean Richard, Champlain, février 1997

Lorsque M. Richard est venu me visiter cet automne, j'ai été très heureux de le revoir, surtout en si bonne santé. J'avais fait sa connaissance pour la prèmière fois au printemps 1983, alors qu'il donnait un cours de taille de restructuration de vieux pommiers. Nous nous sommes revus occasionnellement par la suite lors de colloques ou conférences traitant d'agriculture écologique. Il me surprit donc lorsqu'il me demanda de l'aider à remettre à jours son livre FRUITS ET PETITS FRUITS. J'ai accepté avec grand plaisir car M. Richard a été pour moi plus que mon premier professeur d'arboriculture fruitière, mais aussi l'homme qui sema ma vocation...

Au cour des six dernières années, j'ai eu la chance de participer activement à plusieurs projets de recherche et de développement technologique en cultures fruitières biologiques. À mon tour maintenant, j'enseigne et pratique la taille, la greffe et la culture des arbres fruitiers avec le même plaisir (j'en suis sur) que mon premier formateur. En fait, j'ai simplement continué à développer ce que M. Richard nous a déjà apporté et que d'autres reprendront où nous avons laissé.

Aujourd'hui, je partage avec lui la même passion des arbres et de la terre. Merci M. Richard, d'avoir été un jour sur ma route...

Guy Langlais, La Pocatière, Janvier 1997

Préface

Jean Richard a décidé sur le tard de faire profiter le monde horticole de ses talents d'écrivain et de vulgarisateur. Il a été très actif à ce chapitre depuis 1981 et voilà qu'il revient maintenant avec une nouvelle édition de son volume sur la production écologique des fruits et petits fruits. Cette nouvelle édition, produite en collaboration avec Guy Langlais, est révisée en profondeur et comprend plusieurs ajustements et mises à jour.

Comme Jean Richard, Guy Langlais est un inconditionnel d'une agriculture plus écologique et sa contribution à cette nouvelle édition est des plus intéressantes. En effet, il est un intervenant très actif dans le domaine de l'horticulture fruitière, puisqu'il réalise de l'expérimentation en verger, enseigne les productions fruitières et dirige une entreprise vouée à la production et à l'entretien des espèces fruitières.

Le volume est un outil complet et très utile pour tout amateur ou producteur fruitier écologique. On y traite des sols, de leur préparation et de tous les aspects de la production, à partir de la multiplication jusqu'à la récolte, en passant par toutes les étapes de l'entretien. Il est aussi abondamment illustré, permettant de mieux saisir les différentes techniques, par exemple sur la propagation et la taille.

Le Québec ne possède pas une longue tradition concernant la production écologique des fruits et les ouvrages sur le sujet sont encore trop peu nombreux. On ne peut donc que se réjouir de l'intention des deux auteurs d'offrir cet outil remis à jours.

Meilleurs succès et satisfaction à ceux qui voudront mettre en pratique les enseignements du guide.

Roland Boivert, agronome professeur
La Pocatière, février 1997.

Remerciements

Beaucoup de gens ont contribué, directement ou indirectement, à la création de ce livre et je tiens à les remercier de leur précieuse collaboration.

Bart Hall-Beyer, auteur d'une bonne partie des textes de ce livre, a choisi de s'établir au Québec après avoir vécu en Alberta et au Yukon. Il exploite une ferme de 65 hectares où il pratique l'agriculture écologique; il élève des porcs, cultive des céréales, des légumes et des fruits. Il possède surtout une pépinière où il produit des arbres fruitiers destinés aux régions à climat rigoureux et résistants aux maladies. Il est bien connu en Nouvelle-Angleterre pour y avoir longtemps donné des cours d'agronomie et y avoir travaillé comme agronome. Il a écrit plusieurs articles dans des publications spécialisées *(Country Journal, The New Farm, Harrowsmith, Coun tryside,* etc.).

Bill MacKentley est propriétaire du verger *St. Lawrence* à Postdam, dans l'État de New York. Disciple convaincu de Fred Ashworth, l'un des pionniers de la culture des fruits en région froide, il a généreusement fait part de son expérience à propos de la culture fruitière et des techniques de production écologique. Il a créé deux variétés prometteuses de poires, Nova et Hudar, et on ne peut douter que ce n'est là que le début de la contribution qu'il entend apporter au domaine agricole.

Stuart Hill est professeur d'entomologie au collège McDonald (Université McGill), en banlieue de Montréal. Il est l'initiateur du programme *Ecological Agriculture Projects* du collège et a beaucoup publié sur l'agriculture écologique.

Joe Smillie vit à Weedon, en Estrie, où il se spécialise dans le soin des vergers. Il est l'un des responsables de la popularité des traitements intégrés des vergers contre les parasites chez les propriétaires de pommeraies de sa région.

Pierre Phillion est agronome au Ministère de *l'Agri*culture du Québec, à Huntingdon, près de la frontière américaine. Fier représentant de la quatrième génération de producteurs fruitiers dans sa famille, il a beaucoup contribué à populariser le contrôle des insectes nuisibles auprès des pomiculteurs de la province. Il s'intéresse particulièrement à la culture des poires.

Lewis Hill est propriétaire d'une pépinière dans le nord du Vermont. Il y a sept générations que sa famille cultive la terre et on le considère, dans sa région, comme une autorité en matière de production fruitière.

Mimi Essertaize a réalisé la plupart des illustrations en noir et blanc de ce livre; la qualité de ses dessins a facilité la rédaction du texte et l'a rendu plus clair, ce dont tous les lecteurs lui sauront gré.

Céline Caron qui vit en banlieue de Québec, est une passionnée de la production des fruits. Elle a collaboré à la première édition de *Fruits et petits fruits: agriculture écologique* (aujourd'hui épuisée) qui a servi de base au présent livre.

Agriculture Canada a gracieusement fourni la Carte des zones climatiques de même que plusieurs photographies qui nous ont permis d'illustrer nos propos, pour le bénéfice des lecteurs.

Roland Boisvert, agronome, professeur à l'Institut de *Technologie Agricole de* La Pocatière Québec, qui a aimablement accepté d'écrire la préface de ce livre.

Guy Langlais enseigne l'horticulture fruitière et ornementale à l'Institut de techniques agricole (ITA) de La Pocatière. Il est aussi aviseur technique de projets d'essais et de transferts technologiques en régie de verger biologique (Projets d'essais et expérimentations d'Agriculture Canada au Centre d'agriculture biologique de La Pocatière). Enfin, il est producteur d'arbres fruitiers et ornementaux (pépinière écologique Arbro-vie inc. à La Pocatière).

Guy Hubert est technicien en arboriculture fruitière, responsable de la prise des données et de l'application des essais et expérimentations pour le Centre d'agriculture biologique de La Pocatière. Il est aussi l'auteur des illustrations des planches 25 à 30 ainsi que 33 et 34.

Charles Vincent est entomologiste à la station de recherche d'Agriculture Canada de Saint-Jean-Sur-Richelieu. Familier avec les insectes en pomiculture, M. Vincent a apporté plusieurs correctifs au chapitre 10.

Introduction

La population mondiale augmente de façon inquiétante. Ne dit-on pas qu'elle doublera peu après l'an 2000 ?

Les espaces cultivables diminuent tandis que les zones désertiques augmentent. Les spécialistes de l'alimentation prévoient des famines dans plusieurs régions du globe dans un avenir assez rapproché. Existe-t-il des moyens de prévenir de tels fléaux?

Chaque pays encourage autant que possible l'autosuffisance alimentaire. Chaque famille qui possède un petit jardin aimerait produire pour ses besoins des fruits et petits fruits. Plusieurs pensent que ce souhait n'est qu'un rêve irréalisable. Je crois au contraire que c'est un désir raisonnable pour quiconque aime travailler en harmonie avec la nature.

L'Est de l'Amérique du Nord, dont le Québec fait évidemment partie comme l'Ontario, les provinces maritimes et les États frontaliers de la Nouvelle-Angleterre, peut, malgré les rigueurs de son climat, produire une grande quantité de fruits et petits fruits adaptés à chaque région.

C'est cette conviction qui explique la publication de ce livre, destiné surtout à l'amateur mais aussi utile au professionnel. J'ai voulu user d'un vocabulaire simple, en illustrant le texte chaque fois que cela était possible afin d'en faciliter la compréhension.

Pourquoi un livre qui traite de production écologique? L'agriculture écologique est une science nouvelle et complexe mais surtout pas rétrograde. Les tenants de cette forme d'agriculture savent sauvegarder, pour les générations à venir, la terre et la vie qui l'anime, en favorisant avant tout la santé de l'homme, des animaux, des plantes et des micro-organismes essentiels à l'équilibre de la nature. Depuis le début du siècle, les agrobiologistes ont fait de grandes découvertes. Plusieurs promoteurs de cette agriculture avant-gardiste pensent qu'elle sera l'agriculture de l'avenir.

Les tenants de l'agriculture biologique, dont je suis, souhaitent non seulement partager leurs connaissances avec le plus grand nombre possible d'intéressés mais aussi et surtout faire connaître les possibilités incroyables de l'agriculture écologique à la population en général. Nous espérons qu'à l'avenir ces méthodes seront reconnues par les ministères de l'Agriculture des différents gouvernements. Nous avons droit non seulement à l'existence, mais aussi à une place au soleil aux côtés des tenants de l'agriculture conventionnelle.

Je souhaite sincèrement que ma modeste contribution ait un effet, si minime soit-il, en faveur d'un mouvement irréversible pour une agriculture qui respecte la vie sous toutes ses formes, une agriculture qui nourrisse le sol, le régénère, le rende plus fertile au lieu de le polluer. Les générations à venir ne pourront qu'en bénéficier et nous en serons mille fois reconnaissantes.

Pourquoi l'agriculture écologique?

Des milliers d'agriculteurs et de jardiniers amateurs devront changer leur façon de produire car il est de plus en plus certain que l'homme, s'il veut survivre, devra cultiver le sol en respectant la vie bactérienne qui y prospère.

Depuis une génération, l'homme a compris qu'il devait cesser de polluer la planète en constatant que toute baisse de ofualité de l'air risquait de mettre sa propre existence en danger. De nos jours, plus personne ne discute du bien-fondé de ces craintes. On a aussi compris qu'il faut mettre au plus vite un terme à la pollution de l'eau car là aussi les conséquences pourraient être désastreuses pour l'humanité.

En ce qui me concerne, il y a plus de vingt-cinq ans que j'ai réalisé le danger que présente la pollution chimique du sol, qui est comparable au danger de la pollution de l'air et de l'eau. Là aussi, si l'homme ne fait pas machine arrière, la pollution aura des conséquences catastrophiques pour l'humanité.

En 1961, avec quelques personnes bien décidées à expérimenter les méthodes de l'agriculture biologique, j'ai acheté la ferme Sinotte à Champlain, à quelques kilomètres au Nord-Est de Trois-Rivières. Là nous avons poursuivi, pendant une vingtaine d'années, plusieurs expériences intéressantes.

Il y a trente-six ans, les naturalistes du Québec demandaient des fruits et des légumes biologiques. C'est pour répondre à cette demande que nous avons commencé la culture maraîchère sans engrais chimiques ni traitements chimiques contre les insectes et les maladies. Aucun de nous n'avait de formation particulière pour ce genre de culture. Toutefois, nous étions déterminés à faire nos propres expériences. Évidemment, nous aurions aimé bénéficier de l'aide d'agronomes spécialisés en agriculture écologique, mais la profession n'en comptait aucun à cette époque.

Au contraire, les spécialistes de l'agriculture conventionnelle sont venus nous faire des représentations, au lieu de nous encourager, précisant que l'agriculture que nous prônions épuisait le sol et que, par conséquent, les rendements allaient graduellement diminuer. Après trois ans, selon eux, la terre serait épuisée. En usant des arguments les plus variés, ils tentèrent de nous convaincre d'abandonner, cherchant à nous décourager, voire à nous effrayer. Ils étaient certains de détenir la vérité mais je n'avais plus confiance en leur opinion. Comme eux, j'étais moi aussi convaincu d'être dans la bonne voie, au début de ma carrière, mais j'avais dû déchanter. Par conséquent, puisqu'il était impossible d'avoir l'aide technique sur laquelle nous comptions au Canada, je me suis adressé à des spécialistes en Europe et aux États-Unis; plusieurs de ces chercheurs poursuivaient leurs expériences depuis de nombreuses années. À la même époque, je me suis abonné à des revues internationales et j'ai suivi des cours, donnés par un spécialiste français, en jardinage biologique. En septembre 1974 naissait le Mouvement pour l'Agriculture Biologique. À petit pas — mais sûrement—il continue de s'affirmer.

Je viens de terminer une trente-sixième année d'agriculture écologique. Je me sens maintenant capable de répondre aux arguments des tenants de l'agriculture conventionnelle. Je m'étonne d'ailleurs que leur point de vue n'ait pas tellement changé depuis un quart de siècle. Voici quelles sont mes réponses à certaines des objections qu'ils nous présentaient alors.

1) **Que ferez-vous quand la maladie et les insectes menaceront votre récolte?**

Au début, cette question nous inquiétait car nous n'avions aucune expérience. Ceux qui posaient la question semblaient savoir de quoi ils parlaient, encore que nous avions certains doutes là-dessus. Je me souviens de leur avoir répondu que si nous avions des ennuis, nous verrions le moment venu quelles seraient les solutions à apporter. Il est certain que pour ne pas perdre une récolte, nous aurions, en dernier recours bien sûr, utilisé des produits chimiques. Mais voyons plutôt comment cela s'est finalement passé.

Pendant quinze ans, nous avons récolté, chaque année, entre 1 200 et 1 500 sacs de 23 kg de carottes. Nous n'avons jamais utilisé d'engrais chimiques ni aucun traitement à base de produits chimiques. Dans ce cas, nous n'avons jamais eu le moindre problème d'infection par maladies, vers ou insectes.

Nous produisions environ 5 000 douzaines de maïs sucré par année. Je craignais beaucoup les attaques de la pyrale mais je n'avais pas à m'en faire. Il s'est créé un certain équilibre et jamais nous n'avons eu plus de 2 ou 3% de la récolte touché. Et cela, sans aucun traitement chimique ni insecticide naturel (pyrèthre ou roténone).

En ce qui concerne la production de choux et de choux-fleurs, nous avons contrôlé la piéride avec la poudre de pyrèthre. Quant aux autres fruits et légumes produits à «L'Oasis», c'est-à-dire fraises, framboises, haricots, betteraves et tomates, ils n'ont jamais subi d'attaque importante d'insectes ou de maladies. Aucune de nos récoltes n'a été en danger, en aucun moment. Aujourd'hui, personne ne nous inquiétera plus en nous posant la question. Plus on progresse en agriculture écologique, moins on a de problèmes avec les maladies et les insectes.

La seule difficulté que nous ayons connue nous est venue avec les pommes de terre. Nous avons plusieurs fois risqué de perdre notre récolte et avons dû utiliser, à la limite, un produit chimique, l'insecticide biologique que nous utilisions n'étant pas assez puissant pour détruire le doryphore.

2) **Votre sol va s'épuiser si vous n'employez aucun engrais chimique; par conséquent, vos récoltes vont diminuer.**
Voilà une remarque que j'ai entendue des centaines de fois en plus de vingt ans. À mon avis, ce n'est qu'un préjugé, bien entretenu toutefois (dans quel but?). En ce qui concerne les carottes, c'est l'inverse de ce qu'on nous avait prédit qui s'est produit. Au lieu de diminuer, le rendement de nos cultures a doublé au cours des dix premières années; la récolte a triplé les cinq années suivantes. D'ailleurs, les résultats des analyses de sol prouvent de façon scientifique que l'agriculture écologique enrichit le sol; c'est du moins ce que montre l'expérience menée à Champlain.

3) **La culture écologique n'est possible que sur de petites surfaces; ces méthodes sont impraticables en grande culture.**
Voilà un autre argument qui manque de logique. J'y réponds maintenant par une question: puisqu'il est possible de produire avec efficacité des fruits et des légumes selon les règles de l'agriculture écologique sur une surface d'une dizaine d'acres, pourquoi cela deviendrait-il impossible pour une ferme de cent acres ou plus? De toute façon, cela se pratique dans plusieurs pays.

4) **Si l'agriculture écologique était vraiment ce que vous dites, pourquoi êtes-vous si peu nombreux à la pratiquer?**
Les quelques spécialistes en agriculture écologique qui ont été des pionniers n'ont pu bénéficier de l'aide des représentants des ministères de l'Agriculture des différents gouvernements. Il leur a donc fallu faire des expériences à leurs frais même s'il revenait en fait au gouvernement de poursuivre ce genre de recherche. On ne peut nier que les tenants de l'agriculture écologique soient encore une

minorité de nos jours, ce qui ne les empêche pas d'être convaincus que l'agriculture de demain respectera nécessairement l'environnement. Là-dessus, personne ne changera d'idée. Au contraire, ce sont les tenants de l'agriculture conventionnelle qui changent progressivement d'idée et de camp, et qui sont ébranlés dans leurs convictions.

Il y a trente cinq ans, les membres de notre équipe étaient le sujet de leurs railleries. Aujourd'hui, on nous demande conseil. Il y a un intérêt croissant pour la culture écologique chez les amateurs et les petits producteurs. Lorsque nous disposerons d'un service d'agronomes spécialisés en agriculture écologique, il est certain que cette façon d'encourager la vie des sols se répandra, car elle se fonde sur des principes vrais et scientifiques et rien au monde ne saurait arrêter sa progression.

Ce n'est plus maintenant qu'une question de temps et, par conséquent, de patience.

Il existe d'ailleurs une réelle possibilité aujourd'hui, de produire des fruits sains et sans pesticides chimiques. De nouvelles méthodes de production ont vu le jour et sont accessibles à tous ceux qui désirent entreprendre une agriculture plus durable et respectueuse de la terre. Ce livre vous permettra je l'espère, de faire ce pas de géant...

CHAPITRE 1

Sol et fertilité

En climat tempéré, le sol arable se forme à raison d'un centimètre par période de 400 ans. C'est ainsi que, dans la vie moyenne d'un agriculteur, la couche arable n'augmente que d'un millimètre. On comprend la menace qui pèse sur l'équilibre précaire de la nature quand on sait qu'à notre époque, il n'est pas rare de mesurer des pertes de sol arable de l'ordre de 4 à 10 millimètres par année.

Tous les sols contiennent des débris de roches; de nombreux facteurs expliquent leurs différences: le temps surtout, mais aussi le climat et le milieu physique. C'est sur ce canevas que se développe une vie microscopique, vie fragile, dont la terre arable constitue tout l'univers. Avec le temps, cette vie modifie le sol, en altérant la texture, libérant des matières autrement impossibles à obtenir, recyclant la matière organique, véritable réserve d'énergie solaire. C'est aussi par la vie qu'elle abrite que la terre, qui est alors plus qu'un simple support pour les plantes, devient un milieu nourricier.

Dans ce chapitre, nous ne pouvons étudier à fond les sols et la vie qu'ils abritent, d'autant plus que ce livre traite d'abord de production fruitière. Nous recommandons aux lecteurs intéressés à approfondir le sujet de compléter leur lecture; il existe de bons livres d'introduction à la science des sols.

LES MINÉRAUX

Les sols de la plupart des régions du nord des États-Unis et de la presque totalité du territoire canadien viennent des dépôts laissés par les glaciations. La dernière période glaciaire s'est terminée il y a quelque 10 000 ans. Les sols se composent principalement de terre, de gravier et de roche, matériaux arrachés à la couche rocheuse à l'extrême nord du continent et laissés par les glaciers au terme de leur course. Il y a donc de grandes variantes non seulement dans les dépôts des sols arables mais aussi dans leur composition chimique. On peut définir, de façon très générale, deux ou trois classes de dépôts, selon qu'il s'agit de roches acides (granites, gneiss, schistes, etc.) ou de roches alcalines (chaux, dolomites, marbres, etc.) Certains spécialistes définissent une troisième classe dans laquelle ils placent tous les sols qui n'appartiennent pas clairement à l'une de ces deux premières classes.

Si les dépôts laissés par les glaciers proviennent de roches acides, les minéraux du sol arable seront sans doute les mêmes que ceux qu'on trouve dans les granites, les schistes et autres roches du même genre. Ces sols contiennent beaucoup de quartz et de feldspath (silicate double d'aluminium et d'un métal alcalin), et des quantités moindres de glaises, micas et autres minéraux. De nombreux sols de ce type ont d'importantes réserves en potassium, pourtant difficilement utilisables. Ces sols sont le plus souvent acides et contiennent peu de matières nutritives. Pis encore, ils se trouvent la plupart du temps dans des zones où les pluies sont abondantes; les matières nutritives qu'on y trouve sont ainsi lavées par la pluie.

Finalement, ces sols sont trop pauvres en éléments nutritifs pour assurer une bonne croissance des plantes alimentaires.

Par ailleurs, si les dépôts laissés par les glaciers se composent de chaux ou d'autres pierres alcalines, les sols contiendront beaucoup de calcaires et des dolomites, micas, quartz et feldspaths, ainsi qu'on en trouve par le monde entier. Ces sols ont d'importantes réserves naturelles en calcium, et même en magnésium. On trouve aussi du calcium dans les micas et les glaises, plus accessible que celui des feldspaths. Ces sols sont généralement peu acides, neutres ou légèrement alcalins, et moins sensibles à l'érosion au fur et à mesure, sur le continent nord-américain, qu'on avance vers l'ouest. Le plus souvent, ils sont profonds, bien drainés et fertiles.

Les dépôts limoneux, qu'ils aient été formés par le vent ou apportés par l'eau, entrent dans la composition d'une autre classe des sols des zones nordiques. Les sols de l'Iowa et des états voisins, riches en limon, comptent parmi les plus fertiles du monde. Les dépôts limoneux et argileux laissés par les eaux des lacs aujourd'hui asséchés ou les inondations donnent des terres à peu près aussi fertiles. Ces sols contiennent beaucoup de micas, d'argiles et autres minéraux riches en éléments nutritifs. On y retrouve aussi, parfois, d'importantes quantités de calcite ou de dolomite.

Enfin, il existe plusieurs zones où le sol est formé de roches particulièrement exposées aux intempéries plutôt que par des dépôts en surface laissés par la glace, le vent ou l'eau. Ces sols sont habituellement riches en argiles et très fertiles. C'est la quantité de chaux présente dans la roche qui détermine leur degré d'acidité.

L'acidité du sol, exprimée par le pH, est un facteur important qu'on ne peut ignorer pour déterminer le succès d'une culture. Est acide toute substance qui libère des ions d'hydrogène dans l'eau. Une base, ou substance alcaline (le terme «base» est usité en chimie), absorbe les ions d'hydrogène. L'eau pure est neutre parce qu'elle contient autant de substances acides que de substances alcalines: son pH est de 7,0.

Il est important de savoir que pour chaque point à la baisse sur l'échelle du pH, l'acidité du sol est dix *fois* supérieure. Un sol dont le pH est de 3,0 est mille fois plus acide que celui de pH 6,0 (10 fois 10 fois 10); en se fiant à la cote, on aurait tendance à croire qu'il n'est que deux fois plus acide. Cette remarque vaut aussi au-delà du pH équilibré: un sol de pH 8,3 est dix fois plus alcalin que celui de pH 7,3. La différence entre un pH de 5,8 et un pH de 6,1 peut paraître minime, mais cela signifie tout de même que le premier sol est deux fois plus acide que le second.

Les plantes poussent difficilement dans un sol acide. Les cultures fruitières ne font pas exception. Si le pH d'un sol est inférieur à 6,3, il est nécessaire d'en neutraliser l'acidité en surface en ajoutant une substance alcaline. En agriculture écologique, on utilise de la chaux, du phosphate ou des cendres de bois franc, produits que nous étudierons plus avant dans ce chapitre. Selon les produits utilisés, on obtient des effets plus ou moins prononcés. Pour compliquer les choses, il faut savoir que la quantité nécessaire d'agent neutralisant varie considérablement d'un sol à l'autre en fonction de la quantité présente d'argile ou de limon, ou encore d'aluminium. Il est facile de corriger l'acidité d'un sol une fois qu'on en connaît les besoins en chaux; c'est toutefois là la partie la plus compliquée du travail! Les agriculteurs devraient demander l'aide des organismes gouvernementaux pour connaître les méthodes recommandées pour l'analyse des sols. Envoyez des échantillons au laboratoire gouvernemental en précisant le genre de culture que vous souhaitez entreprendre dans ces sols. On vous répondra en précisant la quantité de chaux (ou d'un produit équivalent) requise pour corriger le pH. Les ensembles d'analyse des sols vendus dans le commerce ne permettent pas d'effectuer des mesures adéquates pour corriger correctement le pH d'un sol.

Les minéraux, les oxydes de fer et d'aluminium sont les minéraux qu'on retrouve dans la plupart des sols. Ils se présentent souvent sous forme de fines poudres à la surface des matières minérales: argiles, quartz et feldspaths. Les oxydes de fer donnent aux sols leur couleur et permettent d'en déterminer le degré de drainage (voir page 269). Dans les sols acides, la plupart du temps, le phosphate est lié au fer et à l'aluminium; ensemble, ces substances représentent la majeure partie des composantes de ces sols. Dans le nord-est des États-Unis, par exemple, il n'est pas rare qu'on trouve des sols formés à plus de 10% d'oxyde de fer.

Les phosphores des minéraux présents dans les sols sont souvent presque inutilisables en agriculture. Dans les sols acides, les phosphates de fer et d'aluminium sont indissolubles; cette réserve est donc inutile si les sols n'ont pas au moins un pH neutre, voisin de 7,0. Dans les sols alcalins, on trouve surtout les phosphates de calcium sous toutes leurs formes, qui profitent assez facilement aux plantes.

LA MATIÈRE ORGANIQUE

La matière organique du sol arable se compose de restes putréfiés des plantes et des animaux. La quantité et la qualité de la matière organique varie sensiblement d'un sol à l'autre, bien qu'elle représente dans tous les cas une bonne réserve d'énergie solaire. Même si, par la photosynthèse, les réserves d'énergie solaire ne représentent qu'un faible 2% des tissus végétaux, la masse des végétaux et l'immensité des surfaces arables constituent, par leur ensemble, une formidable réserve d'énergie. Cette réserve est la base de l'écosystème des sols; si l'on ne la laisse pas se reconstituer, au rythme où on l'utilise, elle finira par s'épuiser.

La matière organique des sols constitue aussi un facteur important pour la texture, la structure et la fertilité des sols. La composition chimique des sols est si complexe qu'elle est en constante interaction avec le milieu physique. L'humidité, si précieuse, est conservée par les matières organiques; celles-ci servent aussi de réserves de matières nutritives, de lien entre les composantes des sols, favorisent enfin le drainage et l'aération des sols.

Bien que le sol de certaines régions marécageuses puisse contenir jusqu'à 95% de matières organiques, la plupart des sols en possèdent entre 1 et 5%. La matière organique est en constant équilibre, la production de nouvelle matière à partir de l'énergie solaire et du gaz carbonique compensant la perte due à l'oxydation, qui produit par ailleurs du gaz carbonique. Plus un sol est aéré et plus il est chaud, plus la destruction des matières organiques est rapide. Des recherches ont démontré, par exemple, que pour une baisse de 10°C de la température moyenne annuelle, le contenu des sols en matières organiques double ou triple. Les sols riches en limons et en argiles (peu perméables à l'air) contiennent plus de matières organiques que les sols sablonneux dans les mêmes zones climatiques. Les sols détrempés contiennent généralement de bonnes quantités de matières organiques parce qu'ils sont pauvres en oxygène, nécessaire à la destruction des matières organiques.

Lorsqu'un sol est cultivé, l'aération provoque parfois une perte en matières organiques (par oxydation) à moins qu'on ne compense cette baisse par l'apport régulier de matières organiques. Le fumier, le compost et les engrais verts sont de riches sources de matières organiques et constituent un moyen parfait pour amender les sols: l'ajout, la transformation puis, enfin, la destruction des matières organiques profitent aux sols.

Les micro-organismes présents dans les sols peuvent quadrupler leur population toutes les heures si on leur fournit une source d'énergie et des matières nutritives— engrais verts, par exemple, c'est-à-dire cultures enfouies encore vertes en terre. En transformant ces matières organiques pour obtenir ce qui est essentiel à leur survie, ces micro-organismes produisent des résidus qui favorisent la croissance rapide d'autres micro-organismes. Les sécrétions et excrétions provenant de l'ensemble des micro-organismes servent à lier les particules qui composent le sol, qui résiste mieux ainsi à l'érosion. Les matières minérales nutritives, qui seraient autrement lavées des sols, sont alors absorbées par les cellules de myriades de micro-organismes, puis profitent aux cultures lorsque ces micro-organismes meurent.

L'un des principaux objectifs de l'agriculture écologique est de maintenir un bon équilibre entre la matière organique fraîche et les formes plus stables de matières organiques qui forment l'humus. Si un bon pourcentage d'humus dans le sol est une bonne chose, il faut qu'il soit équilibré par une quantité à peu près égale de matières organiques fraîches pour que le sol soit de bonne qualité. Ce n'est qu'ainsi que le sol présentera un milieu de vie propice au développement des micro-organismes dont la présence est si importante. Par contre, ce n'est que lors qu'un sol est grouillant de vie que le cycle de la vie microbienne peut être effectif. Lorsqu'un sol ne contient que peu de micro-organismes, la transformation des matières organiques risque d'être très lente.

Si cela se produit, et c'est chose courante en agriculture conventionnelle, la structure du sol se détériore. La perte en matières minérales nutritives augmente et les cultures produisent peu, à moins qu'elles ne soient maintenues au moyen d'engrais chimiques très solubles. Cependant, alors que ces engrais chimiques permettent d'augmenter les récoltes, ils ajoutent au problème qui a nécessité leur emploi.

LES MATIÈRES NUTRITIVES

L'**azote** favorise la croissance du feuillage et des jeunes plants. S'il s'en trouve à l'excès dans le sol, les feuillages sont épais mais les fruits sont gros et sans couleur; ils contiennent trop d'eau et ne durent pas. Le jeune bois tendre ne durcit pas suffisamment pour passer l'hiver et les arbres manquent de résistance. Un faible taux d'azote, au contraire, donne de petites feuilles pâles et nuit à la croissance des plantes. Sur ce point, la recherche de l'équilibre est l'un des défis les plus difficiles auxquels font face les producteurs de fruits tenants de l'agriculture écologique.

Le **phosphore** est indispensable pour la croissance des racines et des graines. Ce sont les jeunes arbres qui en ont le plus besoin, encore qu'il en faille aussi pour les plantes adultes. Il est rare qu'un sol soit dépourvu de phosphates; en ce cas, les signes se comparent à ceux des déficiences en azote. L'excès de phosphates provoque des baisses de certaines substances nutritives, dont le zinc.

Le **potassium** est particulièrement important en culture fruitière. Lorsqu'il est présent en quantité idéale dans les sols, les fruits sont sucrés et se conservent mieux. La petitesse des fruits est souvent attribuée au manque de potassium. Si le taux de potassium est faible, les feuilles sont petites et prennent une couleur verte tirant sur le bleu, tandis que les bords jaunissent. L'excès de potassium dans le sol s'accompagne souvent d'une baisse du taux de magnésium chez les arbres qui y poussent.

Le **calcium** entre dans la composition des cellules vivantes et, par conséquent, influence la santé des arbres. Le manque de calcium affecte les feuilles de la même façon que le manque de potassium, encore que cela soit très rare. Les faibles déficiences en calcium favorisent le développement de meurtrissures sur les fruits lors de l'entreposage. Un faible taux de calcium dans un sol arable est l'indice d'une terre acide qui risque de contenir un niveau toxique de manganèse et d'aluminium. Dans les sols très riches en limons, où l'on trouve alors du calcium en abondance, le taux élevé du pH peut provoquer des carences en fer et en manganèse.

Le **magnésium** est l'atome central des molécules de chlorophylle, responsables de la photosynthèse. Le taux de magnésium dans le sol est important car il favorise la bonne absorption des matières nutritives. On reconnaît les carences en magnésium quand les feuilles des arbres donnent des signes de jaunissement dès la fin du mois de juillet sur les parties plates entre les nervures. Dans les cas les plus graves, les parties périphériques du bois sont attaquées par des parasites. Les carences en magnésium sont relativement fréquentes en Amérique du Nord. L'excès de magnésium, par contre, provoque une augmentation des meurtrissures sur les pommes lors de l'entreposage. Aussi, il est essentiel de prévoir des apports foliaires de magnésium de façon à couvrir les besoins d'exportation occasionné par de grandes quantitsé de fruits produits et vendus (voir tableau 1, p. 18).

Le potassium, le calcium et le magnésium sont des substances liées à la croissance des fruits; tout excès ou carence de l'un ou l'autre de ces éléments cause le plus souvent des difficultés avec l'un ou l'autre, sinon les deux autres éléments. Dans les sols limoneux riches en magnésium de l'est de l'Ontario, par exemple, les pommiers manquent de potassium quelles que soient les quantités de cette substance qu'on ajoute aux sols!

Le **bore** sert à la formation et la distribution de sucre dans les arbres. Dans la plupart des sols nordiques, les carences en bore sont faibles, mais importantes malgré tout pour la culture des arbres fruitiers. Dans les cas de carence les plus graves, la distance qui sépare les feuilles sur les repousses sont réduites au point que ces dernières ont une forme qui rappelle vaguement celle des épinards. Un faible taux de bore risque aussi de limiter la production fruitière et de rendre l'entreposage des fruits difficile. Sur le plan de la nutrition des arbres, le bore est lié au calcium. Enfin, comme le magnésium, les carences en bore dans les cultures fruitières ne sont pas rares. Souvent, les réserves de bore dans le sol ne suffisent pas à répondre aux besoins d'exportation (voir tableau 1, p. 18).

En ce qui concerne les autres éléments nutritifs, les carences en **soufre,** en **fer** et en **cuivre** sont rares en culture fruitière. (Néanmoins, le manque de fer sera visible chez les bleuets si les plants poussent dans un sol qui n'est pas suffisamment acide.) Le taux de **manganèse** peut atteindre un niveau toxique dans les sols très acides et provoquer l'apparition de taches sombres sur l'écorce des arbres. Dans les sols limoneux, le manganèse est difficilement assimilable, ce qui amène des carences notables: les feuilles sont pâles, surtout près des nervures; seule la nervure centrale reste verte. Les feuilles les plus anciennes sont plus affectées que les jeunes. Les arbres fruitiers souffrent, à l'occasion, de déficiences en zinc, surtout s'ils poussent dans des sols limoneux ou riches en phosphore. Souvent, la distance qui sépare les feuilles sur les repousses réduite, comme dans le cas des carences en bore.

On voit donc que l'assimilation des minéraux par les arbres fruitiers est plutôt complexe. Plusieurs symptômes de carences se ressemblent et plusieurs éléments sont liés entre eux. Si l'analyse chimique du sol est utile pour la planification à long terme de la production fruitière, il est préférable d'avoir recours à l'analyse des tissus des feuilles pour déceler les carences en minéraux. Ces analyses sont loin d'être parfaites, mais peuvent néanmoins, avec l'aide de spécialistes en production fruitière, apporter une aide précieuse. Adressez-vous aux organismes gouvernementaux de votre région pour obtenir de plus amples détails.

LES FERTILISANTS NATURELS

Plusieurs fertilisants dits «chimiques» (toute matière est composée d'éléments chimiques) sont toxiques et les tenants de l'agriculture écologique préfèrent éviter de les employer. La plupart des fertilisants à base d'azote accroissent l'acidité du sol, réduisant la quantité et la vigueur des micro-organismes qui y vivent. À l'est du centième degré de longitude ouest (limite ouest du Manitoba), la plupart des sols sont suffisamment acides pour qu'il faille éviter d'aggraver la situation. Les engrais au superphosphate favorisent aussi l'accroissement de l'acidité du sol; certains types risquent même d'être toxiques. Le chlorure de potassium, le plus utilisé des fertilisants au potassium, est une substance naturelle mais aussi un sel très soluble. Une bonne portion du potassium et du chlore pénètre rapidement le sol; l'accroissement rapide de la concentration de sel dans le sol menace les micro-organismes qui y vivent. Le chlorure de potassium, même s'il s'agit d'une substance naturelle, ne devrait pas être utilisé par les tenants de l'agriculture écologique. Beaucoup de spécialistes de la culture fruitière recommandent aussi d'éviter l'usage de chlorure de potassium parce que la plupart des fruits, pommes et framboises surtout, supportent mal l'excès de chlore.

Le principal argument —et le plus convainquant— contre l'usage des fertilisants «chimiques», c'est leur extrême pureté. Avec ce que nous venons de voir, il est évident que la nutrition des arbres fruitiers et autres cultures est particulièrement complexe, et qu'il est difficile, sinon impossible, de déterminer la combinaison exacte des substances pures qui réponde parfaitement aux besoins de ces cultures. Il est de loin préférable d'utiliser des fertilisants riches en oligo-éléments, de sorte que ceux-ci soient assimilables par les arbres sous diverses formes et en concentrations variées. Les fertilisants naturels conviennent très bien à la culture des arbres fruitiers; beaucoup d'entre eux peuvent être assimilés très lentement, ce qui correspond bien à la durée de vie des arbres.

Le **compost** est un mélange stable de fumier et autres matières organiques. Les tenants de l'agriculture écologique les moins informés s'avancent parfois jusqu'à affirmer que le compost est un fertilisant universel, c'est-à-dire qu'il convient à toutes les cultures. C'est faux, ce qui n'enlève pas au compost toute son utilité. Sa principale faiblesse est son très faible contenu en éléments nutritifs; il faut donc beaucoup de compost pour assurer un minimum d'apport nutritif aux cultures. Un compost moyen contient de 3 à 6 kg d'azote par tonne et 400 kg d'eau. Cependant, il contient aussi de 500 à 600 kg de matières organiques. À raison de 40 tonnes par hectare, on augmente le pourcentage de matières organiques dans le sol de 1%, tout juste. En modifiant de 2 à 3% la teneur d'un sol sablonneux en matières organiques, on améliore beaucoup sa texture et sa capacité à retenir l'humidité.

En plus de l'azote, le compost contient des quantités significatives de phosphore, de potassium, de calcium et de magnésium, de même que du bore, du soufre, du zinc et d'autres oligo-éléments en faibles quantités. Bien qu'il contienne relativement peu d'azote, le compost reste, à résultat égal, l'un des fertilisants les moins coûteux. Beaucoup d'autres produits vendus comme engrais organiques sont inutilement coûteux. Le producteur fruitier qui pratique l'agriculture écologique fera mieux de dépenser son argent au transport du fumier ou aux engrais verts. Dans la plupart des cas, une dose de 25 à 50 kg de compost jeune par arbre standard en production / année suffira. Pour de jeunes arbres (5 ans et moins), 5 kg de compost / arbre est suffisant..

Certains fertilisants granulaires (farines) offrent un composé d'éléments nutritifs qui conviennent bien aux cultures fruitières. Ces dernières nécessitent une quantité d'azote plus importante tôt en début de saison, alors que le compost permet une disponibilité de ces éléments minéraux de façon plus graduelle en cours de saison. Aussi, lorsque les températures sont froides et les sols gorgés d'eau, l'azote y est encore moins disponible. Si l'on utilisait de grande quantité de compost pour assurer aux jeunes arbres tout l'azote dont ils ont besoin à ce moment, ce compost continuerait à se minéraliser et à produire de l'azote jusque tard en fin de saison; ce qui pourrait empêcher les jeunes bois de se durcir suffisamment pour éviter le gel hivernal. Il est donc préférable de compléter l'apport en azote par des fertilisants naturels riches en azote soluble, telles les farines de sang ou farines de plume. Les quantités d'azote à prévoir sont de 20 à 25 gr / arbre durant les cinq premières années de croissances.

Les **engrais phosphatés** englobent les matières à base de phosphates calciques. Dans les sols acides, ces produits conviennent pour un amendement à long terme. Cependant, lorsque le pH est supérieur à 6,8, la réaction avec le sol qui les reçoit est insignifiante. Parce qu'ils sont lentement assimilables, ils conviennent aux jeunes arbres dont les besoins en phosphore diminuent sensiblement après huit à dix ans. À l'état colloïdal, ces produits contiennent quelque 22% de phosphate et des traces de nombreux autres éléments. Ils ont aussi la moitié du pouvoir neutralisant de la chaux couramment utilisée en agriculture. Les phosphates dits «hard-rock» contiennent une plus grande quantité de phosphate, de l'ordre de 30% en général, plus difficilement assimilable cependant que celui des produits à l'état colloïdal. Afin de rendre le phosphore plus assimilable pour les plantes, il est préférable de maintenir un pH au-dessus de 6 et d'encourager la vie biologique du sol.

On utilise couramment des **os moulus** en horticulture et en agriculture écologique. C'est un sous-produit qui provient des abattoirs et consiste en os chauffés à la vapeur, puis broyés. Le contenu des os moulus en phosphate est de 26%, entièrement assimilable. En production fruitière, c'est au moment de la transplantation que le produit est le plus utile.

Sul-Po-Mag et **K-mag** sont des marques de commerce de produits au sulfate de magnésium et de potassium, fertilisant qui provient des mines du Nouveau-Mexique. Il convient parfaitement à la production fruitière et est tout à fait considéré comme un produit naturel. Le sulfate de magnésium et de potassium contient 22% de potassium, 22% de soufre et 11% de magnésium. Il est plutôt coûteux comme source de potassium, mais lorsqu'on l'utilise pour apporter en même temps soufre et magnésium, le rendement est très intéressant. Dans les sols riches en magnésium, on utilise plutôt du sulfate de potassium parce que, bien que ce soit un produit synthétique, il est moins dommageable pour la vie organique du sol que le muriate de potasse.

La **cendre de bois franc** est couramment utilisée dans les régions rurales. C'est un fertilisant qui contient 2% de phosphore, 6% de potassium, 23% de calcium et des quantités appréciables de magnésium, de manganèse, de zinc, de bore et de cuivre. Son pouvoir neutralisant est souvent supérieur à celui de la chaux et toute application excessive risque d'accroître l'alcalinité du sol.

La **chaux,** dont nous avons déjà parlé, n'est pas un fertilisant qui a la faveur des producteurs. Il y a cinquante ans, il était entendu qu'on chaulait les vergers tous les cinq ou dix ans; de nos jours, la plupart des producteurs semblent avoir abandonné cette tradition. Dans les régions ou l'acidité des sols est excessive, le chaulage peut faire toute la différence et apporter des bénéfices là où l'on risquait des pertes. (Pour le jardinier amateur, on parlerait plutôt de récolte abondante là où l'on risquait de récolter peu.) La chaux est peu chère. Si le sol manque de magnésium, il faudra un traitement à la dolomite, qui contient du magnésium. Déterminez d'abord la quantité de magnésium que contient la chaux que vous voulez utiliser; elle devrait être supérieure à 4% pour avoir un minimum d'effet. Les producteurs calculent souvent le taux de magnésium par la proportion d'oxyde de magnésium (MgO), dont le volume est 1,7 fois supérieur à celui du magnésium pur, ou encore par la proportion de carbonate de magnésium ($MgCO_3$), au volume 3,5 fois supérieur à celui du magnésium pur. Il faut donc, dans ces deux cas, diviser par 1,7 ou 3,5 pour connaître la teneur en magnésium pur.

Lorsque les arbres ont commencé à donner des fruits, il est facile de choisir un fertilisant. Il faut utiliser de 25 à 50 kg de compost par arbre et l'épandre uniformément sur tout le sol couvert par l'arbre. Procédez au début du printemps afin d'apporter des matières organiques, de l'azote et d'autre éléments nutritifs. Vers la fin du mois de juillet, épandez 2 kg de sulphate de magnésium et de potassium et 3 kg de dolomite, ou 5 kg de cendre de bois franc. Ces amendements apporteront des substances minérales nutritives, tout en permettant de neutraliser l'acidité du sol.

FERTILISATION FOLIAIRE

Alors qu'on procède traditionnellement à l'arrosage des arbres pour lutter contre les insectes ou les maladies, il peut être utile de profiter de ce travail pour donner aux arbres, en même temps, des matières nutritives. Plusieurs produits sont acceptables en agriculture écologique. Les **extraits d'algues liquides,** provenant du littoral du Maine, contiennent des hormones de croissance, les cytokinines, en plus de traces de nombreux éléments utiles. L'arrosage avec de tels produits ne corrige certainement pas les carences nutritives des arbres fruitiers; on considère plutôt ces produits comme des fortifiants, des suppléments qu'on applique de façon préventive. Il n'y a, à ce jour, aucune preuve scientifique de la valeur économique d'un traitement aux extraits d'algues liquides; on se fie donc aux résultats des essais en cours, très prometteurs cependant. Les cytokinines sont des hormones neutralisant les tensions et il n'y a pas le moindre doute que les extraits d'algues liquides offrent de sérieux avantages s'ils sont utilisés au moment de la transplantation.

En ce qui concerne les carences en bore, le meilleur remède consiste à arroser les arbres de **Solubor,** bore de soude d'origine naturelle qui est cependant toxique en grande quantités. Prenez soin de ne jamais dépasser les doses recommandées. Ce qui porte l'étiquette «naturel» n'est pas nécessairement sans danger ni risque. Le Solubor ne se mélange avec aucun autre élément chelaté, il est donc préférable de l'employer toujours seul lors de l'application.

Pour toutes les autres carences en éléments nutritifs, on utilise des **solutions sous forme chelatée,** dans lesquelles l'élément nutritif est lié à une substance organique. Les produits de Niagara Chemicals sont des sels de sulphate dissous dans de la mélasse. Ces produits, comme le Solubor, sont surtout destinés aux vergers commerciaux plutôt qu'au jardin domestique.

Les engrais organiques à base **d'émulsions de poisson** sont une source naturelle d'azote et d'autres éléments nutritifs. On les applique en pleine période de croissance, soit à la tombée des fleurs et à la nouaison des fruits.

Il ne faut jamais entreprendre à la légère l'arrosage des arbres. La dose à appliquer varie sensiblement selon l'âge des arbres à traiter et leur état. Il existe aussi des règles générales. Voyons, par exemple, celles qui valent pour un arbre de trois mètres de hauteur.

Vous pouvez jeter un coup d'oeil au tableau des recommandations de fertilisation fruitière à la page 18. Ces taux d'application ont été mis au point avec succès au Centre d'agriculture biologique de La Pocatière.

PRODUITS	STADES D'APPLICATION				
	Bouton rose	**Calice**	**Nouaison**	**Période estivale**	**Date approx.**
Émulsion de poissons et d'algues (apport d'N)	6 ℓ/ha	6 ℓ/ha			
Solubor[1] (apport de B)			0,75 kg/500 ℓ	0,75 kg/500 ℓ	25 juin
Magnésium chelaté 4 %[2] ou Sel d'Épsom[2] (apport de Mg)		3 litres de bouillie/hectare 20 kg/500 ℓ		3 litres de bouillie/hectare 20 kg/500 ℓ	30 juin
Calcium chelaté 6 %[2] (apport de Ca)				1 litre de bouillie/hectare	30 juin 10 août 20 août

1. Ne se mélange pas avec le magnésium.
2. Appliquer au besoin, selon les analyses de feuilles, de sol et selon les cultivars

Tableau 1 - Programme de fertilisation foliaire proposé en verger biologique (production en zone 4)

CHAPITRE 2

Rigueurs du climat

En région boréale et dans tous les climats rudes, le facteur à considérer pour déterminer si une plante peut ou pas être cultivée reste de savoir si elle supportera les rigueurs de l'hiver. *Le froid est-il trop sévère*? Pour la culture des fruits, cette question est primordiale puisque les arbres fruitiers doivent prospérer pendant plusieurs années; s'ils ne supportent pas le climat, l'investissement en temps et en argent est pure perte. Beaucoup trop d'agriculteurs ont planté, tant au Canada qu'au nord des États-Unis, des variétés d'arbres fruitiers non adaptées au climat. Il en résulte inévitablement un ralentissement de la croissance, le bris des branches avec le gel, quand ce n'est pas simplement la mort des arbres à plus ou moins long terme. Il n'est pas rare, par ailleurs, qu'un hiver particulièrement rigoureux vienne sonner le glas pour tous ces arbres des zones à climat moins rude. Au nord-est de l'Amérique du Nord, les hivers des années 1904, 1917, 1934 et 1981 ont été particulièrement froids et éprouvants pour les vergers. Dans ces régions, les arbres qui ont survécu à ces hivers peuvent être étiquetés «rustiques».

Malheureusement, les arbres fruitiers ne sont pas toujours aussi résistants qu'on veut le penser. Au Québec, au cours de l'hiver 1981, on a perdu trois quarts de million de pommiers, tués par le froid ou si endommagés qu'il a fallu les couper l'été suivant. Cela représente quelque 30% du total des pommiers exploités commercialement dans la province. Je connais un propriétaire de verger qui avait trois hectares de poiriers Bartlett et qui a tout perdu en quelques jours.

Les techniques inappropriées de culture sont en partie responsables des dégâts causés par l'hivèr 1981 aux vergers du Québec. Il y a donc une leçon à tirer du malheur. Les soins qu'on prodigue aux arbres peuvent influencer leur résistance ou accroître leur vulnérabilité au froid. Le manque de fertilité du sol semble être l'une des faiblesses les plus fréquentes: les arbres ne sont pas assez robustes pour supporter les grands froids. Les tailles d'hiver ou d'été, quand elles sont excessives, ou les traitements à l'huile à moins de 5°C, retardent l'épaississement des fibres. L'excès de fertilisants azotés à la fin de l'été ou au début de l'automne, comme l'application de fumier en tout temps, accroissent les risques de dommages par le froid. Un sol mal drainé peut aussi être un facteur qui réduit la résistance des arbres. Laisser beaucoup de fruits sur l'arbre, c'est encore l'épuiser et augmenter les risques associés à l'hiver.

Les conditions climatiques qui prévalent au cours de l'été et de l'automne ont leur influence sur la résistance des arbres au froid. Un été ou un automne pluvieux donnent des fibres plus molles en retardant le processus de durcissement. Un coup de froid hâtif, en automne, risque de faire tomber les feuilles trop tôt, alors que le bois de l'année n'est pas encore suffisamment mûr. Les grands froids peuvent causer d'importants dommages, surtout en novembre et en décembre alors que les arbres ne sont pas encore complètement entrés en période de repos. Si les arbres ont bénéficié des meilleures conditions de croissance, ils parviendront plus facilement à résister à de telles conditions.

Quiconque prévoit planter des arbres, qu'il s'agisse de quelques plants au fond du jardin ou d'un verger commercial, devrait connaître les conditions minimales dans lesquelles les arbres choisis pourront non seulement pousser, mais aussi prospérer. Le Département américain de l'Agriculture (U.S.D.A.) a publié, en 1960, une carte des zones climatiques de toute l'Amérique du Nord. Cette carte est divisée en dix zones, par tranches de 10°F (5,6° C). Elle est devenue un document de référence (Carte 3). Cependant, pour tracer la carte, le Département américain de l'Agriculture ne s'est servi que des températures minimales enregistrées l'hiver, sans tenir compte des autres facteurs climatiques qui influencent pourtant l'adaptabilité des plantes.

À la fin des années 1960, le Ministère de l'Agriculture du Canada a mis au point une formule complexe* qui permit de préciser la carte de l'U.S.D.A. pour les régions du pays. En 1972, le Ministère a publié une carte des régions climatiques destinée à l'usage agricole (Pages 23 et 24). À moins que vous n'ayez de bonnes connaissances mathématiques, la formule mise au point par le Ministère vous sera incompréhensible. Il suffit toutefois de savoir qu'elle permet de déterminer une variable, appelée Y, dont la valeur se situe généralement entre 0 et 100. On peut obtenir cet indice Y pour toute région du Canada (si petite soit-elle) pour laquelle on dispose de données météorologiques s'étendant sur plusieurs années. Les régions où l'indice Y a une valeur de 0 à 10, par exemple, appartiennent à la Zone 0; les régions ou l'indice vaut de 40 à 50 appartiennent à la Zone 4, et ainsi de suite. Nous

nous intéresserons davantage aux zones qu'aux équations mathématiques, d'autant plus que les statistiques restent l'indice de la réalité, et non la réalité elle-même.

Sur les deux cartes, vous noterez que la plupart des zones sont divisées: il y a les zones 4a et 4b, par exemple; cela correspond à un indice Y de 40,0 à 44,9 pour la zone 4a, puis de 45,0 à 49,9 pour la zone 4b. Cela signifie que la zone 4a a un climat plus rude que la zone 4b, et qu'on ne peut y faire prospérer que des arbres plus résistants. Cette sous-division apporte suffisamment de précision pour répondre à la plupart des besoins. Cependant, si claires que soient les limites de chacune des zones, il ne faut pas oublier que leurs limites restent arbitraires.

* La formule du Ministère de l'Agriculture du Canada pour les zones climatiques tient compte des facteurs suivants:

X_1 = moyenne mensuelle des températures quotidiennes minimales (°C) du mois le plus froid;

X_2 = période moyenne sans gel (en jours);

X_3 = moyenne des précipitations de juin à novembre inclus, selon R/(R+a) où a=2,54 si R est en millimètres, et a=1 si R est en pouces;

X_4 = moyenne mensuelle des températures quotidiennes maximales (°C) du mois le plus chaud;

X_5 = facteur hivernal selon $(0^o-X_1)R_{jan}$ où R_{jan} représente le total des précipitations du mois de janvier en millimètres;

X_6 = épaisseur moyenne de la couche de neige selon S/(S+a) où a=2,54 si S est en centimètres, et a=1 si S est en pouces;

X_7 = vitesse maximale des vents (km/h) sur 30 jours.

Ces sept facteurs sont reliés mathématiquement les uns aux autres en respect des règles de l'analyse statistique, selon la formule suivante:

$Y=1{,}734X_1+0{,}1868X_2+69{,}77X_3+1{,}256X_4+0{,}006\,12X_5+22{,}37X_6+0{,}0183X_7-67{,}62$

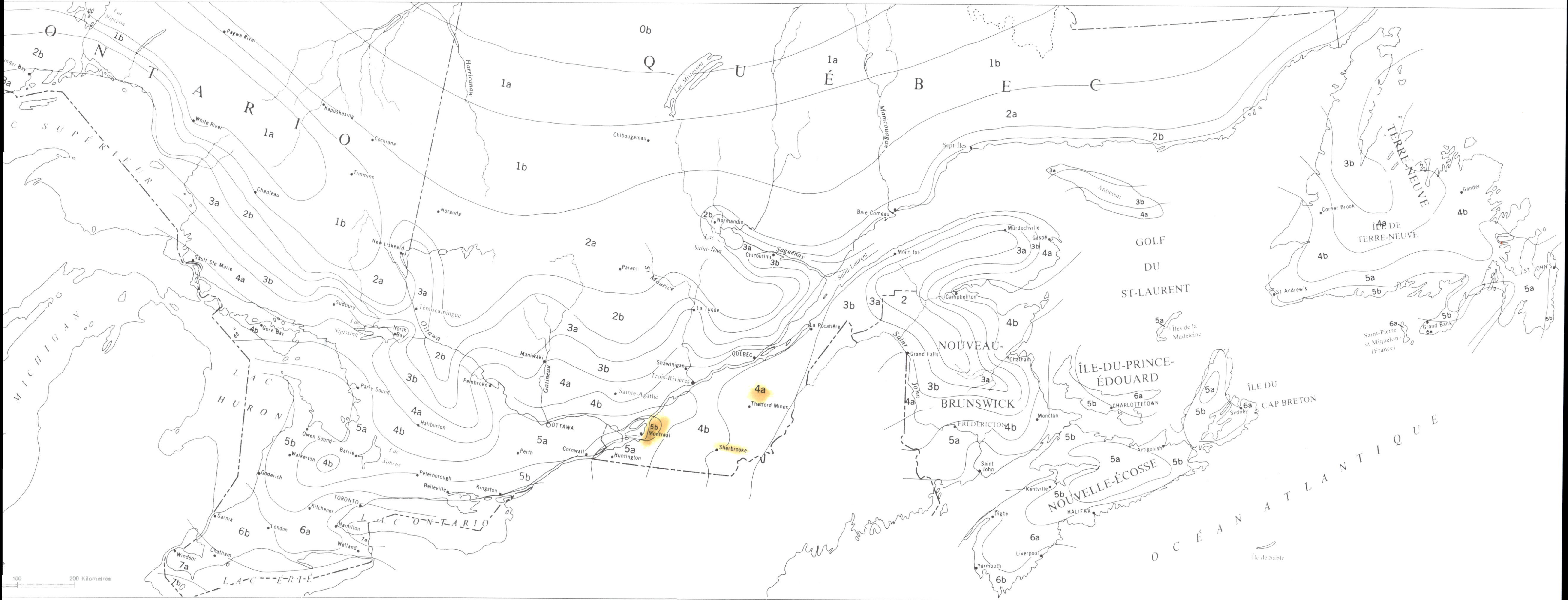

ONTARIO
QUÉBEC
TERRE-NEUVE
ÎLE DE TERRE-NEUVE
GOLF DU ST-LAURENT
NOUVEAU-BRUNSWICK
ÎLE-DU-PRINCE-ÉDOUARD
ÎLE DU CAP BRETON
NOUVELLE-ÉCOSSE
OCÉAN ATLANTIQUE
LAC SUPÉRIEUR
LAC HURON
LAC ONTARIO
LAC ÉRIÉ
MICHIGAN
Lac Nipigon
Lac Mistassini
Lac Saint-Jean
Lac Nipissing
Lac Simcoe
Harricanaw
Manicouagan
Saint-Laurent
Saguenay
St-Maurice
Ottawa
Gatineau
Saint John
Anticosti
Îles de la Madeleine
Saint-Pierre et Miquelon (France)
Île de Sable
Pagwa River
Kapuskasing
Cochrane
Timmins
White River
Chapleau
Sault Ste Marie
Sudbury
North Bay
New Liskeard
Temiscamingue
Noranda
Chibougamau
Parent
La Tuque
Normandin
Chicoutimi
Baie Comeau
Sept-Îles
Mont Joli
La Pocatière
QUÉBEC
Shawinigan
Trois-Rivières
Sainte-Agathe
Maniwaki
Pembroke
OTTAWA
Montréal
Sherbrooke
Thetford Mines
Huntington
Cornwall
Perth
Kingston
Belleville
Peterborough
Haliburton
Parry Sound
Gore Bay
Owen Sound
Barrie
Walkerton
Goderich
TORONTO
Kitchener
Hamilton
Welland
London
Sarnia
Chatham
Windsor
Murdochville
Gaspé
Campbellton
Grand Falls
Chatham
Moncton
FREDERICTON
Saint John
CHARLOTTETOWN
Sydney
Antigonish
Kentville
HALIFAX
Digby
Liverpool
Yarmouth
Corner Brook
Gander
St Andrew's
Grand Bank
ST JOHN'S
0b
1a
1b
2a
2b
2
3a
3b
4a
4b
5a
5b
6a
6b
7a
7b
100
200 Kilometres

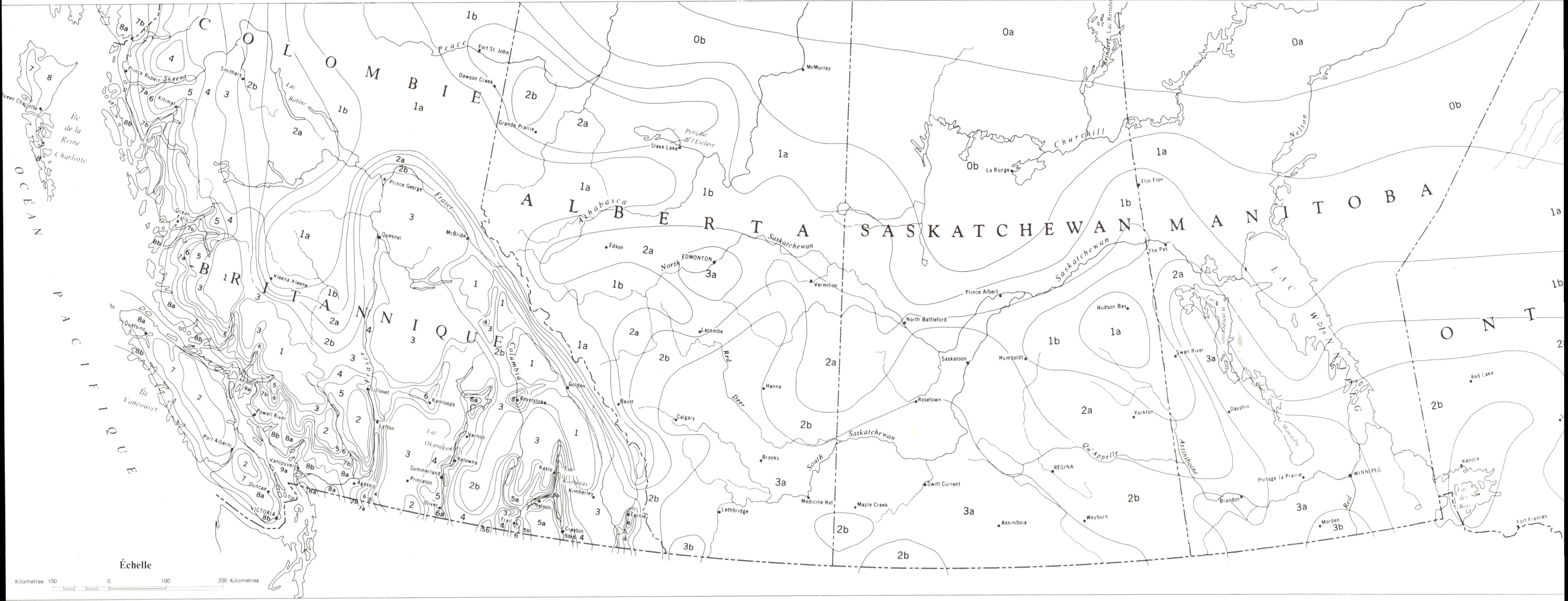

COLOMBIE BRITANNIQUE
ALBERTA
SASKATCHEWAN
MANITOBA
ONT
OCÉAN PACIFIQUE
Île de la Reine Charlotte
Île Vancouver
Peace
Skeena
Fraser
Columbia
Athabasca
North Saskatchewan
Saskatchewan
South Saskatchewan
Red Deer
Churchill
Nelson
Qu'Appelle
Assiniboine
Red
Lac Babine
Petit lac de l'Esclave
Lac Okanagan
Lac Kootenay
Lac Winnipeg
Lac Winnipegosis
Lac Manitoba
Lac des Bois
Lac Reindeer
Queen Charlotte
Prince Rupert
Kitimat
Smithers
Ocean Falls
Kleena Kleene
Quatsino
Port Alberni
Powell River
Vancouver
VICTORIA
Duncan
Agassiz
Lillooet
Lytton
Prince George
Quesnel
McBride
Kamloops
Vernon
Kelowna
Summerland
Princeton
Oliver
Revelstoke
Golden
Kaslo
Nelson
Trail
Creston
Kimberley
Fernie
Banff
Calgary
Fort St. John
Dawson Creek
Grande Prairie
Slave Lake
McMurray
Edson
EDMONTON
Vermilion
Lacombe
Hanna
Brooks
Medicine Hat
Lethbridge
La Ronge
Flin Flon
The Pas
Prince Albert
North Battleford
Saskatoon
Humboldt
Hudson Bay
Rosetown
Swift Current
Maple Creek
Assiniboia
REGINA
Weyburn
Yorkton
Swan River
Dauphin
Brandon
Portage la Prairie
WINNIPEG
Morden
Red Lake
Kenora
Fort Frances
Échelle
Kilometres 100 0 100 200 Kilometres

La détermination des limites repose sur des valeurs moyennes, et le passage d'une zone à l'autre est en réalité graduel, et non absolu. Chaque saison présente ses particularités, ses écarts par rapport à la moyenne. Les variantes locales du climat, non enregistrées parce qu'il n'y a pas partout des stations météorologiques, expliquent qu'on trouve des microclimats, zones où les différences climatiques sont notables mais n'apparaissent pas sur les cartes. Pourtant, l'existence de ces microclimats est de première importance pour la culture des arbres fruitiers. Une pente orientée plein sud avec une bonne circulation d'air peut créer un microclimat correspondant aux conditions qui prévalent dans la zone supérieure, conditions qui apparaîtraient clairement si l'on faisait des relevés météorologiques à cet endroit précis. Les zones climatiques sont fluides et non statiques; on peut donc comparer la précision des deux cartes à celle qui caractérise les cartes des sols à la même échelle. Dans l'ensemble, elles donnent un bon aperçu du climat et facilitent le choix des espèces à cultiver.

Lors de la préparation de l'édition originale de ce livre en langue anglaise, Bart Hall-Beyer, co-auteur, avait souhaité utiliser les données informatiques de l'U.S. National Climatic Center pour produire une carte du climat des États-Unis selon les mêmes principes que ceux utilisés par le Ministère de l'Agriculture du Canada. Malheureusement, les coûts d'une telle entreprise s'élevaient à quelque 35 000$; c'était donc mission impossible. Il a alors fallu jouer d'astuce. Bart Hall-Beyer a relevé les données climatiques régionales pour tous les États-Unis, puis a transposé, à la main, les statistiques selon le système canadien d'évaluation aux fins de comparaison. Ces comparaisons sont d'autant plus valables qu'il existe des cartes des zones climatiques couvrant l'ensemble de l'Amérique du Nord.

Voici quelles sont les grandes lignes de comparaison entre les zones climatiques canadiennes et américaines.

1) Dans les régions les plus au nord, il y a peu de rapports entre les deux systèmes d'évaluation. Cela porte peu à conséquence puisque ces régions sont presque toutes situées au Canada. Fairbanks, en Alaska, par exemple, serait située aux limites des zones Ob et la; Anchorage, dans la partie la plus chaude d'une zone 3a.

2) La correspondance entre les deux systèmes semble valable dans les zones côtières. Si l'on pénètre dans les terres, au Canada, on trouve un décalage progressif d'une demizone par rapport au système américain. C'est particulièrement notable dans les zones 5, 6 et 7, dans lesquelles se classe la région des Grands Lacs, entre autres.

3) Les Prairies canadiennes sont décalées d'une zone complète par rapport aux Praires du Mid-West. Cette différence vient sans doute des étés chauds et des hivers froids qui caractérisent la région. Dans la partie septentrionale du Mid-West cependant, la différence s'amenuise, de moitié et même plus parfois.

4) Il est impossible de comparer les deux systèmes en ce qui concerne les régions montagneuses. De toute façon, les cartes météorologiques disponibles, de part et d'autre de la frontière, sont peu fiables. Il vaut donc mieux se fier aux formules mathématiques.

Carte 3 : Zones climatiques selon le Département de l'Agriculture des États-Unis, d'après les températures hivernales minimales.

Zone 1: sous-50°C	Zone 4: -34° C à -29° C
Zone 2: -50°C à-40°C	Zone 5: -29°C à-23°C
Zone 3: -40°C à-34°C	Zone 6: -23°C à-17,8°C

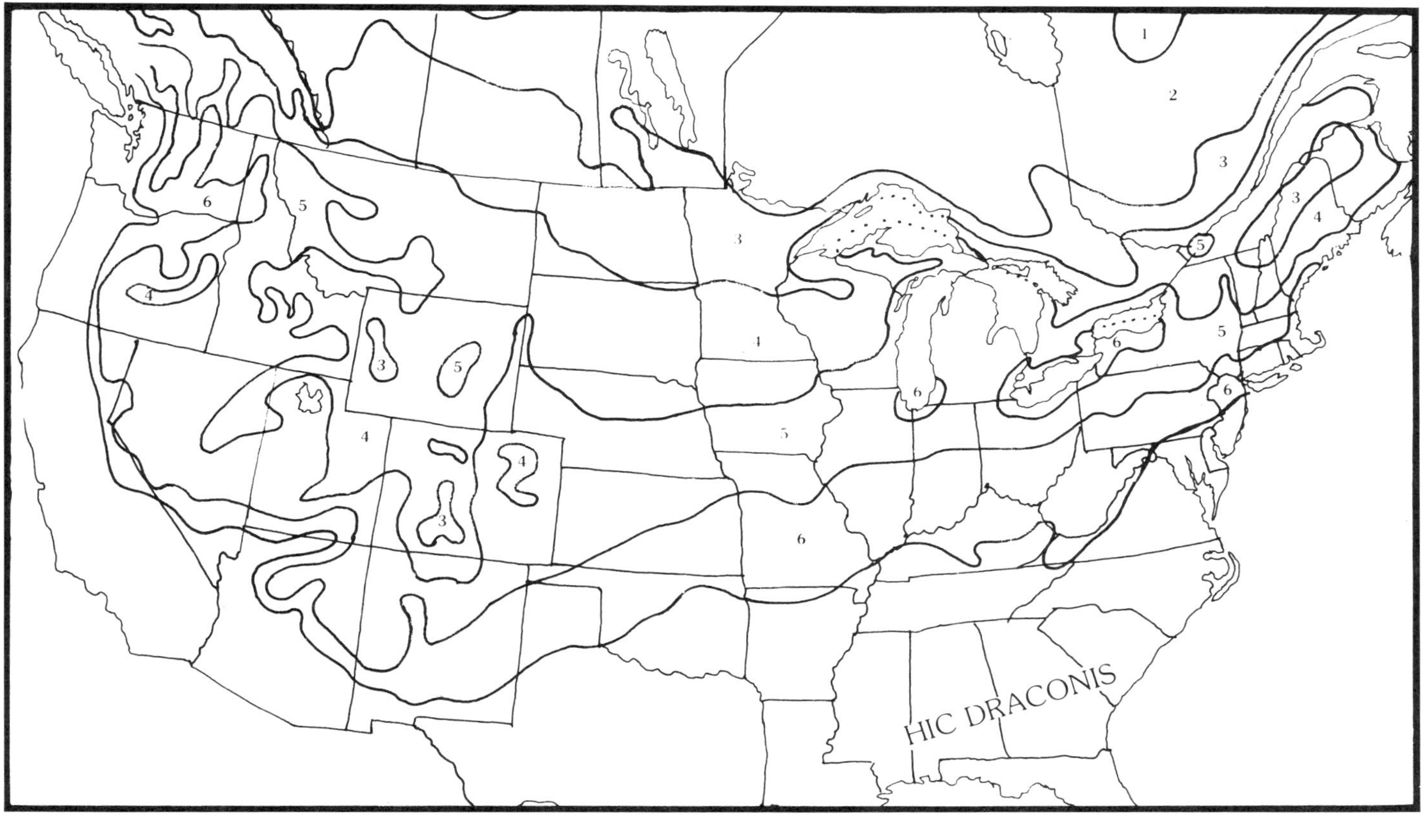
HIC DRACONIS

LA PROBABILITÉ DE SURVIE À L'HIVER

Lorsqu'ils parlent de moyenne, les scientifiques se réfèrent en fait au calcul des probabilités. La probabilité d'un événement est le nombre de chances qu'il se réalise. Cela signifie que lorsqu'on précise que tel type ou telle variété d'arbre résistera probablement à un climat donné, on dit en réalité que ses chances de survie sont bonnes. On trouve des tables donnant les chances de survie pour les érables, les forsythias ou les rosiers, par exemple, mais peu de choses sur les arbres fruitiers. Lors de l'établissement des tables du Ministère de l'Agriculture du Canada, on utilisa des plantes ornementales pour vérifier l'adéquation des données obtenues; les résultats de ces études sont si détaillés qu'il suffit maintenant de donner la liste des plantes qui survivent dans une région précise pour en connaître les caractéristiques climatiques!

En ce qui concerne les arbres fruitiers, il faut plutôt se fier à l'expérience pour connaître les variétés qui supportent un climat donné. Lorsqu'une variété est vendue et prospère dans une pépinière située en zone 2b, par exemple, on peut supposer qu'il est possible d'obtenir d'aussi bons résultats dans toute zone classée 2b. Si l'on rapporte que cette même variété pousse dans des zones classées 2a, mais y subit parfois des dommages, et qu'il arrive qu'elle supporte l'hiver des régions classées 1b, on conclura avec peu de risque d'erreur que les chances de succès sont assez bonnes en zone 2a.

La majeure partie de l'analyse des données météorologiques sur la culture des fruits dans les Prairies canadiennes remonte à une période antérieure aux travaux de zonage du Ministère de l'Agriculture du Canada. Il faut donc convertir les résultats (fiables néanmoins). En combinant ces données aux résultats des études récentes, il a été possible de déterminer des zones favorables à la culture de nombreuses espèces et variétés d'arbres fruitiers. Il y aura évidemment de nouvelles modifications, des ajustements et des ajouts. Cependant, la fiabilité des cartes est déjà suffisante et, dans la plupart des cas, on atteint facilement les 80% de chances de survie, taux qui correspond aux critères retenus pour les plantes ornementales.

Le fait qu'un arbre soit considéré comme rustique dans une zone donnée ne signifie pas qu'il ne subira jamais le

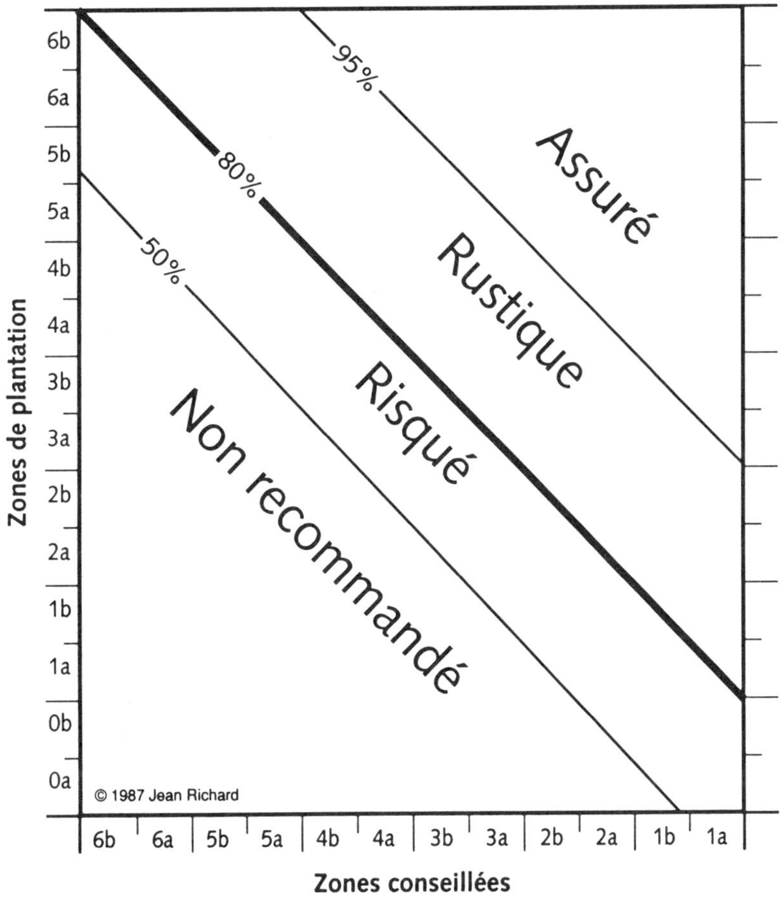

Figure 1 : Probabilité de survie dans les diverses zones.

moindre dommage en hiver mais on peut affirmer, à quatre contre un, que l'arbre prospérera. Évidemment, si l'arbre est planté dans une zone où le climat est plus doux, les chances de succès sont d'autant accrues. Si, à l'inverse, il est planté dans une zone au climat plus rude, il n'est pas assuré qu'il mourra au premier hiver; ses chances de survie sont simplement moindres. On trouve, au tableau (fig. 1), une évaluation du degré de risque pour les arbres fruitiers (ou les plantes ornementales) dans des zones différentes de celles auxquelles on les associe. Pour utiliser le tableau, il faut connaître la zone correspondant à chacune des espèces retenues, qui apparaît en abscisse. Sur l'ordonnée, on trouve les zones cibles, c'est-à-dire celles où seront cultivées les plantes considérées. Avec un crayon à mine, tracez deux lignes, l'une partant de l'abscisse et l'autre de l'ordonnée, de façon à déterminer leur point de jonction dans le tableau. Vous aurez alors une idée des chances de succès de votre plantation.

L'ENREGISTREMENT DES DONNÉES

L'influence du climat est telle sur les cultures qu'il est inconcevable que ceux qui exploitent un verger ne tiennent pas un registre minimal des données météorologiques de leur région. Les statistiques—degrés-jours, températures moyennes à court et à long terme, précipitations, etc.—sont indispensables à qui veut lutter efficacement contre les insectes et les maladies. Avec des données météorologiques portant sur de longues périodes, vous parviendrez à déterminer les microclimats locaux et l'existence de microzones à risques. Pour débuter, prévoyez quelques lectures de base en météorologie, strict minimum en fait.

En ce qui concerne l'équipement, il vous faut un système capable d'enregistrer les températures minimales et maximales d'une journée, un pluviomètre et un endroit bien aéré pour installer votre équipement. Avec moins de 50 $ d'investissement, vous aurez votre petite station

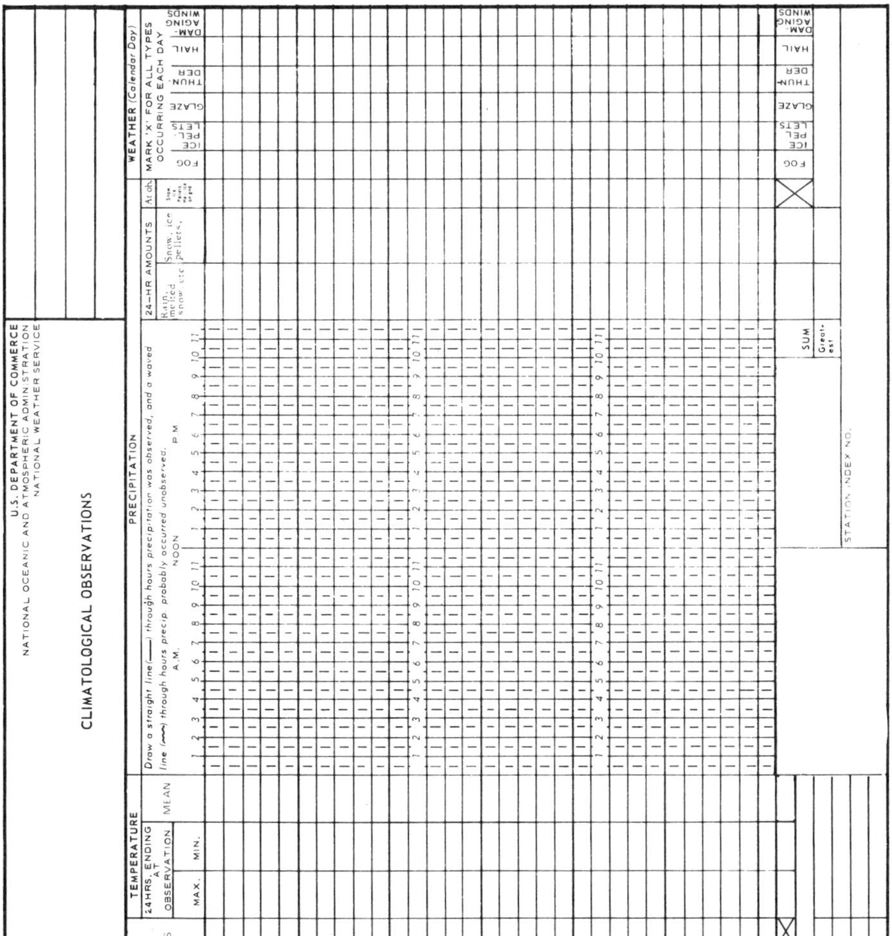

Figure 2 : formulaire type utilisé par le service météorologique national des États-Unis (National Weather Service)

météorologique. Évidemment, pour consigner vos observations, il vous faudra un cahier approprié. Nous reproduisons (fig. 2) un formulaire type utilisé par le service météorologique national des États-Unis (National Weather Service), document du domaine public et non couvert par les lois du copyright; vous pouvez donc le reproduire sans crainte de voler le bien d'autrui!

L'information qu'apporte ce livre est généralement liée aux données climatiques, plus particulièrement à celles des zones au climat rigoureux. C'est un facteur qui a une telle importance pour la culture des fruits et des petits fruits qu'il n'aurait pas été honnête envers nos lecteurs de ne pas en tenir compte. On a prouvé, par exemple, que certains insectes ne résistent jamais plus d'une génération dans le climat des zones 5 ou des régions plus froides encore, alors que ces mêmes insectes comptent facilement deux générations ou plus dans les zones plus chaudes. Les techniques de lutte doivent donc varier d'une zone à l'autre pour les mêmes insectes. En plus, les caractéristiques climatiques varient tellement dans les régions au climat rigoureux qu'il faut adapter les techniques de taille, choisir les plants en conséquence, comme les méthodes de fertilisation, toutes choses variant beaucoup selon les zones.

Enfin, notons que ce système de définition des zones n'a pas, sur le terrain, la précision que peuvent laisser présumer les calculs qui le sous-tendent. Ne prenez pas ces données pour des absolus; considérez-les plutôt comme des indications statistiques, des moyennes desquelles on a déduit des probabilités. Quand on étudie les interactions du climat et des êtres vivants, il n'y a pas d'absolu qui tienne.

CHAPITRE 3

Les pommes

Les pommiers sont les arbres fruitiers les plus communs dans le monde entier. La culture en est si ancienne qu'elle se perd dans la nuit des temps. Il existe de nombreuses espèces de pommiers sauvages indigènes en Amérique du Nord. À ce bagage se sont ajoutés les pommiers cultivés et les graines apportées par les premiers colons européens. On trouve de nos jours des pommeraies dans tous les coins de l'Amérique, à l'exception des régions au climat extrême: très chaud ou très froid. En dépit de la propagation des pommiers, on reconnaît trois grandes régions de culture commerciale.

Ce sont l'Est de l'Amérique du Nord (États de la Nouvelle-Angleterre et de la côte atlantique, Ontario, Québec et provinces maritimes) avec une production de 1,5 million de tonnes métriques de pommes par année, le Nord-Ouest (Colorado, Indiana, Missouri, Washington et Colombie-Britannique), avec 1,2 million de tonnes, puis le Centre (Ohio, Indiana, Missouri, Arkansas, etc.), avec une production relativement plus faible de 0,5 million de tonnes. Quant aux vergers privés, qui ne comptent souvent que quelques pommiers, ils sont partout populaires.

LES PORTE-GREFFES

La majorité des pommes sont obtenues par pollinisation, c'est-à-dire que les fruits ont deux parents (les fleurs mâles pour le pollen, qui féconde le pistil des fleurs femelles) et que chacun d'eux a des particularités qui lui sont propres. Cela signifie que les arbres doivent être multipliés par végétation ou par clonage. On prélève les boutures sur un arbre sélectionné; bien qu'on puisse les développer avec leur propre système radiculaire, il est plus fréquent de les greffer sur une souche. Le porte-greffes permet de contrôler la taille et la vigueur du greffon tandis qu'il prend petit à petit l'allure d'un arbre adulte.

Il y a deux facteurs à considérer pour le choix d'un porte-greffes. Il faut d'abord savoir si l'arbre obtenu sera une variété **naine** (2 m de hauteur), **semi-naine** (3 à 4 m), **semi-standard** (5 à 7 m) ou **standard** (7 à 10 m). Il faut ensuite savoir si l'arbre sera rustique dans la région où il devra prospérer. Les spécimens standard sont vigoureux et possèdent un bon système radiculaire, avec une espérance de vie qui atteint 100 ans. Cependant, on doit attendre plusieurs années la première récolte et ils demandent, par leur taille, beaucoup d'espace dans un verger, surtout par rapport aux quantités de fruits qu'ils donnent. Ces arbres ont un bois plus dur que les variétés naines et cela a son importance quand on doit planter dans des régions au climat particulièrement rigoureux.

Dans les régions où le climat est moins rude, on peut planter des variétés obtenues sur des porte-greffes d'espèces naines, encore qu'il y ait quelques risques que ces arbres ne survivent pas aux hivers particulièrement froids. En général, les espèces naines vivent peu longtemps— 25 ans environ; dans les régions classées zone 5 ou plus chaudes encore, ces arbres devront être souvent remplacés non pas à cause de la rigueur des hivers, bien sûr, mais simplement parce qu'ils y vieillissent prématurément.

Les zones 3 et 4 sont des zones de transition dans lesquelles on peut planter une grande variété d'espèces. Le choix n'est pourtant pas facile; les espèces semi-naines et semi-standard varient sur plusieurs plans: enracinement, vigueur, adaptation aux conditions des sols. Dans ces zones, chaque espèce présente des faiblesses majeures et il revient à chacun d'arrêter son choix. Beaucoup de pépiniéristes ne vendent que des pommiers obtenus sur des porte-greffes d'espèces naines, ce qui implique que ceux qui achètent des arbres en petites quantités n'auront que très peu de choix. Assurez-vous au moins de bien connaître l'espèce dont il s'agit. Pour un petit verger, demandez l'aide du pépiniériste; il est possible qu'il puisse vous offrir exactement ce qu'il vous faut.

Le choix des espèces à planter dans les régions plus froides du continent est beaucoup plus limité. Dans les régions classées zone 2 ou plus froides, on ne trouve que quelques rares espèces rustiques.

Les porte-greffes suivants conviennent aux régions classées zone 4 ou plus chaudes.

EM 9 Porte-greffes nain (20 à 30% de la taille d'un arbre standard). L'ancrage est faible et les pommiers doivent être tuteurés tout au long de leur existence. Cette variété est plus résistante que EM 26.

Ottawa 3 Porte-greffes nain (30 à 40% de la taille d'un arbre standard). Assez rustique et résistant aux virus. Malheureusement, cette variété est difficile à trouver; rares sont les pépiniéristes qui l'offrent parce qu'elle est difficile à multiplier.

EM 26 Porte-greffes nain (30 à 40 % de la taille d'un arbre standard). L'ancrage est tout juste passable et, dans la plupart des cas, il vaut mieux tuteurer les arbres. Ces pommiers ont besoin d'humidité mais ne supportent pas d'avoir le pied dans l'eau pendant des périodes prolongées. Particulièrement sensible à diverses infections au niveau des racines, au point de greffe, ce qui limite l'apport de substances nutritives au greffon.

EM 7 Porte-greffes semi-nain (40 à 50% de la taille d'un arbre standard). Bon ancrage et fruits de belle taille si les pommiers bénéficient d'une bonne source de potassium. Ce porte-greffes a tendance à produire beaucoup de drageons. Dans l'ensemble, il donne de bons résultats mais il vaut mieux le tuteurer, au début du moins.

MM 106 Porte-greffes donnant un pommier de même taille que EM 7, qui produit cependant un peu plus et est moins sensible au puceron lanigère.

MM 111 Autre porte-greffes recherché pour sa résistance au puceron lanigère. Il donne des pommiers semi-nains (65% de la taille d'un arbre standard), avec un bon ancrage.

Alnarp 2 Porte-greffes suédois (80% de la taille d'un arbre standard) réputé pour la qualité de son ancrage; particulièrement recommandé pour les régions exposées au vent. Ces pommiers ne sont toutefois pas plus résistants que les porte-greffes d'East Malling (EM) ou de Merton Malling(mm).

Robusta 5 Porte-greffes très vigoureux d'origine canadienne (80% de la taille d'un arbre standard). Beaucoup de ces pommiers ont une vie courte: dix années environ. C'est un porte-greffes à éviter à moins que vous n'ayez des raisons précises pour le choisir.

Les porte-greffes suivants conviennent aux régions classées zone 3 ou plus froides.

Ottawa 3 Voir le tableau précédent pour la description. Nanisme moins marqué dans les zones froides. À éviter sans doute dans les régions classées zone 3b ou plus froides.

Budagovski 9 Ce porte-greffes a été créé pour obtenir des pommiers nains destinés aux régions montagneuses de Pologne. En fait, il n'est pas assez résistant dans la plupart des régions froides mais peut être croisé avec le porte-greffes Beautiful Arcade (ci dessous), auquel cas il donnera un pommier à 40% de la taille d'un arbre standard.

Beautiful Arcade Arbre d'origine russe, porte-greffes aux qualités particulières. Exceptionnellement pour un porte-greffes, ses fruits sont comestibles. Il se multiplie par semis, ce qui explique que la semence ait une homogénéité remarquable et qu'il soit facile à faire prospérer. Il donne un pommier semi-standard, à 65 % de la taille d'un arbre standard.

Baccata Porte-greffes obtenu à partir d'un pommier sauvage de Sibérie. Extrêmement résistant, sans doute le meilleur porte-greffes pour les zones 2 et plus froides. Donne un pommier à 80 ou 90% de la taille d'un arbre standard.

Antonovka Porte-greffes rustique d'origine russe, utilisé depuis quelque 500 ans. Comme Beautiful Arcade, il donne des pommes comestibles. Il se multiplie par semis et donne un pommier à 90% de la taille d'un arbre standard. Assez rustique; prospère bien dans des sols argileux.

Dolgo Porte-greffes de rusticité intermédiaire entre Antonovka et Baccata qui est, par lui-même, un bon pommier sauvage. Donne un pommier de la taille d'un arbre standard.

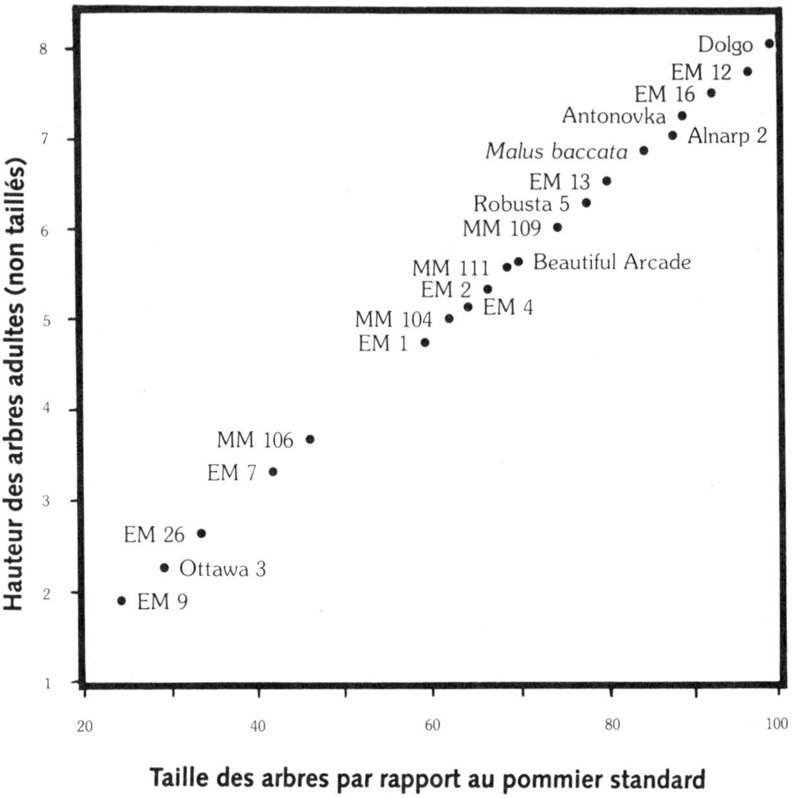

Figure 3 : Vigueurs relatives des différents porte-greffes de pommiers.

Il existe maintenant de nouveaux porte-greffes qui semblent prometteur, soit :

B9 : nain, proche de Ottawa 3;
B490 : semi-nain, proche du EM7;
B118 : semi-standard, proche du MM111.

Des essais sont en cours afin de confirmer leurs caractéristiques.

LA PLANTATION

Nous traiterons des techniques de plantation des arbres fruitiers en détail au chapitre 14; il y a cependant quelques points qu'il est bon de préciser sans attendre.

L'erreur la plus fréquente consiste à planter les arbres trop près les uns des autres. Commandez tôt chez votre fournisseur; la plupart des pépiniéristes ont un meilleur choix en décembre et en janvier qu'en haute saison. Transplantez les arbres dès que le sol est assez dégelé, quelque six semaines environ avant les derniers gels printaniers. Dès qu'on vous livre les pommiers commandés, trempez les racines dans une solution d'algues marines. Gardez-les ensuite dans de la mousse de tourbe jusqu'au moment de la plantation. Placez-les dans un endroit frais (mais pas froid) parce que les racines des pommiers supportent moins les basses températures que la partie aérienne des arbres. Lors de la plantation, prenez particulièrement soin de protéger les racines du vent et du soleil; si le système radiculaire s'assèche, les radicelles mourront. Plantez les arbres légèrement plus profondément qu'en pépinière. Vérifiez toutefois que le point de la greffe soit hors de terre, sinon le greffon développera ses propres racines et, au lieu d'un arbre nain, vous aurez un pommier standard! Protégez les nouveaux pommiers contre les rongeurs; il ne vous en coûtera que quelques dollars pour une spirale en plastique pour chaque arbre.

LA POLLINISATION

La pomme est un fruit qui se forme à partir de l'accroissement de l'ovaire. Les parois de l'ovaire, les bases des pétales, les étamines et les sépales se soudent pour former la chair dans laquelle grossiront les pépins. Le coeur du fruit comprend cinq cavités, chacune d'elles abritant deux pépins. La pomme, parce qu'elle provient d'un accroissement de l'ovaire, ne peut être obtenue sans pollinisation. C'est vrai pour tous les pommiers, de quelque espèce qu'ils soient; sur ce plan, un Cortland nain n'a rien de différent d'un Cortland standard. En général, les fleurs de pommiers doivent être pollinisées par des fleurs d'une variété différente. Il faut aussi savoir que tout pommier d'une variété, Minnesota 447 par exemple, est issu d'un seul et même arbre. Il n'y a pas d'exception à cette règle puisque, par définition, les variétés sont obtenues par reproduction végétative. De même, les variétés qui ont les mêmes parents mâles et femelles (jumeaux vrais) ne peuvent mutuellement se polliniser.

La pollinisation des arbres fruitiers repose sur les abeilles. S'il fait froid lors de la floraison, cela pose un double problème: les abeilles sont moins actives et, par ailleurs, la production du pollen et la germination se font mal. La température idéale se situe entre 20 et 25°C. Si les températures sont inférieures, la récolte en souffrira. Dans les régions où les fleurs sont abondantes, les abeilles travaillent rarement au-delà de 25 m de la ruche. Si vous avez un grand verger, il se peut que vous deviez disposer les ruches à des endroits choisis pour assurer une bonne pollinisation. Les ruches devront avoir été suffisamment nourries au sirop dans les semaines précédant la période de floraison, de sorte que le nombre d'abeilles butineuses soit le plus grand possible. Il faut compter sept semaines après la ponte pour que les nouvelles abeilles puissent butiner dans le verger. Si vous achetez les abeilles au printemps plutôt que de faire hiverner vos ruches, cette période de sept semaines est trop longue pour être pratique; il faut donc que vous receviez vos abeilles environ trois ou quatre semaines avant la floraison.

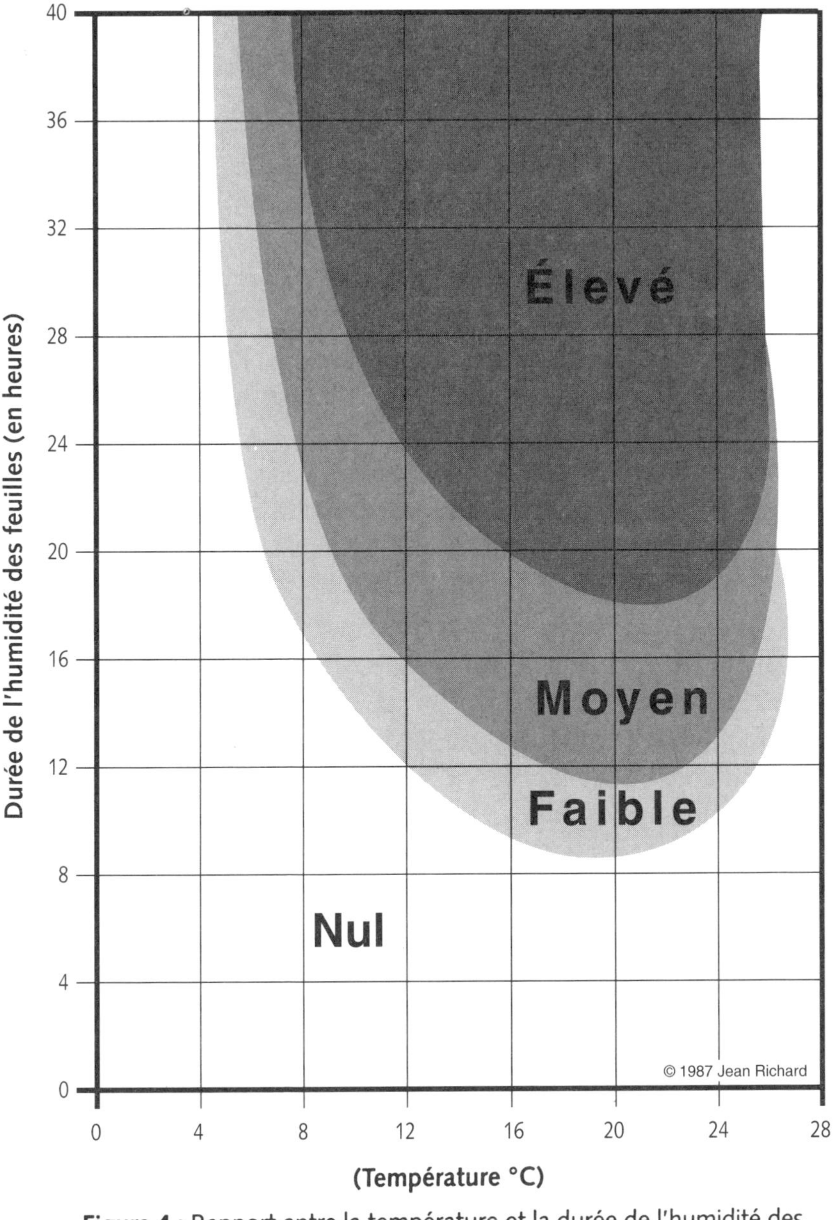

Figure 4 : Rapport entre la température et la durée de l'humidité des feuilles selon la gravité de la tavelure du p ommier. En périodes de pluie intermittante, il faut dix heures de soleil pour que cesse l'infection. La rosée compte comme temps d'humidité quand elle suit une pluie nocturne, mais non lorsqu'elle précède une pluie matinale. Des invasions secondaires se produisent dans les deux tiers des des cas.

LES MALADIES

Plusieurs maladies affectent les pommiers en diverses régions. Il n'y en a cependant qu'une seule qui présente un problème persistant et sérieux en Amérique du Nord; il s'agit de la **tavelure du pommier.** Cette maladie est produite par un champignon, *Venturia inaequalis,* et provoque l'apparition de nombreuses taches noires et brunes sur les feuilles, comme sur les fruits. Les champignons se développent sur les feuilles mortes puis, au printemps, se propagent aux jeunes organes des arbres. Il existe une relation entre la durée de mouillure du feuillage, la température et la gravité de l'infection (fig. 4). Ces invasions printanières sont qualifiées de «primaires»; si la situation n'est pas corrigée, ces premières infections donnent lieu à l'apparition d'invasions «secondaires» plus tard en saison. Au cours de cette seconde phase de l'infection, les fruits sont attaqués et l'arbre, ayant perdu bon nombre de ses feuilles, n'a plus de vigueur. Le nombre d'infections primaires et secondaires varie sensiblement d'une année à l'autre selon l'abondance des pluies printanières. Les années pluvieuses sont plus mauvaises que les années sèches. S'il y a le moindre risque d'infection primaire (voir fig.4), il faut traiter les arbres avec un fongicide pour éviter les complications. Un mauvais contrôle de l'infection peut avoir de graves conséquences (fig. 5).

TRAITEMENT CONTRE LA TAVELURE

Le succès du traitement biologique contre la tavelure repose sur quatre facteurs, soit : la température, le degré de délavement du fongicide, la durée de mouillure du feuillage et la couverture du feuillage en période de croissance rapide.

Figure 5 : Tavelure du pommier.

1. La température

Si la température est <12° C, utiliser la bouillie bordelaise.
Si la température est >12° C, utiliser le soufre microfin.

La bouillie bordelaise est donc préférablement utilisée au printemps avant la floraison. **Éviter l'application sur les fruits**.

2. Le délavement

Le sulfate de cuivre et le soufre sont deux fongicides qui agissent comme protectants. Il faut donc couvrir le feuillage avant chaque pluie en tenant compte du degré de délavement du fongicide. Utiliser un pluviomètre pour connaître les quantités de pluie tombées.

Bouillie bordelaise : 30 mm de pluie
Soufre microfin : 10 mm de pluie

3. Le durée de mouillure du feuillage

La durée de mouillure du feuillage est directement reliée au risque élevé de l'infection. Des traitements en conséquence sont donc à prévoir dans ces conditions, si vous doutez de la couverture par les fongicides.

4. Le développement rapide du feuillage

Au Québec comme dans tous les pays du climat froid, le développement phénologique des arbres est très rapide durant la première moitié de la saison de croissance. Il importe alors de recouvrir à intervalles réguliers le feuillage et les fruits, même s'il n'y a pas eu de précipitations importantes. Ainsi, quelques traitements préventifs sont recommandés aux stades suivants : débourrement, pré-bouton rose, calice, nouaison.

MÉTHODE D'APPLICATION

1) Au printemps, dès l'ouverture des bourgeons

• Bouillie bordelaise : 5 kg de chaux hydratée + 5 kg de sulfate de cuivre dans 500 litres d'eau. Utiliser de la chaux hydratée **à pulvériser** (hydroxyde de calcium). La quantité de bouillie devrait être de 500 litres/ ha.

N.-B. - Pour faciliter la préparation de la bouillie bordelaise, il est préférable de :

• huiler l'extérieur du pulvérisateur;

• dissoudre préalablement la chaux dans un contenant d'eau tiède (fabrication d'un lait de chaux) pour ensuite le verser dans le pulvérisateur à demi rempli

• mettre en fonction les agitateurs du pulvérisateur;

• dissoudre également le sulfate de cuivre et l'ajouter à la bouillie de chaux. Compléter le remplissage du réservoir avec de l'eau.

2) Dosage en début de saison jusqu'après la nouaison
• Soufre microfin : 12 kg/ha

3) Dosage en période estivale jusqu'à la fin de la saison
• Soufre microfin : 6 kg/ha

N.-B. - On peut aussi ajouter 3 kg de chaux hydratée à pulvériser par 500 litres de bouillie de soufre microfin, afin d'optimiser les traitements ou pour diminuer le lessivage du soufre lors de longues et fortes précipitations.

Cependant, la meilleur façon de lutter contre la tavelure reste l'utilisation de variétés résistantes à la tavelure. Nous vous en suggérons quelques unes à la section sur les choix des variétés (p. 47 à 56).

La **rouille du cèdre** est une autre infection due à un champignon qui envahit le thuya (cèdre rouge). Les produits vaporisés contre la tavelure du pommier sont souvent efficaces ici, d'autant plus qu'il existe des variétés d'arbres qui résistent bien à l'infection. La meilleure solution reste de couper tous les thuyas dans un rayon de 800m du verger. Cette solution n'est sans doute pas praticable pour ceux qui ne possèdent que quelques pommiers. Il existe deux autres types de champignons qui affectent les pommiers, faciles à contrôler avec les produits fongicides ordinaires: la **fumagine,** qui couvre les feuilles d'un enduit noirâtre semblable à de la suie, et le **blanc,** ou **oïdium du pommier,** qui couvre les feuilles uniformément de poussière blanche.

COMPLÉMENT SUR LA FERTILISATION

Nous avons abordé, au premier chapitre, les besoins généraux des arbres fruitiers sur le plan de la fertilisation;

nous complétons en mentionnant certains points particuliers en rapport avec la pomiculture.

Les pommiers sont plus sensibles que la plupart des autres espèces d'arbres aux excès ou aux déficiences en azote. Ils peuvent avoir des difficultés en climat rude parce que l'azote défavorise le durcissement du bois avant l'hiver. En général, l'excès d'azote cause plus de problèmes que les carences. Les pommiers ont besoin d'une dose annuelle maximale de 15 g par année d'âge. L'excès d'azote provoque une augmentation de l'absorption de calcium et de magnésium, et une baisse du phosphore et du potassium. N'utilisez le fumier frais qu'avec précautions car il risque de stimuler à l'excès la croissance des arbres; le compost est de loin préférable. À l'inverse, le manque d'azote sera significatif si la croissance des arbres est faible et si les feuilles jaunissent. Dans ce cas, augmentez légèrement l'apport en azote, chez les espèces à fructification biennale, l'année où il n'y a pas de récolte.

Le phosphore est surtout nécessité par les jeunes arbres. De fortes carences chez les arbres adultes peuvent affecter la production et la santé des arbres, alors qu'un manque de potassium donc aux fruits un calibre plus petit et une coloration plus fade. De fortes carences de cet élément minéral nuira aussi à l'aoûtement des arbres, ce qui pourrait augmenter les risques de gel hivernal. Enfin, le magnésium est considéré comme un élément nutritif pour la santé des arbres. Il est responsable de la chlorophylle, ces petites cellules vertes dans les feuilles, nécessaires à la photosynthèse.

Le manque de bore peut causer des ennuis dans des sols acides, plus graves encore en période de sécheresse. Selon l'âge des arbres, on administrera de 100 à 500 g de bore tous les trois ans. Lorsque vous voulez connaître les besoins en fertilisants de vos pommiers, ne dédaignez pas les prélèvements de bois. Ces tests, faits dans les laboratoires gouvernementaux, coûtent peu et, même s'ils ne sont pas parfaits, vous aideront à identifier les déficiences majeures en éléments nutritifs.

La fertilisation des végétaux est un aspect complexe de l'agriculture pour des personnes non-initiées à sa compréhension. Règle générale, il peut s'avérer intéressant de faire analyser le sol de votre culture fruitière. Des personnes compétentes en la matière pourront vous faire les recommandations adéquates.

LES VARIÉTÉS

Les pommes étant obtenues par pollinisation, chaque graine peut donner un arbre différent. Il n'est donc pas étonnant qu'il en existe 15 000 variétés en Amérique du Nord, toutes dûment nommées et propagées par greffes à une époque quelconque de leur histoire. Le livre *Apples of New York,* publié en 1905 et devenu un classique en son genre, décrit quelque 4 000 variétés de pommiers cultivés à l'époque dans ce seul État. Depuis, on a ajouté des milliers d'autres variétés, au point de profondément modifier la pomiculture en Amérique du Nord.

Il est intéressant d'étudier la liste des pommes les plus vendues à New York au début du siècle. La variété Baldwin représentait 50% de la production, et Rhode Island Greening, 25%. Le reste du marché appartenait aux variétés Northern Spy, Tomkins King, Roxbury, Golden Russet, Hubbardston et Spitzenburg. La plupart de ces variétés sont inconnues des amateurs d'aujourd'hui. De nos jours, le marché appartient aux variétés Red Delicious, Golden Delicious et Macintosh. Cette dernière variété est reine au Québec. Plus des trois quarts des cultivars plantés au Québec sont des Macintosh; en saison, la demande est telle que certains producteurs cueillent les fruits avant complète maturation pour satisfaire la clientèle! Pourtant, plus souvent qu'autrement, le consommateur est incapable de faire la différence entre une pomme Macintosh et des fruits d'autres variétés, mais il s'entête à exiger que les pommes portent l'étiquette «Macintosh». Quand on prend pour acquis que les consommateurs d'ici s'y connaissent relativement peu en matière de pommes et que les producteurs ne peuvent se permettre d'ignorer les volontés du public, on ne s'étonne pas que le marché des pommes ait ici certaines ressemblances avec la normalisation à outrance des chaînes de «fast food», où la variété n'a que peu de place.

Heureusement pour le pomiculteur amateur, rien n'impose qu'il en soit ainsi chez lui. Beaucoup de variétés de pommiers conviennent à la culture en petits vergers, pour consommation domestique ou production restreinte. Ceux qui veulent vraiment prendre soin de leur verger sont assurés d'obtenir une bonne sélection de pommes délicieuses, des variétés les plus hâtives jusqu'à celles si faciles à conserver qu'on consomme tout l'hiver.

Il est important de choisir des variétés qui supportent le climat de votre région. Les meilleurs pommiers ne donneront pas de bonnes récoltes s'ils souffrent de l'hiver trois années sur cinq. Les variétés présentées ci-après ont 80% de chances de fructifier dans les zones mentionnées pour chacune d'elles. Ces zones sont déterminées selon le système mis au point par le Ministère de l'Agriculture du Canada il y a une quinzaine d'années; nous l'avons vu au chapitre 2. (Vous pourriez vous y reporter à nouveau si vous n'êtes pas bien familier avec ce système.) Avec le phénomène des microclimats, les cartes du chapitre 2 n'ont qu'une valeur indicative. La façon la plus précise de déterminer la zone à laquelle appartient votre région c'est d'étudier les relevés météorologiques à long terme des stations régionales. Nous vous présentons ici quelques unes des variétés de pommes des plus intéressantes.

DESCRIPTION DES CULTIVARS DE POMMIERS

HÂTIFS

Geneva early (20/07)
Fruit jaune vert lavé de rouge à 60 %-100 %. Bonne qualité gustative. Calibre gros : 5 à 8 cm de diamètre. Mûrit inégalement et requiert 2 à 3 récoltes. Chair plutôt molle. Arbre de vigueur moyenne. Époque de floraison semblable à Macintosh. Très sensible à la brûlure bactérienne. Conservation 1 semaine. Type de fructification III. Zone 4.

Vista Bella (01/08)
Fruit coloré d'un rouge foncé très attrayant et de très bonne qualité gustative. Chair ferme et croquante. Calibre moyen à gros. Arbre très vigoureux et productif. Sensible à la pourriture du calice (Watercore). Conservation limitée. Type de fructification III proche de IV. Zone 4.

Jersey mac (20/08)
Type Macintosh. Bonne coloration (80 % de rouge) et bonne qualité gustative. Calibre moyen. Chair plutôt molle. Arbre de vigueur moyenne et très productif. Mûrit

inégalement et requiert deux à trois récoltes. Variété très sensible à la tavelure. Époque de floraison coïncide avec Macintosh. Conservation 1 mois. Type de fructification III. Zone 3.

Hazen (25/08)
Type délicieuse rouge. Coloration rouge foncé à 90 %. Forme allongée. Calibre gros : 8 cm de diamètre. Bonne qualité gustative. Arbre de vigueur moyenne. Produit annuellement. Type de fructification III. Zone 3.

Murray (25/08)
Cultivars résistant à la tavelure. Très beau fruit de coloration uniforme rouge et de bon calibre. Chair semi-ferme et de bonne qualité gustative de très courte conservation. Arbre vigoureux et de bonne productivité. Zone 3.

Redfree (30/08)
Cultivar résistant à la tavelure. Beau fruit rouge à chair semi-fermeet de bon calibre. Arbre vigoureux mais portant des branches longues qui sont parfois cassantes en hiver.

Early Cortland (01/09)
Type Cortland, mais récolté 1 mois avant son parent. Fruit vert lavé de rouge à 60 %-95 %. Calibre gros : 8 à 9 cm de diamètre. Chair semi-ferme et légèrement acide et de qualité gustative moyenne. Arbre très vigoureux et très sensible à la brûlure bactérienne. Époque de floraison semblable à Macintosh. Conservation 4 mois. Type de fructification IV. Zone 4.

Akane (01/09)
Fruit de très bonne qualité, meilleure que Macintosh. Coloration uniforme d'un rouge très vif. Calibre moyen. Arbre de vigueur et de production moyenne. Meilleure conservation que Macintosh. Feuillage affecté par une déficience chlorophyllienne. Type de fructification III. Zone 3.

Dolgo (01/09)
Pommetier à fleurs blanches. Fruit d'un rouge très vif, environ 2,5 cm de diamètre. Arbre vigoureux et très productif. Délicieux pour la gelée. Époque de floraison avant Macintosh. Type de fructification III. Zone 3.

Paulared (01/09)
Coloration uniforme rouge foncée, très attrayante. Calibre moyen. Chair très ferme et de qualité gustative moyenne. Arbre de vigueur moyenne et productif. Très sensible à la brûlure bactérienne. Conservation 6 semaines à 0° C. Type de fructification IV. Zone 3.

MI-SAISON

Richelieu (09/09)
Cultivar résistant à la tavelure. Fruit vert lavé de rouge à 60 %-65 %. Calibre moyen. Chair croquante, sucrée et légèrement acide. Arbre précoce et productif. Conservation 3 mois à 2° C. Type de fructification probablement IV. Zone 3.

Redcort (17/09)
Mutation de Cortland. Coloration uniforme rouge foncée. Calibre moyen. Chair ferme et de bon goût. Récolte deux

semaines avant Cortland et même conservation que celle-ci. Arbre vigoureux. Époque de floraison après Macintosh. Type de fructification IV. Zone 3.

Jonamac (20/09)
Type Macintosh. Coloration uniforme rouge foncée à 90 %. Calibre moyen et peut être amélioré par l'éclaircissement chimique. Chair semi-ferme et de qualité gustative excellente. Arbre de vigueur moyenne et très productif. Époque de floraison semblable à Macintosh. Conservation 3 mois à 0° C. Type de fructification III. Zone 3.

Summerland (25/09)
Lignée Macintosh; une des lignées les plus rouge. Chair tendre et très parfumée. Calibre moyen. Tombe facilement à maturité. Sensible à la tavelure. Arbre vigoureux et productif, lent à se mettre à fruit. Conservation jusqu'en février à 0° C et plus tard en atmosphère contrôlée. Type de fructification III. Zone 3.

Macspur (25/09)
Type Macintosh à lambourdes. Même caractéristiques que le standard, mais vigueur plus compacte et coloration rouge plus foncée. Beaucoup de variations du caractère «Spur» à travers la population de ce cultivar. Type de fructification I. Zone 4.

Britegold (01/10)
Cultivar résistant à la tavelure. Type jaune délicieuse. Coloration uniforme jaune avec parfois une plage rouge. Calibre moyen. Chair tendre et juteuse. Arbre vigoureux et productif. Sensible à l'alternance. Conservation jusqu'à 3 mois à 0° C. Type de fructification III. Zone 3.

Spartan (01/10)
Coloration uniforme rouge foncée. Le calibre est moyen à petit et peut être amélioré par l'éclaircissage chimique. Chair ferme et de bon goût. Arbre vigoureux et productif. Sensible aux pucerons et au chancre européen. Peu sensible à la tavelure. Époque de floraison semblable à Macintosh. Conservation jusqu'en mars à 0° C et plus tard en atmosphère contrôlée. Type de fructification II. Zone 4.

Mcfree (06/10)
Cultivar résistant à la tavelure. Fruit vert lavé de rouge à 75 %. Le calibre est petit à moyen et peut être amélioré par l'éclaircissage chimique. Chair ferme et de qualité gustative moyenne. Qualité inférieure à Macintosh. Arbre vigoureux et productif. Conservation 3 mois à 0° C. Type de fructification III. Zone 4.

Earlygold (06/10)
Type jaune délicieuse plus précoce d'environ 3 semaines de son parent. Coloration uniforme jaune dorée. Chair ferme et de bon goût. Calibre moyen. Arbre de vigueur moyenne et très productif. Type de fructification III. Zone 4.

Liberty (07/10)
Cultivar résistant à la tavelure. Fruit vert lavé de rouge à 90 %. Calibre moyen : 2"-3" de diamètre. Chair ferme et croquante. Arbre de vigueur moyenne et très productif. Époque de floraison semblable à Macintosh. Conservation jusqu'en février à 0° C. Type de fructification III. Zone 3.

Empire (10/10)
Excellente qualité. Plus colorée que Macintosh. Coloration uniforme rouge foncée. Calibre moyen. Chair ferme et de bon goût. Arbre peu vigoureux et productif. Meilleure conservation que Macintosh jusqu'en mars à 0° C et plus tard en atmosphère contrôlée. Époque de floraison coïn-cide avec Macintosh. Maturité tardive. Type de fructifica-tion III. Zone 4.

TARDIFS

Spencer (15/10)
Excellente qualité. Fruit vert lavé de rouge orangé. Chair ferme, croquante et de bon goût. Arbre vigoureux, très productif, mais manque un peu de précocité. Conservation jusqu'en mars à 0° C. Type de fructification III. Zone 4.

Moïra (15/10)
Cultivar résistant à la tavelure. Fruit jaune vert lavé de rouge à 80 % - 90 %. Le calibre est moyen et peut être amélioré par l'éclaircissage chimique. Chair tendre et de goût moyen. Arbre de vigueur moyenne et productif. Conservation 4 mois à 0° C. Type de fructification probablement III. Zone 4.

Trent (15/10)
Cultivar résistant à la tavelure. Fruit jaune vert lavé de rouge à 85 %. Calibre moyen à gros. Chair ferme et de qualité moyenne. Arbre vigoureux et productif. Conservation jusqu'à 8 mois à 0° C. Type de fructification probablement III. Zone 4.

Idared (20/10)
Fruit jaune vert moyennement lavé d'un rouge vif. Calibre moyen à gros. Chair ferme et légèrement acide. Arbre de vigueur moyenne, très précoce et productif. Sensible à la brûlure bactérienne et à l'oïdium. Floraison plus hâtive que Macintosh. Maturité très tardive. Résistant à la mouche de la pomme. Conservation jusqu'en mai à 0° C. Type de fructification III. Zone 4.

Quelle que soit la variété, la question qu'on pose le plus souvent à propos des pommiers concerne la durée que prennent les arbres de chaque variété pour donner leurs premiers fruits. Il n'y a pas de réponse simple. La première récolte varie selon la qualité du porte-greffes, des scions, selon le climat et le sol. En règle générale, les pommiers nains donnent leur première récolte après deux ou trois ans; les semi-nains et les semi-standard demandent de trois à six ans; les pommiers standard ont en principe besoin de cinq à huit ans pour fructifier. En outre, il faut compter avec les saisons qui sont parfois plus courtes que la normale et les été frais, facteurs qui peuvent ajouter un ou deux ans à l'attente.

Les pommiers nains donnent quelque 50 kg de fruits par année. Les semi-nains et les semi-standard donnent 75 kg, puis les variétés standard, plus de 200 kg quand les arbres ont atteint leur pleine maturité. Évidemment, la récolte varie sensiblement selon la fertilité du sol, les caractéristiques de la saison et l'âge de l'arbre.

Les variétés résistantes à la tavelure sont très prometteuses, car elles éliminent les quelques dizaines de traitements fongiques saisonniers nécessaires habituellement pour contrer cette importante maladie des pommiers. En 1998, la fin des projets d'essais et d'expérimentations au Centre d'agriculture biologique de La Pocatière permettront d'en savoir beaucoup plus sur la rusticité et la qualité des variétés résistantes à la tavelure.

Planche 1 : Sol argileux assez bien drainé. Le sol arable est brunâtre, la couche inférieure est jaune et le sous-sol est gris.

Planche 2 : Pommiers nains greffés l'été précédent (verger de l'auteur).

Planche 3 : Spartans nains âgés de trois ans, à Rougemont (Québec).

Planche 4 : Macintosh standard taillés selon la méthode suisse.

Planche 5 : Poires Starkrimson.

Planche 6 : Abricots Scout.

Planche 7 : Pommier Kerr croisé avec un pommier sauvage.

Planche 8 : l. Amélanchiers Thiessen. 2. Pommes sauvages Dawn. 3. Prunes Pembina. 4. Cerises de Mongolie (Prunus fruticosa). 5. Pommes Norland. 6. Pommes Minnesota447. 7. Prunes-cerises Opata. 8. Raisins Beta.

Planche 9 : Piège pour capturer l'hoplocampe des pommes.

CHAPITRE 4

Les poires

Les poiriers sont les arbres fruitiers les plus communs au monde, après les pommiers. Plusieurs auteurs grecs et romains du 1er siècle avant notre ère, et même de périodes bien antérieures, en parlent dans leurs écrits. Les poiriers sont classés dans la famille des Rosacées, du genre Pyrus. Il existe une vingtaine d'espèces de poiriers, tous originaires d'Asie, d'Europe ou d'Afrique du Nord. Il n'y a pas de poirier indigène en Amérique du Nord. À l'état sauvage, la plupart des poires ne sont guère plus grosses qu'une bille, presque aussi dures et très acides. Quelques espèces sauvages donnent des fruits plus gros mais non moins acidulés; c'étaient les seules espèces connues jusqu'au XVIIIe siècle. De nos jours encore, en Asie, les poires les plus recherchées ont la chair très fermes et sont bien aigres.

Les poires à chair molle et sucrée que nous connaissons de nos jours ont une histoire relativement récente. C'est vers 1750, dans le nord de la France et en Belgique, que quelques horticulteurs entreprirent de sélectionner les poiriers afin d'obtenir des fruits de meilleure qualité. Le plus connu de ces horticulteurs est un certain Van Mons qui consacra presque toute sa vie à la culture des poires au début du XIXe siècle. À une certaine époque, il possédait quelque 80 000 plants de poiriers, dont 2 000 étaient de qualité suffisante pour mériter d'être multipliés. Parmi ceux-ci, on trouvait la variété Bosc et trois douzaines d'autres qu'on cultive encore en Europe de nos jours.

Au milieu du XIXe siècle, la pollinisation croisée était devenue la méthode reconnue pour l'amélioration des poiriers. Les porte-greffes étaient importés de Russie afin d'obtenir des arbres résistant à l'hiver et au mildiou. La poire Kieffer est née à cette époque. À notre époque, on produit commercialement des poires dans plusieurs régions d'Amérique du Nord. La moitié de la production nord-américaine provient de Californie, et le quart de l'État de Washington. La Nouvelle-Écosse et la région des Grands Lacs en produisent aussi une bonne quantité. Dans la plupart des autres régions du continent, la rudesse des hivers ou les risques du mildiou ont limité les possibilités de la production commerciale. L'Europe produit près de trois fois autant de poires que l'Amérique du Nord. La Nouvelle-Zélande, l'Australie, l'Argentine, le Japon et l'Afrique du Sud se partagent une autre partie de la production commerciale mondiale.

En règle générale, on considère qu'il y a trois bassins génétiques des poiriers: la Chine centrale, l'Asie centrale et la région du Caucase. En Chine centrale, les poiriers Sand et Siberian prospèrent bien, tandis qu'en Asie et dans le Caucase, c'est plutôt la poire Commune qui est... commune. Le croisement des espèces est si récent en ce qui concerne les poires qu'on peut affirmer qu'il reste encore beaucoup de place pour l'amélioration des variétés. C'est au centre de recherche de l'Université d'État d'Oregon que se trouve la plus complète collection de spécimens de poiriers au monde. On y compte plus de mille hybrides, clones et cultivars qui servent de base à un important programme de recherche. Dans l'ex-Union soviétique, la question fait aussi l'objet de recherches intensives.

LES PORTE-GREFFES

Un poirier qui pousse sur sa propre souche peut atteindre une taille de 15 m et vivre centenaire. Le poirier standard est plus grand, mais moins étendu que le pommier standard. Par conséquent, il devient difficile de cueillir les poires sur des arbres matures, d'autant plus qu'on trouve peu de gens qui soient prêts à grimper sur des échelles à cette hauteur! Voilà pourquoi on a tenté de créer des espèces naines donnant des fruits tôt en saison, avec plus ou moins de succès. Beaucoup de variétés de poiriers proviennent encore de porte-greffes donnant des arbres de taille standard. Il n'existe pas, pour l'instant, de porte-greffes qui soit un choix parfait; voici toutefois une liste qui comprend plusieurs espèces intéressantes.

Poirier commun *(Pyrus communis)*

Ce porte-greffes est l'espèce la plus importante pour laquelle on trouve des pépins des variétés Bartlett, Luscious, Harbin et autres, ces dernières donnant des scions et des drageons servant aux greffes. Ces porte-greffes donnent des arbres de taille standard qui ne donnent des fruits qu'après plusieurs années et qui demandent une taille suivie si l'on veut bien en contrôler la croissance. La variété Harbin, provenant d'Oregon, est légèrement plus petite (90 % de la taille des arbres standard) et a une fructification légèrement plus rapide. La variété Luscious a un meilleure ancrage que les autres *Pyrys communis* et donne des arbres semi-standard (80 % de la taille des arbres standard). La variété Old Home est surtout utilisée pour la production de porte-greffes mais pourrait être cultivé comme porte-greffes puisqu'il convient à toutes les variétés connues de poiriers et qu'il donnent des arbres de taille moyenne (70 % de la taille des arbres standard).

Poirier des neiges *(Pyrus nivalis)*
Ce porte-greffes supporte des conditions variées de croissance tant par les sols où il peut prospérer que par l'hygrométrie. Il supporte assez bien le froid (zone 4a). Les scions résistent au rot brun mais sont quelque peu sensibles à la fumagine. Ce porte-greffes est sensible au mildiou et on le trouve plus souvent en Europe qu'en Amérique du Nord. À défaut d'utiliser cette variété comme porte-greffes, on en cueille les fruits pour préparer un cidre de poire très fort.

Poirier Callery *(Pyrus calleryana)*
Ce porte-greffes prospère dans des conditions variées de sols et d'humidité. Il craint le froid (zone 6). Les scions résistent au rot brun et à la fumagine. Cette variété résiste au mildiou et au puceron lanigère. Il demande toutefois de bonnes tailles pour en contrôler la croissance puisque le scion est très vigoureux. Un des cultivars de *Pyrus calleryana,* la poire de Bradford, est souvent planté comme arbre décoratif dans les États de la côte atlantique, en Nouvelle-Angleterre.

Poirier de Sibérie *(Pyrus ussuriensis)*
Sensible à l'excès d'humidité du sol. Supporte les grands froids (zone 1b). Les scions sont sensibles au rot brun et à la fumagine, à moins qu'ils n'aient pris de la graine de *Pyrus ussuriensis!* Dans l'État de New York, une loi interdit de greffer des poiriers communs *(Pyrus communis)* sur des *Pyrus ussuriensis.* Ce porte-greffes est pourtant très

résistant au mildiou et au puceron lanigère. Les scions sont très vigoureux. Si on ne l'utilise pas comme porte-greffes, cette variété de poirier devient un bel arbre donnant des fruits de 4 cm de diamètre qui font les délices des oiseaux. Il fait un arbre parfait comme coupe-vent; les branches sont si denses au pied qu'il fait une clôture naturelle très efficace.

Cotoneaster de Pékin (Cotoneaster acutifolia)
Très résistant au froid (zone 2). Donne des poiriers nains et est, pour l'instant, encore à l'essai.

Amélanchier du Canada *(Amelanchier canadensis)*
Rustique en certaines régions, selon les variétés employées, jusqu'en zone 2 pour les Saskatoons mais en zone 4 seulement pour les Shadblow. Donne plus rapidement des fruits que les scions de Quince et est plus rustique, mais a malheureusement un ancrage encore plus faible. Peut être utilisé pour des treillis lorsque les arbres doivent être repiqués plus souvent que d'ordinaire.

Aubépines *(Cretaegus spp)*
Espèce naine très rustique (zone 2). Malheureusement, les greffes sont instables et les scions meurent en moins de cinq ans le plus souvent. Les chercheurs de l'Université d'État d'Oregon ont obtenu quelques succès avec la variété Old Home sur *Cretaegus*. Les poiriers nains donnent rapidement des fruits et sont assez résistants au mildiou.

LA PLANTATION

Par tradition, on plante les poiriers à une distance de 8 mètres les uns des autres, ou plus encore. Ces dernières années, on a tendance à réduire les normes et à planter en réservant une superficie de 6 m sur 6 m en sélectionnant des poiriers particulièrement vigoureux. Pourtant, cela a son importance. Si les arbres sont trop près les uns des autres, ils vieilliront plus vite et l'excès de taille requis pour contrôler la pousse viendra déséquilibrer les arbres par rapport à leur système radiculaire. Si les arbres sont trop éloignés les uns des autres, le verger ne donnera pas un rendement maximal à cause de l'espace perdu. À moins que vous ne sélectionniez des espèces naines, vous devriez laisser le terrain libre dans un rayon de 4 m pour chaque poirier. Assurez-vous que les poiriers ne se trouvent pas à une distance de plus de 15 m d'un autre cultivar dont pourrait dépendre la pollinisation, sinon vous risquez de n'obtenir que des récoltes fort réduites.

Ici comme pour les pommiers, les soins qu'on prodigue lors de la plantation finissent par rapporter des dividendes. Suivez essentiellement les mêmes règles que celles avancées pour les pommiers, à une exception près. En effet, lorsque vous plantez des variétés sensibles au mildiou (la plupart des espèces qui comptent parmi les meilleures), prenez soin de limiter les quantités d'azote dont peut disposer chaque arbre. Ne laissez pas pousser les gourmands, d'abord parce que cela sensibilisera l'arbre aux maladies, et ensuite parce que, les poires étant plus sensibles que les pommes, il faudra aux fruits plus de temps pour mûrir une fois l'automne venu. L'excès d'azote provoque une croissance excessive et rend l'arbre plus sensible aux maladies et aux méfaits de l'hiver. Utilisez la moitié moins de compost pour les poiriers que pour les pommiers. N'utilisez jamais de fumier et éliminez les trèfles et autres plantes envahissantes à proximité du tronc des poiriers. Avec ces mesures, les premières années, la croissance des arbres n'aura rien d'aussi spectaculaire que ce que promettent certains pépiniéristes, mais vous aurez au moins ainsi des arbres sains qui vivront assurément plus longtemps.

LA POLLINISATION

Les abeilles ne semblent pas tellement apprécier les fleurs des poiriers. Voilà une remarque qui n'est pas des plus encourageantes pour débuter une section traitant de la pollinisation! C'est pourtant vrai, et sans les abeilles, il n'y a pas de pollinisation possible, et sans pollinisation, il n'y a pas de poires non plus. Les poiriers fleurissent plus tôt que les pommiers, alors que l'hiver laisse encore quelques traces: il fait souvent trop froid ou trop humide pour que les abeilles butinent. Ensuite, ce qui n'arrange en rien les choses, les fleurs du poirier sont fertiles pendant une période bien plus courte que celles du pommier. Ajoutez à cela l'indifférence généralisée des abeilles pour les poiriers, et vous vous demanderez comment il se fait que l'espèce n'ait pas encore disparu de la surface du globe.

La pollinisation des poires présente un problème plus ardu pour l'amateur que pour le producteur commercial. Dans les grands vergers, les producteurs installent un grand nombre de ruches et utilisent des produits pour détruire toutes les autres sources de nectar, dont les pissenlits entre autres. Pour l'amateur qui compte quelques poiriers dans son jardin, il suffirait d'une ruche à proximité des arbres au début de la période de floraison, et non avant, pour assurer une bonne pollinisation. Malgré ces efforts cependant, dans les régions fraîches, il y aura sûrement des années où la production sera nulle, ou presque. Il suffit que les conditions météorologiques soient défavorables aux abeilles ou qu'il y ait des gels sévères au moment de la floraison des poiriers.

Les gels subis par les poiriers en bourgeons ou en fleurs causent de sérieux dommages qui se répercutent sur les récoltes de l'automne. Il est donc avantageux de planter des poiriers sur les pentes de collines où la ventilation est bonne, où auprès d'un mur donnant sur le nord pour retarder la floraison.

Un poirier planté près de la façade nord d'une maison devra en être assez éloigné pour avoir amplement de soleil l'été, mais peu au printemps. Il est possible que toutes ces précautions donnent peu de résultats et que l'amateur doivent polliniser les fleurs à la main.

IMPORTANCE DES DÉGÂTS CAUSÉS PAR LE FROID

Période	Légers dommages	Dommages sévères
Éclosion des bourgeons	-3° C	-9° C
Bourgeons éclos	-2° C	-3,5° C
Arbres en fleurs	-1,5° C	-3° C
Pollinisation	-1° C	-3° C
Premiers fruits	-1° C	-2,8° C

En règle générale, il faut une pollinisation croisée pour que les poiriers donnent des fruits. Toutes les variétés européennes, *Pyrus communis,* sont autostériles. Il existe des hybrides qui sont aussi autostériles. Habituellement, il n'y a que moins de 3% des fleurs, sur ces arbres, qui sont effectivement autostériles. Ainsi, la variété Flemish Beauty l'est parfois mais la récolte est toujours plus abondante quand la pollinisation est complétée à la main. Les corymbes comptent de quatre à sept fleurs qui, si elles sont toutes fécondées, donnent de très petits fruits. Une pollinisation trop efficace n'est pas vraiment un problème sérieux, mais il vaut mieux limiter chaque groupe de fruits à deux ou trois poires; c'est une question de bon sens. Certains prétendent qu'il faut, si le poirier n'est pas trop fort, compter un fruit pour quarante feuilles.

Les poiriers greffés sur des variétés standard donnent des fruits quatre à sept ans après la plantation. On peut s'attendre à une récolte de 100 kg par arbre en pleine production.

LES MALADIES

Les poiriers sont victimes de nombreuses affections et maladies. La plus grave et fréquente est sans contredit le **feu bactérien.** Cette maladie, et c'est ce qui fait sa particularité, est causée par une bactérie, *Erwinia amylovora,* qui peut être propagée par les abeilles, les aphidés, psylles et autres insectes. Les branches infestées brunissent ou noircissent comme si elles avaient été brûlées. Leurs extrémités se recourbent rapidement. Les bactéries pénètrent par les fleurs et trouvent facilement leur chemin par les branches jusqu'aux racines. Sous l'écorce se forme alors un chancre qui exsude au printemps un liquide poisseux, s'il survit à l'hiver. Si c'est le cas, l'infection se propage ainsi aux arbres voisins, attaqués à leur tour l'année suivante. Inquiétez-vous donc si vous apercevez, un chaud jour d'été, un chancre exsudant un liquide brun orangé, car il s'agit du feu bactérien.

Le feu bactérien est une maladie si sérieuse qu'elle est responsable de la disparition de la culture commerciale des poires dans de vastes régions, dont plusieurs États du Mid-West américain. Vers la fin des années 1960, une étude du Département de l'Agriculture des États-Unis, à Beltsville, au Maryland, porta sur 600 variétés de poiriers. De ce nombre, on en perdit 400 à cause du feu bactérien! Une centaine d'arbres avaient été rongés jusqu'aux racines et une cinquantaine d'autres avaient perdu la moitié de leur bois. Il n'y eut en tout que neuf arbres, tous originaires d'Asie, qui passèrent sans le moindre mal à travers cette épreuve.

Il existe bon nombre de moyens de contrôles du feu bactérien, plus ou moins efficaces, il faut le dire. Il est certain que cette maladie continuera à jouer d'influence sur la culture des poiriers. On trouve des variétés qui ont une résistance à la maladie héritée génétiquement et il serait bon que vous limitiez votre choix à celles-ci. Pour éviter de faire des plaies aux arbres (portes grandes ouvertes pour les bactéries), il vaut mieux tailler le moins possible les poiriers. D'ailleurs, la taille d'été (juillet-août) est moins risquée pour le développement de la maladie.

Il est essentiel de nettoyer les arbres à fond. Coupez les chancres et toutes les branches infestées avant que les

> Voici, en résumé, en quoi consiste le programme de lutte contre le **feu bactérien** :
>
> 1) sélectionnez des variétés réputées pour résister à la maladie (associées à Pyrus ussuriensis surtout);
> 2) nettoyez les arbres à fond;
> 3) taillez au besoin pour éliminer le bois inutile;
> 4) luttez contre la prolifération des psylles du poirier et des aphydés;
> 5) éliminez les autres espèces de plantes qui risquent de propager l'infection;

bactéries n'aient attaqué l'arbre jusqu'aux racines. À l'aide d'un sécateur, coupez les branches atteintes en enlevant jusqu'à 15 cm de bon bois. Entre chaque coupe asperger le sécateur par une solution pure d'alcool Méthylique (alcool de bois) afin de stériliser les outils et éviter de propager la maladie.

Le feu bactérien se propage très rapidement quand il fait chaud et humide; faites souvent le tour du verger pour déceler à temps toute infection. Taillez soigneusement vos poiriers car les branches inutiles ne font qu'accroître les risques de maladie. Par ailleurs, éliminez toute plante avoisinante qui peut faciliter la propagation des bactéries. Ce sont les pommiers sauvages, les aubépines, les amélanchiers, les sorbiers d'Amérique et les rosiers sauvages, dont les populations vivent en un certain équilibre avec la maladie mais qui sont des facteurs de propagation.

Les insectes, les aphidés et le psylle du poirier, sont aussi propagateurs de bactéries; il faut donc les contrôler. Pour cela, utilisez du savon insecticide (voir chapitre 10).

Comme les pommiers, les poiriers sont sensibles à la tavelure (**tavelure du poirier,** *Venturia pirina),* maladie cryptogamique. Ici aussi, il existe des infestations primaires et secondaires, très comparables à ce que nous avons décrit pour les pommiers. Les poiriers atteints donnent une récolte bien moins abondante; la maladie peut provoquer une défoliation et même la perte des arbres affectés. Pour la contrôler, il faut brûler les feuilles mortes en automne car ce sont elles qui servent d'abri aux champignons pendant l'hiver. Si cela pose des problèmes pratiques (à cause de l'importance du verger ou de la proximité d'autres sources d'infection), il faudra recourir à l'arrosage. Entreprenez la lutte le plus tôt possible au printemps, et reprenez les arrosages tant que le temps reste humide. Les produits à base de soufre ou de chaux et de soufre sont une arme efficace. Calculez les quantités à utiliser à l'aide de la figure 4, page 41.

Le **rot brun** est une autre maladie cryptogamique qui s'attaque aux poiriers. Les fruits deviennent bruns avec une chair qui pourrit. Cette maladie affecte surtout les scions de poiriers nés de porte-greffes orientaux: *Pyrus pyrifolia* (Poirier des sables de Chine) est la variété qui en souffre le plus, puis *Pyrus ussuriensis* (poirier de Sibérie) et Kieffer y étant aussi particulièrement sensibles. Le problème se pose aussi avec les scions de *Pyrus communis* nés sur des porte-greffes originaires d'Asie. Les variétés hybrides provenant de *Pyrus ussuriensis* sont toutefois beaucoup moins sensibles à la maladie. La lutte est des plus simples: il suffit de ne jamais greffer de scion de *Pyrus communis* sur des porte-greffes d'Asie. Dans les régions classées zone 3b ou plus froides, le poirier de Sibérie reste le meilleur porte-greffes pour sa rusticité mais les producteurs devraient être conscients du risque qu'ils courent.

La **fumagine** a aussi certains liens avec les porte-greffes originaires d'Orient. Cette maladie est propagée par le psylle du poirier et d'autres insectes. C'est une affection très fréquente sur la côte ouest de l'Amérique du Nord. Elle provoque souvent le rejet du scion sur le porte-greffes. Le Cognassier commun, *Cydonia oblonga,* est celui qui y résiste le mieux, mais il est très peu rustique en climat froid. À l'inverse, le poirier de Sibérie y est très sensible. Certains mariages entre variétés de porte-greffes et scions sont plus portés à subir les attaques du psylle. Demandez conseil aux spécialistes de votre région. C'est souvent en luttant contre la prolifération des insectes qu'on réussit à limiter les dégâts de la fumagine.

COMPLÉMENT SUR LA FERTILISATION

La préoccupation principale du producteur de poires doit être de limiter la croissance inutile des arbres de sorte qu'ils soient le moins sensibles possible au feu bactérien. À moins que les variétés que vous avez plantés ne soient connues pour leur résistance à cette maladie, réduisez les apports en azote de sorte qu'ils ne dépassent pas la moitié des quantités recommandées pour les pommiers. La plupart des espèces et variétés de poiriers ont des périodes végétatives plus longues que les pommiers aux premières années de croissance. Au lieu d'assurer de bonnes quantités de phosphore pendant les cinq à huit premières années de croissance, comme il est recommandé pour les pommiers, il faut plutôt compter une période de dix à douze ans pour les poiriers.

LES VARIÉTÉS

ZONE 2b

Olia Poire jaune-vert, 6 cm de diamètre, originaire de l'ex-Union soviétique. Mûrit à la mi-septembre. Bonne pour les conserves mais ne se mange pas crue. Ces poiriers résistent au feu bactérien.

Peter Fruit vert, 5 cm de diamètre, originaire de Saskatchewan. Mûrit à la fin de septembre. Rarement bonne à croquer, cette poire est surtout utilisée pour les conserves et pour la pollinisation des variétés Olia et Tioma.

Tioma Fruit d'un vert crémeux, 7 cm de diamètre, originaire de l'ex-Union soviétique. Très proche parenté avec la variété Olia, ce qui explique que la pollinisation croisée soit peu efficace. Bonnes récoltes.

ZONE 3

André Poire de faible qualité, originaire de Saskatchewan. Petit fruit très sensible au rot brun. Ces poiriers résistent au feu bactérien.

David Comme la variété précédente, poire de faible qualité, originaire de Saskatchewan. Plus grand cependant, le fruit fait de bonnes conserves. Ces poiriers résistent au feu bactérien.

Golden Spice Petite poire jaune-rouge au goût particulier, de bonne qualité. La chair est sucrée, parfumée légèrement relevée. Bonne à cuire ou à croquer; fait de bonnes conserves. Rusticité douteuse dans les régions les plus froides de la zone 3a. Les poiriers résistent apparemment au feu bactérien.

John Poire de bonne qualité, originaire de Saskatchewan. Gros fruit, bien en forme et savoureux, plutôt destiné aux conserves qu'à croquer. Les fruits ont meilleure saveur quand les arbres sont bien arrosés. Il vaut la peine de planter ces poiriers en zone 2b, leurs qualités dépassant largement celles des poiriers rustiques en ces régions. Les arbres résistent au feu bactérien.

Jubilé Fruit de taille moyenne et de bonne qualité. Bon pour les conserves mais pas à croquer.

Pioneer 3 Fruit vert olive et rouge, 6 cm de diamètre, originaire d'Alberta. Bon à croquer ou pour les conserves. Rusticité douteuse dans les régions les plus froides de la zone 3a.

Tait-Dropmore Poire verte et rouge, originaire du Manitoba. De taille moyenne mais de bonne qualité. Mûrit tôt, à la mi-septembre, et s'abîme rapidement une fois cueillie. Ces poiriers résistent sans doute au feu bactérien et la culture vaut la peine d'être essayée en zone 2b.

Ure Fruit vert-jaune, 5 cm de diamètre. C'est une nouvelle variété provenant du Manitoba. Les fruits sont juteux et sucrés, avec un parfum remarquable. C'est sans contredit la variété la meilleure de toutes celles qu'on peut cultiver en zone 3. Les poiriers résistent au feu bactérien. La croissance est très lente.

ZONE 4

Clapp Grosse poire très colorée, originaire du Massachusetts. De très bonne qualité mais se conserve mal. Mûrit à la fin d'août. Les poiriers sont très sensibles au feu bactérien.

Clark Poire de mi-saison, originaire de l'État de New York. Surtout bonne à cuire. Les poiriers résistent au feu bactérien.

Beauté flamande (Parker) Fruit jaune-rouge, 5 cm de diamètre. Mûrit à la fin de septembre. Chair succulente, crémeuse et sucrée. Se conserve bien jusqu'à Noël à une température de 1°C; les fruits passent vite dès la mi novembre si on les conserve à la température de la pièce. Cette variété est ancienne, recherchée pour ses qualités et la rusticité des arbres, qui prospèrent dans les régions classées zone 3b. Les poiriers sont cependant très sensibles au feu bactérien. La variété est connue au Minnesota sous le nom de Parker depuis de nombreuses années.

Hudar Fruit très hâtif originaire du nord de l'État de New York. Mûrit à la fin de juillet. De qualité variable selon les années mais bon le plus souvent. Les poiriers résistent au feu bactérien.

Minnesota 18 Poire de taille moyenne, bonne à croquer. Les poiriers sont rustiques dans les régions abritées en zone 3b.

Nova Poire grosse et ronde, de couleur jaune, originaire du nord de l'État de New York. Mûrit tôt en septembre. La chair est juteuse, molle et très sucrée le plus souvent, encore que la qualité des fruits varie sensiblement avec les années. Les poiriers résistent au feu bactérien. Rusticité inconnue en zone 4a.

Patten Grosse poire jaune qui ressemble à Bartlett, l'une des variétés les plus populaires. Mûrit à la mi-septembre. Les poiriers résistent au feu bactérien et sont beaucoup plus rustiques que ceux de la variété Bartlett.

ZONE 5 ET PLUS

Anjou Gros fruit rond qui mûrit tard, se conserve bien et supporte les manutentions. Se conserve cinq ou six mois sans perdre de ses qualités. Originaire de Belgique. Les poiriers donnent peu mais sont particulièrement efficaces pour la pollinisation.

Bartlett Cultivar connu sous le nom de Williams en Europe, cette poire compte pour les trois quarts de la production en Amérique du Nord. Fruit de qualité bon pour le dessert ou les conserves. Parfois rustique en zone 5a. Extrêmement sensible au feu bactérien. Il existe des variétés rouges et rousses.

Bosc Poire brune au col très étroit. De haute qualité, bonne à croquer et à mettre en conserve. Mûrit trois semaines environ avant la variété Bartlett. Se conserve deux à trois mois après la cueillette.

Comice Grosse poire ronde et rousse à chair savoureuse. Originaire de France, cette variété est très populaire dans les États du Nord-Ouest américain, où les poiriers donnent d'ailleurs les meilleures récoltes. Récoltes tardives.

Giffard Poire verte et rouge originaire de France. Mûrit tôt. Fruit de bonne qualité mais qui se conserve mal.

Highland Poire jaune, tachée de roux, originaire de l'État de New York. Mûrit un mois environ après la variété Bartlett et se conserve jusqu'en janvier. De meilleure qualité que les variétés Anjou ou Bosc. Sensible au feu bactérien. Ses scions ne peuvent être greffés sur des porte-greffes Quince A (Cognassier commun A).

Kieffer Fruit de taille moyenne. La principale qualité de ces poiriers est leur résistance au feu bactérien. Des mauvaise langues prétendent que cette variété de poire n'est bonne qu'à lancer aux chiens! En décembre, les fruits ont souvent assez ramolli pour être mis en conserve.

Magness Poire de taille moyenne, de bonne qualité. Mûrit une semaine après la variété Bartlett. Résiste assez bien aux insectes et aux maladies, et très bien au feu bactérien. Le pollen est complètement stérile. Les poiriers s'abîment à l'occasion en régions classées zone 5a. Les arbres conviennent surtout aux grands vergers pour leur résistance au feu bactérien et la bonne qualité des fruits.

Moonglow Grosse poire de bonne qualité. Mûrit deux mois avant la variété Bartlett et se conserve jusqu'à deux mois. Résiste au feu bactérien. Les poiriers sont bons pour la pollinisation.

Sechel Tout petit fruit brun vert de grande qualité. Mûrit deux semaines environ après la variété Bartlett. Se conserve mal. On obtient les meilleurs résultats avec des porte-greffes de variétés naines. Il existe une variété hâtive qui mûrit avant Bartlett et qui se conserve bien. Celle-ci vaut l'essai en zone 4.

Starkrimson Cultivar obtenu à partir de la variété Clapp. Les fruits sont tout rouges, seule différence avec les poires Clapp. Il semble que les arbres soient aussi rustiques que les poiriers Clapp, mais cela reste à vérifier.

Winter Nelis Petit fruit de grande qualité. Se conserve de six à huit mois au frais. Très populaire sur la côte du Pacifique. Les poiriers sont cependant difficiles à entretenir.

CHAPITRE 5

Les cerises

Comme les prunes, les pêches, les abricots et les nectarines, les cerises sont des drupes. Elles naissent de l'ovaire, dont les parois forment la peau et la pulpe des fruits, tandis que la partie interne devient le noyau. Il existe deux grandes catégories de cerisiers; les cerisiers à fruits doux, *Prunus avium,* et ceux à fruits acides, *Prunus cerasus.* D'autres variétés forment des catégories à part. C'est le cas du cerisier *Duke,* obtenu par croisement de *Prunus avium* et de *Prunus cerasus,* du cerisier de Nankin, *Prunus tomentosa,* du cerisier de Manchourie, *Prunus fruticosa,* et de nombreuses espèces sauvages.

La production commerciale des cerises est surtout concentrée dans le nord. Par ailleurs, puisque la cerise est un fruit qui supporte mal le transport, le traitement des fruits se fait le plus souvent sur place. Il n'y a que certaines variétés, Bing par exemple, qui font exception et sont vendues comme fruits de table. En fait, la cerise est particulièrement indiquée pour les vergers domestiques ou les marchés locaux, surtout dans le nord. Ce n'est pas un fruit difficile à cultiver, encore que la protection de la récolte présente parfois des complications: oiseaux ou enfants du voisinage ne sont jamais à négliger! Les cerises douces sont les moins rustiques; il existe cependant des variétés à fruits acides et d'autres espèces moins connues qui sont rustiques jusque dans des régions classées zone 2. Les cerises provenant du jardin sont toujours plus savoureuses que celles qu'on achète en magasin. Elles mûrissent tôt en saison, longtemps avant la plupart des variétés de pommes. On les mange fraîches, cuites, en conserve, en confiture, dans les tartes, sous forme de jus ou même en préparant un «vin» qui se laisse bien boire.

LES PORTE-GREFFES

Jusqu'à tout récemment, il n'existait pas de porte-greffes nains pour les cerisiers. Si l'on en trouve quelques variétés de nos jours, cela n'a rien de comparable au nombre de variétés disponibles pour les pommiers ou les poiriers.

Mazzard

L'espèce sauvage *Prunus avium* a longtemps servi de porte-greffes pour les cerisiers doux. Les scions ainsi greffés atteignent 10 mètres de hauteur ou plus, à moins qu'ils ne soient soigneusement taillés. Malheureusement, ce porte-greffes présente un haut taux de perte (une perte de 50% des arbres n'est pas rare dans les nouvelles plantations). On a utilisé cette espèce pour les greffes parce que toutes les autres sont incompatibles avec les cerisiers doux.

Colt

Nouvelle variété de porte-greffes originaire d'Angleterre. Produit un arbre semi-nain (60% de la taille d'un arbre standard). Les cerisiers produisent jeunes et le porte-greffes convient à la plupart des cerisiers doux comme ceux à fruits acides. N'est pas particulièrement rustique.

Cerisier mahaleb

Prunus mahaleb n'est pas un cerisier; c'est un arbre

buissonnant qu'on connaît, à l'état naturel, sous le nom de cerisier de Sainte-Lucie. Les feuilles ressemblent à celles de l'abricotier. C'est un bon porte-greffes pour les cerisiers acides, moins rustique cependant que la plupart des scions qu'on peut y greffer. Les régions classées zone 3b sont les plus froides qu'il puisse supporter.

Cerisier de Virginie (à grappes) *(Prunus virginiana)*
Cerisier sauvage qu'on retrouve dans toutes les régions septentrionales. On peut récupérer la semence en forêt (on plante aussi ces buissons en haies). C'est une plante extrêmement rustique, bien plus que tout scion qu'on peut y greffer. Pour l'amateur, c'est le meilleur porte-greffes qui soit; curieusement, on ne l'utilise jamais au niveau commercial.

Cerisier de Pennsylvanie *(Prunus pennsylvanica)*
Voici une autre variété du Nord, moins commune cependant que *Prunus virginiana.* Néanmoins, plus facile à trouver que cette dernière, elle est très rustique.

Autres variétés
Les cerisiers acides prospèrent sur la plupart des porte-greffes. En plus des variétés présentées ci-dessus, on peut les greffer sur des cerisiers de Nankin, des cerisiers de Manchourie—en fait sur à peu près toutes les espèces et variétés du genre *Prunus.* Ces variétés ne sont pas particulièrement fréquentes; pourtant, les producteurs auraient de bonnes chances d'obtenir des scions mieux adaptés aux conditions climatiques des régions nordiques qu'en greffant sur les variétés habituelles.

LA PLANTATION ET LES SOINS

Les cerisiers acides sont tout indiqués pour la culture en climat froid; on aura peu de succès sous des latitudes inférieures aux 38° ou 39° parallèles nord, à l'exception des régions montagneuses. Ces arbres donnent de meilleurs rendements quand la température estivale est voisine de 15° à 17°C. Les cerisiers doux, en comparaison, sont plus sensibles tant au froid qu'à la chaleur. Les températures minimales qu'ils supportent sont comparables à celles du pêcher, bien qu'ils ne supportent pas aussi bien la chaleur. Tous les cerisiers sont sensibles aux variations du degré d'humidité, surtout lorsqu'ils sont en fleurs. Ils ne supportent pas longtemps une terre sèche ou détrempée. Les fleurs de cerisiers sont très sensibles au gel. Les arbres doivent donc être plantés de préférence dans un endroit bien aéré.

Le sol qui convient le mieux aux cerisiers est bien drainé, profond, chaud et sablonneux. Les sols argileux ou caillouteux amènent habituellement des problèmes d'humidité. Si le sol n'est pas bien drainé, il faut nécessairement corriger la situation. Sur ce point, les cerisiers sont plus sensibles que les pommiers et les poiriers et ne vivront pas longtemps si leurs racines se retrouvent en terrain toujours humide.

Les cerisiers doux donneront leur première récolte après trois ou quatre ans. En pleine production, on pourra tirer quelque 50 kg de fruits par arbre. Les cerisiers acides greffés sur des porte-greffes de taille standard produisent dans des délais comparables. Greffés sur des porte-greffes nains (ou encore lorsque les arbres sont naturellement petits), les cerisiers fructifient après trois ou quatre ans, avec une production de 30 kg par arbre. Certains cerisiers buissonnants rustiques peuvent produire dès la seconde année.

Les cerisiers demandent plus de soins au moment de la plantation que la plupart des autres arbres fruitiers parce que les bourgeons se cassent facilement lors de la manutention. Les bourgeons restant ont tendance à s'épanouir avant que l'arbre n'ait bien établi son système radiculaire. Pour éviter cela, il faut planter le plus tôt possible au printemps, avant que les bourgeons n'aient commencé à gonfler. Comptez environ 40 m^2 par cerisier acide et 70 m^2 par cerisier doux. Cela donne un espacement de 6 mètres de tous côtés dans le premier cas, et de 8 mètres dans le second. Défaites les mottes dès que vous recevez les arbres et arrosez les racines comme le contenant dégradable avec une solution d'algues marines. Prenez autant sinon plus de soins encore pour préparer la terre. Creusez les trous et fertilisez comme s'il s'agissait de pommiers. Utilisez les mêmes fertilisants. Coupez les racines et les branches abîmées tout en évitant de toucher les boutons floraux. Plantez correctement en vous assurant que la terre est bien tassée autour des racines, puis bien arrosée afin qu'il ne reste pas de poche d'air.

Les cerisiers acides doivent être ébranchés dès qu'ils arrivent de la pépinière. Cherchez un bon équilibre entre les racines et la partie aérienne. Laissez la tige principale plus longue de 30 à 50 cm que les branches. Sélectionnez de trois à cinq branches qui deviendront les branches primaires. Elles doivent former un bon angle avec le tronc, être distantes de 20 cm, et distribuées tout autour de l'arbre. Ne gardez pas de branche à moins de 50 à 60 cm du sol. La plus basse des branches primaires devrait être orientée vers le sud-ouest afin de protéger l'arbre contre le soleil (qui risque de faire craquer l'écorce). En bien des endroits, en Amérique du Nord, les vents dominants viennent du sud-ouest, ce qui ajoute un avantage à une telle taille. Cependant, si les vents dominants dans votre région sont forts et viennent d'un autre point cardinal, songez à modifier le choix de la branche primaire la plus basse. Au cours des deux premières années, laissez croître la tige principale, en ne la pinçant que si elle gagne plus de 50 cm. Coupez les branches qui poussent vers l'intérieur et favorisez la croissance du bois porteur de fruits.

Une fois que l'arbre est bien formé, ne le taillez plus que légèrement, aux fins d'entretien. Les cerisiers doux doivent subir les mêmes traitements, à cette différence près que la branche primaire la plus basse doit être à 80 ou 90 cm du sol.

Dans les vergers, les cerisiers doux ne donnent qu'après S à 8 ans, alors que ceux à fruits acides donnent des fruits un ou deux ans plus tôt, selon le climat. Les fruits doux paraissent sur les branches latérales, productives pendant 8 à 10 ans. Les fleurs sont réunies en bouquets sur le bois qui a poussé l'année précédente. C'est pour cela qu'il faut tailler pour assurer une bonne récolte année après année.

Les cerisiers acides n'ont pas une vie aussi longue. Les branches porteuses de fruits poussent sur du bois de 2 ou 3 ans et perdent beaucoup plus rapidement leur vigueur que celles des pommiers, des poiriers ou des cerisiers doux. Une taille assez sévère favorise la croissance des pousses terminales et amène une augmentation du nombre de fleurs par branches, tandis que le nombre total de fleurs décroît sensiblement, comme la récolte par arbre d'ailleurs. C'est pourquoi la taille des cerisiers acides adultes est une tâche difficile qui n'est pas sans risque pour qui n'est pas sûr de soi.

LA POLLINISATION

Les cerisiers acides sont autofertiles et n'ont donc pas besoin de pollinisation croisée pour fructifier. Dans les régions nordiques, alors que les printemps frais ne facilitent pas l'activité des abeilles et que le pollen risque d'être détruit par les pluies printanières, cette caractéristique est un avantage.

Toutes les variétés de cerisiers doux, à une seule exception près, dépendent de la pollinisation croisée pour fructifier, comme les pommiers. Pour cela, il faut compter au moins un arbre sur six pour la seule pollinisation. S'il n'y a qu'un cerisier doux au jardin, il faudrait greffer plusieurs branches d'une variété convenant pour la pollinisation sur le même pied. La pollinisation croisée des cerisiers doux est compliquée par l'existence d'incompatibilités entre plusieurs variétés appartenant pourtant au même groupe. Cela se produit dans certains cas avec les pommiers et les poiriers, mais jamais de façon aussi généralisée qu'avec les cerisiers doux. Dans le tableau qui suit, les variétés placées dans le même groupe ne peuvent servir à l'interfécondation.

Groupe	Variétés
I	Black Tartarian, Early Rivers
II	Sodus, Van, Vénus, Windsor
III	Bing, Emperor Francis, Lambert, Napoléon, Vernon
IV	Velvet, Victor, Gold, Merton Heart, Viva, Vogue
VII	Hedelfingen, Vic
VIII	Hudson, Bigarreau Géant, Schmidt, Ursula
O	Seneca, Vega, Vis

En règle générale, les cerisiers doux ont une floraison qui dure assez longtemps pour que la pollinisation se fasse bien, tandis que les cerisiers acides fleurissent trop tard. La variété Duke n'est pas une bonne source de pollen; ce sont plutôt les fleurs de ces cerisiers, assez hâtives, qui peuvent être pollinisées par les cerisiers doux.

LES MALADIES

Les deux principales maladies qui affectent les cerisiers sont causées par des champignons. La **maladie des taches,** qui affecte les feuilles, provoque une défoliation complète des arbres atteints. Les champignons se développent sur les feuilles mortes pendant l'hiver et, comme la tavelure des pommiers, ils se propagent au printemps aux jeunes organes des arbres. Lorsqu'ils se développent sur les feuilles, les spores laissent une tache pourpre qui s'étend rapidement, puis vire au brun. Les feuilles atteintes tombent et l'arbre paraît vite dégarni. Comme dans le cas de la tavelure du pommier, il y a une invasion primaire, puis une invasion secondaire. La seconde, si on laisse les choses dépérir à ce point, est souvent catastrophique. Le soufre microfin est le meilleur fongicide qui s'offre aux agriculteurs écologiques mais n'assure pas un contrôle parfait de l'infestation. Le recours à la bouillie bordelaise risque d'avoir un effet sur la taille des fruits, qui seront plus petits si les concentrations de produit sont élevées. Les mélanges soufre et chaux font perdre un peu de leur couleur aux fruits. Le **rot brun** cause surtout des dégâts lors des périodes chaudes et humides, à l'époque de la récolte. Les fruits infestés sont souvent couverts de taches brunes, masses composées de spores. Les fruits tombés servent de lieu d'hibernation aux champignons. Pour lutter contre la maladie, il faut donc utiliser les mêmes produits que pour la maladie des taches et la tavelure du pommier. Si vos arbres sont atteints de rot brun, procédez à une vaporisation additionnelle de fongicide, les premières vaporisations ayant permis de traiter les feuilles, juste avant que les fruits ne se colorent. Parmi les autres maladies cryptogamiques des cerisiers, on trouve le **Nodule noir, la rouille des feuilles et le mildiou.** On les contrôle habituellement par vaporisations de fongicides, encore que dans le cas du Nodule noir il soit plus efficace de couper et de brûler tout arbre sauvage qui est atteint. Nous traitons plus en détail de cette maladie au chapitre portant sur les pruniers.

Il existe aussi plusieurs maladies virales qui s'attaquent aux cerisiers. Certaines sont provoquées par des virus d'un genre particulier par le fait que les symptômes varient sensiblement selon les circonstances. Les scientifiques ne connaissent pas encore très bien ses affections et les principales mesures de contrôle consistent à couper tous les Cerisiers de Virginie, *Prunus virginiana,* dans un rayon de 150 mètres!

COMPLÉMENT SUR LA FERTILISATION

Les cerisiers ont besoin d'un apport de 20 à 25 grammes d'azote par année d'âge. Dans les régions où le durcissement du bois peut être lent, il vaut mieux réduire cette quantité. Lorsque les arbres sont plantés sur des surfaces gazonnées, augmentez les quantités d'azote pendant les quatre ou cinq premières années, car le gazon en absorbera une bonne partie. S'il vous est possible de faire faire des analyses de feuilles, profitez-en car cela vous donnera des informations utiles pour déceler de quelconques carences. En général, le compost et les minéraux, appliqués en quantités raisonnables, suffisent aux cerisiers.

LES VARIÉTÉS: CERISIER DOUX

Les variétés présentées ci-dessous sont classées selon les dates de maturation des fruits. La liste n'est pas exhaustive. Les cerisiers doux se divisent en deux catégories. La première est un cultivar à forme de coeur(C) et à pulpe tendre; la seconde comprend les bigarreaux(B), cultivars à pulpe dure.

ZONE 5 ET PLUS

Senecal (C) Grosse cerise rouge foncé, à chair tendre et juteuse. Riche saveur. Mûrit deux semaines plus tôt que la variété Black Tartarian.

Vista (C) Fruit noir de très bonne qualité, à chair ferme. Mûrit en même temps que Black Tartarian. Les fruits ont tendance à éclater après la pluie.

Black Tartarian (C) Cerise recommandable pour les vergers individuels. Le fruit, de bonne qualité, est de taille moyenne. Les récoltes sont abondantes.

Vénus (B) Excellente cerise pour les vergers individuels. La chair foncée est sucrée, et la peau est rouge pourpre. Le fruit est moins sujet à éclater que la plupart des autres variétés. Mûrit cinq jours environ après Black Tartarian.

Bing (B) Cerise rouge foncé ou pourpre, mûre à la mi-saison. Chair ferme et parfumée, l'une des meilleures cerises douces. Supporte bien les manutentions et convient particulièrement à la mise en conserve. Très portée à éclater en période de pluies abondantes.

Deacon (B) Fruit légèrement plus petit que Bing et beaucoup moins porté à éclater. Supporte bien le transport et convient mieux pour les conserves que Black Tartarian.

Hedelfingen (B) Fruit noir à chair ferme. Semblable à Lambert mais mûrit plus tôt et est moins porté à éclater.

Van (B) Cerise du type Bing, douce avec une peau noir luisant. Moins portée à éclater que la variété Bing. Les cerisiers sont plus rustiques et donnent une récolte comparable sur le plan de la qualité.

Lambert (B) Cerise rouge pourpre, de forme légèrement conique. C'est l'un des cerisiers doux les plus rustiques. Les fruits éclatent énormément quand le temps est pluvieux.

Parmi les cerisiers de variété Duke, on retrouve *Olivet, Reine Hortense* et *Royal Duke.*

LES VARIÉTÉS: CERISIERS ACIDES

Toutes les variétés de cerisiers acides donnent des fruits plus petits que les cerisiers doux. De nombreuses variétés récentes sont naines; c'est le cas des cerisiers Northstar.

ZONE 3

Meteor Gros fruit rond ou ovale, rouge éclatant à chair jaune clair. De très bonne qualité, assez juteux, à pulpe assez ferme. Saveur légèrement acidulée et noyau libre. Idéal pour les tartes. Mûrit 8 jours environ après la variété Northstar. Résiste bien à la maladie des taches.

Northstar Fruit de type Morello, de 20 mm de diamètre. La peau est rouge éclatant, plus foncé quand les fruits sont mûrs. La pulpe est rouge foncé à maturité, juteuse, tendre et savoureuse. Mûrit tôt en saison, vers la mi juillet, et tient facilement deux semaines sur l'arbre sans s'abîmer. Ces arbres sont des cerisiers nains qui résistent tant à la maladie des taches qu'au rot brun.

ZONE 4

Montmorency Variété acide créée en France il y a plusieurs siècles, sans doute par croisement d'un cerisier doux avec un cerisier de Manchourie. Cette variété est devenue, de nos jours, la seule à avoir une certaine valeur commerciale. Le fruit est rouge clair et de taille moyenne. Ces arbres sont assez sensibles à de nombreux virus; ne sélectionnez que des spécimens parfaitement sains.

Morello Fruit rouge foncé, tardif, de bonne qualité pour la cuisson et facile à conserver. Mûrit deux semaines après la variété Montmorency.

Richmond Cerise à cuire de bonne qualité, rouge foncé, plutôt petite. Mûrit tôt; ces cerisiers sont plus rustiques que Montmorency.

Suda Nouvelle variété de type Morello, tardive, rouge foncé.

LES VARIÉTÉS: CERISIERS SAUVAGES

Plusieurs espèces d'arbres buissonnants appartenant à la famille *Prunus* donnent des fruits semblables aux cerises. Toutes ces plantes sont particulièrement rustiques. Les arbres atteignent deux à trois mètres de hauteur. La plupart donnent des fruits la deuxième ou la troisième année suivant la plantation. Il y a beaucoup d'espèces du genre qui valent un essai, surtout dans les régions où le climat ne présente pas de difficultés.

ZONE 2

Cerisier des sables *(Prunus besseyi)* Fruit de 13 mm de diamètre, généralement noir. Souvent trop acides selon certains amateurs, les fruits sont de qualité acceptable, sans plus. Ces arbres ont des feuilles vert-gris. Les cultivars Hans et Fritz sont les plus rustiques et donnent les fruits à la saveur la plus prononcée.

Cerisier de Nankin *(Prunus tomentosa)* Fruit rouge de 13 mm environ de diamètre, assez doux. Convient bien pour les tartes et les confitures; on peut aussi manger les fruits crus à condition qu'ils soient bien mûrs. Au printemps, les arbres se couvrent de magnifiques fleurs rose pâle.

Cerisier de Manchourie *(Prunus fruticosa)* On l'appelle aussi cerisier de Mongolie. Le fruit est rouge foncé et a 13 mm de diamètre. Il ressemble à celui de la variété Morello. Bon à manger cru ou cuit.

Convoy Fruit rouge écarlate de 25 mm de diamètre. La chair est jaune. Convient pour les conserves et les confitures. Mûrit à la mi-août; on peut cependant cueillir les fruits deux semaines plus tôt, qui sont cependant trop acides au goût de certains pour être mangés crus.

Dura Fruit vert foncé ou rouge, oblong, de 25 mm de diamètre. La chair est marron, tendre, plutôt douce. Bon comme dessert ou pour les conserves. Mûrit à la fin d'août. Une fois mûrs, les fruits peuvent rester plusieurs semaines sur l'arbre.

Hiawatha Fruit rond, rouge, presque aussi gros qu'une prune. La chair est douce et juteuse; on en fait de bonnes confitures. Mûrit à la mi-août. Ces arbres souffrent parfois des rigueurs de l'hiver mais s'en remettent toujours bien. Semblables à ceux de la variété Sapa, les fruits sont cependant plus gros et plus savoureux.

Manor Fruit rouge, rond, à chair rouge, tendre, douce et juteuse. Bon comme dessert, tout juste passable pour les conserves. Mûrit à la mi-août. Ces arbres sont très rustiques.

Opata Fruit rouge foncé de 25 mm de diamètre, à chair verdâtre. Bon pour les confitures et les gelées. Mûrit à la fin d'août; deux semaines avant cela, les fruits peuvent déjà être cueillis pour être mangés crus.

Sapa Fruit rouge, à chair de même couleur. Bon à manger ou à conserver. La plupart de ces arbres fructifient comme des cerisiers de deux ans.

CHAPITRE 6

Les prunes

Les prunes appartiennent au genre Prunus; comme les cerises, ce sont des drupes. On trouve des pruniers sur tous les continents dans l'hémisphère nord. On en fait la culture depuis l'Antiquité. De tous les fruits du genre Prunus, les prunes sont l'espèce qui compte le plus grand nombre de variétés: quelque 2 000. La plupart n'existent toutefois que dans certaines régions. Au Canada, la majeure partie de la production provient de Colombie Britannique et d'Ontario. Aux États-Unis, ce sont la Californie, les États du Nord-Ouest et le Michigan qui produisent 90 % des prunes. Il n'existe que quelques variétés qui présentent un certain intérêt pour la culture commerciale, la plupart convenant plutôt aux jardins individuels.

La variété européenne à gros fruits, *Prunus domestica,* est la plus importante. Elle est originaire des montagnes du Caucase et naquit du croisement de *Prunus cerasifera* (prunier myrobolan) et *Prunus spinosa* (prunellier). De nombreux spécialistes doutent en effet que la prune européenne ait jamais existé sous forme de prunier sauvage.

Le prunier sauvage, *Prunus insititia,* et le prunier de Damas, *Prunus damascena,* donnent de petits fruits pourpres ou jaune verdâtre. Les mirabelles appartiennent au même groupe de pruniers. Les prunes de Damas font d'excellentes confitures et conserves mais ne peuvent être consommées crues parce qu'elles sont trop acides. Cette espèce, qu'on croit originaire d'Asie, serait plus ancienne que *Prunus domestica.*

Prunus salicina (ou Prunus triflora) appartient au groupe sino-japonais. La culture en est la plus répandue après celle des prunes européennes. Ces pruniers ont été importés en Amérique du Nord de Chine vers 1885 par Luther Burbank, qui en tira plusieurs variétés. *Prunus salicina* fut croisé avec *Prunus simonii,* espèce chinoise, mais les fruits sont fort semblables à ceux des espèces mères. On a aussi croisé des pruniers sauvages américains avec *Prunus salicina,* pour obtenir des résultats intéressants. Les variétés créées combinent la résistance des arbres indigènes d'Amérique avec les qualités des pruniers japonais.

Le groupe américain, *Prunus americana,* compte plusieurs espèces sauvages. *Prunus nigra,* le prunier noir, est d'origine canadienne. *Prunus mollis* est très résistant et ses fruits, comme ceux du prunier noir, ont une bonne saveur. L'ennui, c'est qu'ils sont très acides. *Prunus maritima* se trouve partout le long des côtes, de la Virginie au Nouveau-Brunswick. On utilise les fruits en confiture. Il se trouve encore de nombreuses autres espèces sauvages en différentes régions d'Amérique du Nord.

LES PORTE-GREFFES

La demande de variétés naines est très faible dans le cas des pruniers, surtout parce que ces arbres deviennent rarement très gros. La plupart des pruniers vendus dans le commerce sont greffés sur *Prunus cerasifera,* le **prunier myrobolan.** Ce porte-greffes fut toujours populaire, jusqu'à ce qu'il soit victime d'un virus qui réduit de 20 à 25 ans la vie des scions. Les chercheurs poursuivent leurs efforts pour produire de nouvelles variétés résistant au virus. Une nouvelle variété de porte-greffes, **Saint-Julien X**, sert non seulement pour les pruniers mais aussi pour les pêchers. Ces porte-greffes donnent des arbres semi-nains et sont surtout intéressants pour leur ancrage; ils résistent bien aux maladies. Afin d'éviter tout problème avec les porte-greffes de pruniers, mieux vaut les affranchir, c'est-à-dire, planter assez creux soit deux à quatre pouces au-dessus du point de greffe dans le sol.

Dans les régions les plus froides, on peut greffer les pruniers sur *Prunus americana ou Prunus nigra* pour obtenir des arbres très rustiques. Même si *Prunus americana* est plutôt petit, les scions ont tendance à grandir au-delà de la taille du porte-greffes. Malheureusement, ils sont fragiles et il est préférable que leurs racines puissent atteindre le sol. On peut obtenir de petites prunes en greffant des pruniers sur *Prunus besseyi.* Le cerisier de Nankin *(Prunus tomentosa)* et plusieurs autres variétés conviennent comme porte-greffes dans les régions froides.

LA PLANTATION ET LES SOINS

En autant que le drainage soit bon, les pruniers prospèrent dans les sols les plus variés. Les pruniers européens poussent cependant mieux dans les sols argileux, tandis que les espèces sino-japonaises préfèrent les sols sablonneux. Suivez les recommandations générales pour la plantation des pommiers, en laissant 6 mètres entre chaque arbre à moins qu'il ne s'agisse de variétés naines. Une fois les arbres plantés, sélectionnez une branche maîtresse et assurez-vous qu'au cours des années suivantes, elle reste dominante. Les pruniers laissés sans soins auront tendance à développer les branches latérales, ce qu'il faut éviter. S'il s'agit d'un arbre planté en pépinière, sans branche dominante, choisissez alors trois ou quatre branches principales. Taillez-les à 40 cm de longueur. Les pruniers ont besoin d'une taille légère qui sert seulement à laisser pénétrer le soleil, surtout quand la forme générale de l'arbre est bien établie. N'éclaircissez pas trop les jeunes arbres.

Les pruniers européens donnent moins de fruits que les espèces sino-japonaises. C'est pourquoi la technique de taille est sensiblement différente. Dans le cas des pruniers européens, taillez peu afin de favoriser la formation des boutons floraux. En taillant à l'excès, vous éliminerez bon nombre de boutons, réduisant ainsi la récolte. Par ailleurs, en ne taillant pas suffisamment, les fruits auront tendance à paraître à l'extrémité des branches, tout autour de l'arbre. Si vous hésitez, taillez les branches qui poussent franchement vers l'intérieur, qui pendent trop ou qui s'entrecroisent.

Les variétés sino-japonaises, en général, donnent trop de fruits quand on ne les taille pas suffisamment. Dans ce cas, les prunes restent très petites. L'objectif de la taille est donc de couper assez de bois pour réduire substantiellement la récolte, tout en stimulant la croissance de nouvelles pousses.

LA POLLINISATION

La plupart des variétés de prunes sont auto-stériles, c'est-à-dire que la pollinisation croisée est nécessaire pour qu'il y ait fructification. Cela signifie, normalement, qu'il faut donc qu'il y ait à proximité une autre variété d'arbre de même espèce; dans le cas des pruniers, ce n'est pas aussi simple. Il existe de nombreuses familles et sous-familles de pruniers, dont plusieurs sont incompatibles pour la pollinisation. C'est donc dire que même s'il y a deux variétés distinctes de pruniers à proximité, il n'est pas certain qu'on obtienne des fruits! Cette incompatibilité vient de différences dans le nombre des chromosomes entre certaines familles de pruniers. Les pruniers européens et les pruniers de Damas ont 48 chromosomes tandis que les pruniers sino-japonais et les hybrides américains en comptent 16 ou 32. Pour qu'il y ait fructification, il faut donc planter des variétés de groupes compatibles: deux pruniers européens ou deux pruniers sino-japonais, par exemple, mais non un européen avec un sino-japonais. Puisque les pruniers sauvages d'Amérique ont 16 chromosomes, comme les espèces japonaises ou les hybrides américains, on peut les utiliser comme pollinisateurs pour les variétés cultivées de ce type. Les variétés hybrides américaines proviennent d'ailleurs de croisements entre les espèces sauvages d'Amérique et des pruniers sino-japonais.

LES MALADIES

Les pruniers sont affectés par plusieurs maladies bizarres et même répugnantes. Nous avons déjà parlé du **rot brun** dans le chapitre sur les cerisiers. Il faut toutefois rappeler que c'est une maladie très sérieuse qu'on doit éviter en sélectionnant des variétés résistantes ou en recourant aux fongicides au soufre et à la chaux dès que les conditions météorologiques deviennent favorables à la prolifération de la maladie. Le bon entretien des vergers est le meilleur moyen de lutte contre le rot brun. Cueillez ou ramassez tous les fruits atteints, puis brûlez-les.

Les pruniers qui poussent dans des sols pauvres et qui, par conséquent, manquent de vigueur deviennent sensibles à la **maladie des taches,** qui affecte aussi les cerisiers. Cette maladie est plus fréquente dans les régions chaudes qu'en climat froid. Les symptômes, sur les feuilles, sont semblables à ceux qui paraissent sur les cerisiers; les fruits aussi sont touchés. Le meilleur moyen de lutte reste d'assurer la meilleure santé possible aux arbres du verger.

Le **Nodule noir** est l'une des maladies cryptogamiques du prunier les plus graves. Elle se caractérise par l'apparition d'un chancre sur les branches et sur le tronc, d'où exsude une gomme de couleur foncée. Les petites branches sont plus facilement affectées et en meurent systématiquement. Au début, l'infection se manifeste par l'apparition de craquelures sur le bois, d'où exsude un liquide verdâtre. Les champignons produisent des spores qui propagent l'infection au moment de la floraison. Pour contrôler la maladie, on utilise les mêmes fongicides que pour lutter contre le rot brun; cela ne suffit pas néanmoins et il faut plutôt chercher à éliminer toutes les sources de contamination. À la fin de l'hiver, taillez toutes les branches qui sont gonflées ou qui ont des noeuds. Coupez à 10 cm au moins sous le noeud afin d'éliminer l'infection. Brûlez les déchets. Éliminez tous les pruniers ou les cerisiers sauvages qui pourraient être infectés et se trouvant à proximité du verger. Cela risque d'être un travail presque impossible en certaines régions mais il s'impose car l'infection des arbres sauvages est particulièrement importante. Il faudra prendre les bonnes décisions et trouver le juste milieu entre le respect de l'intégrité du milieu et la coupe nécessaire. Un traitement avec une bouillie soufrée ou une bouillie bordelaise, appliqué une fois avant la floraison et une deuxième à la tombée des feuilles à l'automne, donne d'excellents résultats.

La **maladie des pochettes** est une autre maladie cryptogamique qui affecte les pruniers. Elle se manifeste d'abord par l'apparition de petites cloques blanches sur les fruits, qui gonflent et s'allongent rapidement. Les fruits atrophiés et difformes se couvrent d'un duvet blanchâtre et deviennent creux. L'infection se manifeste souvent peu de temps après la floraison, surtout si le temps est frais et humide. Les traitements à base de fongicides peuvent enrayer l'infection. Cependant, il faut éliminer aussitôt que possible les branches affectées.

LES VARIÉTÉS

Il existe des milliers de variétés de pruniers. Nous ne pouvons donc effectuer plus qu'un rapide survol des plus connus. Il ne faut pas oublier que les prunes sont cultivées comme spécialités régionales et que les exigences du climat de chacune des régions est le principal facteur à considérer. Les lettres entre parenthèses indiquent si le prunier est une variété européenne(E), sino-japonaise(J), hybride américaine (H), américaine indigène (A) ou Damas (D).

ZONE 2

Acme (H) Fruit rouge foncé, 50 mm de diamètre. D'excellente qualité. Mûrit au début de septembre.

Bounty (A) Fruit moyen ou gros, à peau rouge foncé et à chair orangée. Pulpe tendre, juteuse et douce. Mûrit vers la troisième semaine d'août. Sans doute rustique en zone 1b. Prune à dessert ou bonne pour les conserves.

Dandy (A) Prune jaune de bonne qualité, douce, bonne à manger crue ou à cuire. Mûrit très tôt. Sans doute rustique en zone 1b.

Elite (H) Fruit semblable à Acme mais plus juteux et sensiblement plus ferme. Peut être rustique en zone 1b.

Norther (A) Fruit ovale de 30 mm de longueur, à peau tendre, rouge luisant et à fleur grise. Pulpe jaune, juteuse et sucrée. Bon à manger cru mais tout juste passable pour la cuisson. Mûrit à la mi-août.

Patterson (H) Prune rouge, 40 mm de longueur. Mûrit à la mi-septembre. Ces pruniers donnent beaucoup de fruits d'excellente qualité, qui se conservent bien.

Pembina (H) Gros fruit ovale à chair jaune juteuse et assez sucrée. Bon comme dessert, passable pour la cuisson. Mûrit à la fin d'août. Les fleurs de ces pruniers sont rouges.

Perfection (H) Prune rouge foncé, 35 mm de diamètre. Pulpe ferme d'excellente qualité. Mûrit à la fin de septembre et se conserve bien.

Prairie (H) Fruit rouge foncé de bonne qualité, 45 mm de diamètre. Sans noyau le plus souvent. Mûrit au début de septembre. Rarement rustique en zone 2a.

Ptitsin 9 (J) Petit fruit rond, jaune verdâtre, 30 mm de diamètre. Chair verdâtre ferme, à saveur douce et sucrée. Ressemble à Reine-Claude. Mûrit à la mi-août. Bon comme dessert ou pour les conserves.

Superb (H) Fruit moyen ou gros à chair jaune rougeâtre. Mûrit à la fin d'août. D'excellente qualité, ces prunes se conservent bien au frais.

ZONE 3

Damas (D) - Fruit plutôt petit et ovale de couleur bleue ou jaune. Sucrée, bonne pour la table ou la transformation. Excellente dès septembre.

Ember (H) Fruit moyen ou gros à chair jaune rougeâtre. La pulpe est tendre, juteuse et sucrée. Très bon comme dessert ou pour la cuisson. Mûrit au début de septembre et se garde bien pendant plusieurs semaines.

Grenville (H) Gros fruit rouge d'excellente qualité. Ressemble à Burbank, variété au pollen de même type. Chair juteuse et sucrée. Le seul ennui est que ces pruniers ne donnent des fruits qu'une fois tous les deux ans, à la fin d'août.

La Crescent (H) Petite prune jaune à peau épaisse et à chair jaune, tendre et juteuse. Mûrit à la troisième semaine d'août. La saveur des fruits est prononcée et rappelle un peu celle de l'abricot. Ces pruniers donnent de faibles récoltes.

Pipestone (H) Gros fruit rouge à peau épaisse qui se pèle toutefois facilement. Chair jaune parfumée mais un peu acide.

Ptitsin 5 (J) Prune semblable à Ptitsin 9 mais plus jaune et plus juteuse. Mûrit tôt.

Ptitsin 10 (J) Fruit semblable à Ptitsin 9 mais plus gros et de meilleure qualité.

Redcoat (H) Fruit cramoisi à chair jaune, assez juteux et à saveur plaisante. Bon pour les conserves et à cuire. Mûrit tôt. Ces pruniers produisent jeunes.

Tecumseh (H) Fruit de taille moyenne, ovale, de cou leur rouge. Chair jaune, ferme, juteuse, peu acide et de bonne qualité. Mûrit à la mi-août.

Underwood (H) Gros fruit, rond ou conique, rouge pâle à peau satinée quelque peu âpre. Chair jaune doré, juteuse, molle et à peine acide. De qualité passable à bonne. Ces pruniers donnent régulièrement des fruits dès la fin de juillet, en bonne quantité. Le temps de la récolte est long.

ZONE 4

Emerald (H) Gros fruit rond, jaune-vert couvert de taches rouge cuivre. Chair jaune de bonne qualité, tendre, juteuse et sucrée. C'est l'une des meilleures prunes pour les conserves. Mûrit à la fin de septembre.

Damson (D) Petit fruit de moins de 25 mm de diamètre, qui n'a pourtant pas son pareil pour la cuisson ou la conservation. Chair au goût relevé qui donne une confiture sans pareille. Peau bleue ou pourpre, chair jaune trop âcre pour que le fruit soit mangé cru. Ces pruniers sont sans doute originaires de Syrie où on les cultivait probablement il y a deux mille ans.

Reine-Claude (E) Variété cultivée depuis près de mille ans. Fruit jaune verdâtre, presque rond et plutôt petit. Très sucré et juteux. Mûrit à la mi-septembre. Il existe beaucoup de variétés locales et régionales, certaines résistant mieux au froid que d'autres.

Kahinta (H) Fruit rouge luisant à chair douce de grande qualité. Mûrit à la mi-septembre. Ces pruniers ne donnent leur première récolte qu'après huit ans. Une fois la période de production atteinte, les récoltes sont très abondantes.

Lombard (E) Fruit rouge pourpre, ovoïde, de taille moyenne. Mûrit à la mi-septembre. Chair molle et sucrée, de qualité moyenne. Bon pour les conserves.

Mont-Royal (E) Fruit de taille moyenne, à chair jaune mais à peau bleue. Chair ferme et juteuse, de bonne qualité. Mûrit à la mi-septembre. Ces pruniers sont autofertiles.

Nepean (E) Semblable à Mont-Royal sauf pour la taille et la date de maturité: plus grosses, ces prunes mûrissent à la fin de septembre.

ZONES 5 ET PLUS

Abundance (J) Fruit rouge foncé, 35 mm de diamètre. Chair jaune douce et très juteuse. Mûrit à la fin d'août. Ces pruniers sont très sensibles au rot brun et ne sont pas rustiques en zone 5.

Bradshaw (E) Le plus populaire des pruniers dans les vergers du Nord-Est au premier quart du XXe siècle. Fruit rouge foncé ou pourpre à chair jaune. Mûrit au début de septembre. Récoltes abondantes et régulières.

Burbank (J) Fruit rond ou conique à peau rouge foncé et à chair jaune, sucrée, juteuse et parfumée. Ces pruniers étaient recherchés au tournant du siècle. La variété fut nommée en l'honneur de Luther Burbank, spécialiste des espèces japonaises, qui la créa en 1887. Ces pruniers sont moins sensibles au rot brun et au nodule noir, mais ne sont pas rustiques en zone 5.

Fellenberg (E) Fruit presque noir bon à cuire et pour les conserves, surtout utilisé cependant comme fruit sec. Cette variété est la plus ancienne qu'on connaisse; ces pruniers auraient été introduits en Europe par les Huns.

Prunier d'Italie (E) L'une des meilleures prunes comme fruit sec. Aussi bonne à manger crue ou cuite. Peau noire épaisse et chair jaune verdâtre, douce et juteuse, au goût excellent.

Redheart (J) Fruit de taille moyenne, vert pâle à chair rouge. D'excellente qualité, cette prune est surtout populaire dans l'Ouest. Ces arbres donnent peu dans l'Est et ne sont pas rustiques en zone 5.

Santa Rosa (J) Gros fruit cramoisi à chair rouge. Très bonne saveur; de toutes les prunes japonaises, c'est la plus populaire. Ces pruniers sont moins rustiques que la plupart des autres variétés. Ne supportent pas le climat en zone 5, peut-être en zone 6a.

Shiro (J) Petit fruit à chair et à peau jaune pâle, doux et juteux.

Stanley (E) Prune bonne à manger crue ou à cuire, à chair jaune verdâtre, tendre et sucrée, à bonne saveur et à peau bleu-noir. Cette variété est la plus courante dans les vergers de l'Est.

Starking Delicious (de filiation inconnue) Gros fruit rouge à peau épaisse et âcre. Chair ferme rouge sang, savoureuse.

Pershore (E) (Aussi appelée «Yellow Egg».) Fruit jaune doré à peau légèrement acide. Chair jaune, juteuse et sucrée. Cette variété existe depuis trois cents ans au moins.

L'âge auquel les jeunes arbres donnent leurs premiers fruits et l'importance des récoltes sont comparables aux valeurs données pour les cerisiers.

CHAPITRE 7

Les abricots et les pêches

L'abricot et la pêche, comme la nectarine, sont des drupes, c'est-à-dire des fruits charnus à noyau, comme la cerise et la prune d'ailleurs. Pour le pomiculteur des régions septentrionales, la culture des pêches est un véritable défi; on trouve toutefois, de nos jours, quelques variétés d'abricotiers rustiques qui valent l'essai. Par le passé, la production d'abricots en Amérique du Nord atteignait 200 000 tonnes environ par an. Malheureusement, la production a sensiblement baissé, surtout parce que de nombreux vergers de Californie ont été rasés pour laisser le terrain libre aux laboratoires de Silicon Valley, cette Mecque de l'industrie de l'électronique. La Turquie et l'ex-Union soviétique sont les plus grands producteurs mondiaux d'abricots. Ce type de fruits est plutôt difficile quant au climat. Il lui faut des étés chauds et secs et des hivers frais mais aux températures stables.

Les Soviétiques bénéficient non seulement d'un climat propice au sud de l'État, mais aussi de la meilleure créatrice qui soit en ce qui concerne les abricotiers. En effet, K.F. Kostina a obtenu un nombre incroyable de nouvelles variétés tant domestiques que sauvages au jardin botanique Nikitsky, à Yalta. Dans les années 1930, elle réunit plus de

600 variétés de sept espèces, ce qui constitua la base de la collection du jardin botanique de Yalta. Comme si cela ne suffisait pas, elle établit une seconde collection aussi importante au jardin de Tashkent! Pendant les quarante années suivantes, elle multiplia les croisements et les sélections, poursuivant ses recherches jusqu'au cours des années 1970. On ne peut douter que soient nées de son travail quelques variétés résistantes d'abricotiers que nous ne connaissons pas encore.

La plupart des abricotiers cultivés appartiennent à l'espèce *Prunus armeniaca.* Les plus résistants sont cependant les espèces *Prunus mandshurica* et *Prunus sibirica.* Le pêcher porte le nom savant de *Prunus persica.* Toutes ces espèces sont proches parentes du prunier, surtout des pruniers sino-japonais. Les méthodes culturales, la lutte contre les insectes et les maladies suivent donc les mêmes règles; nous vous conseillons de vous reporter au chapitre traitant des pruniers. Notons cependant quelques points importants.

L'abricot est plus sensible que tout autre fruit aux risques de gels printaniers. L'arbre fleurit très tôt et le jeune bois est très sensible aux coups de froid en hiver. Les arbres ne donnent souvent des fruits qu'une fois tous les deux ans, ce qui est particulièrement gênant en pays froid si, une année, la récolte est perdue à cause de la température. Par ailleurs, les abricotiers sont des arbres qui produisent beaucoup de fruits, plus même qu'ils ne peuvent en supporter, au point qu'il faut limiter les apports en azote. Malgré cela, certains producteurs ont obtenu de bons rendements dans la région de Saskatoon, en Saskatchewan, au cours des trente dernières années. Voilà bien la preuve qu'il est possible de cultiver les abricots même en zone 2!

LES VARIÉTÉS

Il existe quelques variétés d'abricots qui donnent de bons résultats dans des régions à climat chaud. Néanmoins, il est recommandé aux producteurs de ces régions de se renseigner sur les espèces et variétés recommandées par les autorités régionales. Il est aussi un conseil que tous les amateurs devraient suivre. Il faut savoir que les abricots, une fois cueillis, ne peuvent plus accroître leur teneur en sucres. Les variétés les plus résistantes sont habituellement les moins savoureuses. Il faut donc laisser les fruits mûrir le plus possible sur les arbres et retarder la cueillette autant que possible.

ZONE 2

Prairie Gold Fruit jaune doré, 30 à 40 mm de diamètre, de bonne qualité pour un arbre aussi résistant. Rusticité inconnue en zone 2a.

Sunrise Fruit orangé doré, 30 à 40 mm de diamètre, de bonne qualité. Ce sont des arbres de cette variété qui ont donné des fruits pendant trente ans dans la région de Saskatoon. Sans doute rustique en zone 2a; vaut l'essai en zone 1b.

ZONE 3

Brookcot Fruit jaune orangé taché de rouge, 35 mm de diamètre, à saveur variable de bonne à appréciable, à chair fine, juteuse, qui adhère beaucoup au noyau. Ces arbres développent beaucoup de branches et sont probablement rustiques en zone 2b.

Morden 601 Fruit jaune foncé ou ambre, 40 mm de diamètre. Chair épaisse, tendre et savoureuse. Fruit de bonne qualité pour les conserves. Il semble qu'on n'utilise plus commercialement ces abricotiers.

Morden 604 Fruit jaune orangé, 40 à 45 mm de diamètre. Chair orangée et assez ferme, à texture très fine. Fruit sucré et goût plaisant. Bon comme dessert, pour les conserves ou en confiture. Mûrit à la mi-août.

Robust Fruit jaune, 30 à 40 mm de diamètre. Chair jaune, épaisse et douce. Bon comme dessert ou en confiture. Mûrit à la fin de juillet ou au début d'août. On ne cultive plus commercialement ces abricotiers.

Scout Fruit jaune or ou bronze, assez plat, 40 mm de diamètre, à noyau libre. Chair jaune foncé à texture fine. De passable à bon pour qui veut manger cru, bon pour la cuisson ou en confiture. La récolte est abondante, fin juillet ou début août.

Westcot Nouvelle variété créée à Morden, au Manitoba, qu'on peut déjà trouver dans certaines pépinières. Ces abricotiers donnent de très bons résultats.

ZONE 4

Manchu Fruit jaune, 45 mm de diamètre. Bon à cuire. Ces abricotiers produisent bien.

Moongold Fruit orange, 45 mm de diamètre. Chair jaune orangé, sucrée, légèrement acide et plutôt juteuse, à noyau libre. Mûrit à la fin de juillet. Bon comme dessert ou pour la cuisson. Ces abricotiers sont autostériles mais peuvent être pollinisés par une variété jumelle, Sungold. Les fruits restent bien sur l'arbre tant qu'ils ne sont pas mûrs.

Sungold Fruit jaune orangé, 30 mm de diamètre, à chair orangée, tendre et sucrée, assez juteuse. Très bon à manger cru ou à cuire. Ces abricotiers sont autostériles; on les pollinise avec la variété Moongold. Les abricots sont mûrs au début d'août et tiennent bien sur l'arbre jusqu'à pleine maturité.

ZONE 5

Goldcot Fruit doré, 35 mm de diamètre, à chair orangée ferme. Bon comme dessert ou pour la cuisson. Mûrit à la fin de juillet. Ces abricotiers sont très rustiques mais doivent être taillés pour éviter des productions excessives qui reporteraient la fructification à tous les deux ans.

Golden Giant Fruit jaune, près de 50 mm de diamètre. Chair ferme et noyau libre. Saveur passable à très bonne. Ces abricotiers donnent des récoltes très abondantes.

Henderson Gros fruit jaune, à chair jaune, sucrée mais légèrement acide. De bonne qualité en général.

Iowa Fruit jaune pâle, 30 mm de diamètre. Chair très douce. Mûrit beaucoup plus tard que tous les arbres de l'espèce, ce qui met ces abricotiers à l'abri des rigueurs tardives de l'hiver. Les arbres donnent des fruits abondants chaque année.

Certains lecteurs avertis auront sans doute noté que nous n'avons encore rien dit des abricotiers de Mandchourie, à propos desquels on voit beaucoup de publicité dans les revues spécialisées. En fait, plusieurs des variétés que nous avons présentées appartiennent à cette espèce, ou ont été obtenues par croisement avec *Prunus mandschurica.* Les arbres dont parle la publicité sont le plus souvent de jeunes plans non sélectionnés de l'abricotier de Manchourie; c'est pourquoi leurs qualités varient beaucoup d'un spécimen à l'autre et l'on ne peut savoir si les fruits seront doux ou acides, par exemple, qu'à la première récolte. Il est bien moins risqué d'acheter des variétés connues, chez un pépiniériste qui a fait des arbres fruitiers rustiques sa spécialité. Néanmoins, si vous aimez les jeux de hasard, vous pouvez toujours acheter par la poste des semis ou de jeunes arbres non sélectionnés.

LES PÊCHES ET LES NECTARINES (BRUGNONS)

Les pêchers et les brugnoniers, qui ne diffèrent que parce que certains donnent des fruits à peau duveteuse et d'autres, à peau lisse, sont les arbres fruitiers à feuilles caduques les plus difficiles à cultiver en région nordique. La plupart des variétés sont très sensibles au froid, en plus de nécessiter 150 jours au moins pour durcir leur jeune bois. Par ailleurs, ces arbres ne prospèrent pas dans tous les sols et sont sensibles à une quantité d'insectes et de maladies. Néanmoins, jardiniers et autres amateurs ne semblent pas abandonner si facilement devant les difficultés; on peut croire qu'il meurt chaque année plus de jeunes pêchers que d'arbres de toutes les autres espèces fruitières réunies. Il existe plusieurs variétés de pêchers relativement rustiques. Malgré tout, il y a de l'espoir, pour l'agriculteur des régions froides, s'il ne plante que des variétés naines dans des pots. Ces arbres ne dépasseront pas 2 mètres. On pourra aussi en réduire la croissance en hauteur par la taille. Lorsqu'arriveront les grands froids d'hiver, il suffira de mettre les pots à l'abri, les arbres étant alors en période de repos. La plupart des pêchers perdent leur capacité de fructifier si la température descend à moins de 20°C sous zéro. Cela correspond aux zones 6b/7a. Certaines variétés sont cependant plus résistantes.

LES VARIÉTÉS

Canadian Harmony Fruit de bonne qualité, à noyau libre et à peau jaune tachée de rouge. Chair jaune. Ces pêchers résistent bien au blanc, ou oïdium du pêcher.

Carol Fruit bon pour les conserves ou à congeler. La chair est trop ferme pour qu'il soit consommé cru. Peau jaune, tachée de rouge. Chair jaune et noyau libre. Ces arbres sont rustiques en zone 5b, peut-être même en zone 5a, mais sont aussi sensibles aux coups de froid.

Harbelle Fruit de bonne qualité, à noyau libre et à peau jaune à demi tachée de rouge. Chair jaune, ferme. Ces arbres ont tendance à rester petits. Ils sont rustiques dans les régions classées zone 6a mais valent l'essai en zone 5b.

Reliance Fruit à peau jaune et rouge pâle, à chair jaune et à noyau libre. Bonne saveur mais un peu acide. Les fleurs résistent bien aux froids printaniers. Cette variété a été créée dans le sud de l'État du New Hampshire. Ces arbres sont rustiques dans la plupart des régions classées zone 5a et valent l'essai en zone 4b.

Les brugnoniers semblent être moins résistants encore que les pêchers. Leur culture est risquée dans toute région classée zone 6b ou plus froide.

CHAPITRE 8

Les petits fruits

«Petits fruits» est un terme générique plus ou moins justifié. En effet, les fraises sont plus grosses que la plupart des cerises, ce qui ne nous empêche pas de classer les premières parmi les «petits fruits», tandis que les cerisiers sont des «arbres fruitiers». Pourtant, les mûres poussent dans des arbres sans qu'on considère le mûrier comme un arbre fruitier. On pourra conclure finalement que le nom général de «petits fruits» convient à tout fruit qui n'est ni pomme, ni poire, ni prune, pêche, cerise ou abricot! Quant à nous, pour notre propos, nous classons à part les petits fruits sauvages, plants qui poussent à l'état naturel, pour les traiter dans un chapitre à part.

On trouve donc, parmi les petits fruits, les fraises, les framboises, les framboises noires, les groseilles, les groseilles à maquereau, les raisins, les mûres, les bleuets, etc.

LA PRÉPARATION DU SOL

La plupart des petites fruits prospèrent dans les mêmes sols; ils ont surtout besoin d'un sol riche en matières organiques. Ils craignent aussi les mauvaises herbes. Quiconque plante des petits fruits dans un sol qui n'est pas correctement préparé court après les difficultés. Il vaut vraiment la peine de préparer le sol l'année précédant la plantation. En un an, vous pourrez accroître la matière organique du sol, limiter la prolifération des mauvaises herbes, augmenter la teneur en matières minérales et assurer une saine croissance pendant les années à venir aux petits fruits que vous y planterez. Le plus souvent, ce sont des terrains largement gazonnés qu'on destine aux petits fruits; dans ce cas, le défi est de taille, surtout s'il s'agit d'herbe envahissante. Heureusement, il existe une méthode qui a fait ses preuves. Avec les recommandations qui suivent, vous assurerez un succès presque certain à votre nouvelle culture.

Selon cette méthode, il faut semer du sarrasin et du seigle, deux céréales qui poussent bien en régions froides, demandent peu de matières nutritives et limitent la croissance des mauvaises herbes.

1) Labourez le terrain. Le travail est plus efficace s'il est fait l'automne, un an et demi avant la plantation. Les labours d'automne facilitent l'élimination des racines des herbes et laissent la place à l'action du gel, qui fait éclater les mottes de terre laissées par les labours. On peut toutefois labourer au printemps, à condition de procéder le plus tôt possible après la fonte des neiges. Quoi qu'en disent certains spécialistes, il n'y a guère mieux pour détruire toutes les racines des herbes que la charrue à soc. À moins que le terrain soit vraiment petit, il est recommandé d'utiliser la charrue de préférence au motoculteur.

2) Après le passage de la charrue, effectuer une demi jachère. Une fois le sol séché, passer un vibro ou herse à dents à tous les dix jours (2 ou 3 fois). Les racines ainsi remontées et séchées à la surface du sol meurent à chaque passage. Cette méthode réussit à épuiser les réserves nutritives des plantes des plus persistantes comme le chiendent.

3) Ajoutez des matières organiques et des minéraux. Si vous ne disposez pas d'un bon compost, il vaut toujours mieux utiliser du fumier que rien du tout; l'ennui, c'est que vous risquez ainsi de favoriser la multiplication des mauvaises herbes, surtout si vous utilisez du fumier de vache ou de cheval. Les quantités de compost et de phosphates à employer dépendent des résultats obtenus à l'analyse du sol. En règle générale, il faut compter 15 tonnes de compost par hectare (ou 15 kg/10 m^2). En ce qui concerne les phosphates à l'état colloïdal, comptez 2 tonnes par hectare (2 kg/ 10 m^2) pour obtenir des réserves suffisantes en phosphates et en matières nutritives.

4) **Semez du sarrasin en abondance.** À la fin du mois d'août, semer le seigle d'automne. Au printemps, dès l'assèchement du sol, il faut enfouir le seigle dans les quatre premiers pouces de la surface. Dix jours plus tard, semer à son tour le sarrasin à raison de 100 kg/ha. Laissez croître jusqu'à la floraison. Sans pourtant laisser les plants faire des graines, vous pouvez attendre une semaine ou dix jours avant de couper, ce qui laissera le temps aux abeilles de butiner les fleurs de sarrasin. Par la suite, l'idéal serait de couper le sarrasin, puis de le laisser sécher sur place pendant quelques jours avant de l'enfouir dans le sol. Cependant, cette pratique n'est possible qu'avec une herse et non avec un motoculteur.

5) Passez la herse ou le motoculteur. Une fois le sarrasin enfoui dans le sol, il est bon de retourner la terre à plusieurs reprises, à intervalles de dix jours. Vous détruirez ainsi toute mauvaise herbe mais aussi les graines de sarrasin qui auraient pu germer. Ajoutez de la chaux si l'analyse du sol indique une carence. Vous pouvez aussi ajouter du compost ou du Sul-Po-Mag.

6) **La plantation.** Dans la plupart des cas, il vaut mieux planter le plus tôt possible au printemps. Si elle est surtout recommandée pour la préparation des terrains destinés à la culture des petits fruits, la méthode que nous venons de présenter vaut aussi pour l'établissement d'un verger.

LES FRAISES

Une fois venue la saison, les fraises font l'objet d'un intérêt qui ne se dément pas d'une année à l'autre. Ce sont non seulement des fruits délicieux mais ils mûrissent en plus au moment où s'épuisent les réserves de pommes de l'année précédente, avant aussi que ne mûrissent les premières cerises de l'année. Il est relativement facile de cultiver des fraisiers et c'est pour cela que c'est le petit fruit qu'on recommande à tout débutant. Les fraisiers donnent en plus un rendement étonnant car il n'y a pas d'autre petit fruit qui produise autant par carré de terrain planté.

Les qualités du sol ont leur importance. Les fraisiers prospèrent mieux dans un sol mal drainé que la plupart des autres petits fruits, mais donnent quand même de meilleurs résultats en sol sablonneux riche en matières organiques. Il vaut mieux éviter les sols secs; les sols argileux conviennent peu. Il est important que les eaux de surface s'écoulent bien. Il ne faut pas non plus que les fraisiers soient plantés dans des terrains sujets aux inondations. Évitez les terrains qui ont été utilisés pour cultiver des tomates, des pommes de terre, des aubergines, des poivrons et des framboises au cours des quatre ou cinq dernières années, car toutes ces plantes favorisent la propagation d'une maladie grave pour les fraisiers.

LA PLANTATION

Il y a plusieurs méthodes reconnues pour la plantation des fraisiers. Celles qui sont destinées aux plantations mécaniques ne sont certainement pas celles qui conviennent pour les jardins individuels. Si vous utilisez de la machinerie, vous devrez calculer l'espace entre les rangs en fonction des distances entre les roues des véhicules Sinon, laissez un mètre entre les rangs, ce qui convient bien pour les petits jardins. Dans chaque rang, laissez de 45 à 60 cm entre les plants.

Le succès dans la plantation des fraisiers est une question de détails, dont voici les plus importants.

a) Ne plantez que des fraisiers garantis libres d'infection virale.

b) Plantez lorsque les fraisiers sont encore en période de repos, dès que la terre est suffisamment dégelée au printemps pour être travaillée.

c) Enlevez toutes les feuilles, sauf deux ou trois d'entre elles qui vous serviront pour manipuler la plante. Taillez les racines à une longueur de 10 à 12 cm. Trempez les racines dans une solution d'algues marines avant la plantation.

d) Plantez les fraisiers de telle sorte que le col—la partie où les racines rejoignent le tronc—soit au niveau du sol. Lorsqu'ils sont plantés trop profondément, les fraisiers finissent par mourir; s'ils ont des racines hors du sol, ils meurent par déshydratation.

e) Étalez les racines et couvrez-les bien de terre. Ne laissez surtout pas de poches d'air.

f) Choisissez une journée nuageuse pour procéder à la plantation, une journée pluvieuse même. Ne laissez pas les racines sécher au soleil ou au vent lors des manutentions.

Au fur et à mesure qu'avance la saison, les fraisiers plantés au printemps produiront des stolons qui en assureront la multiplication. Une fois en terre, ces stolons donneront des plants qui, l'année suivante, porteront des fruits à condition de disposer d'un sol suffisamment riche. Au cours de l'été, disposez soigneusement les stolons dans un rayon de 35 à 45 cm tout autour des plantes mères. Assurez-vous qu'ils sont bien ancrés. Enlevez toutes les fleurs qui pourraient paraître car elles ne font qu'épuiser les nouvelles plantes la première année. Si le temps est sec, veillez à ce que les fraisiers ne manquent pas d'eau. Une fois que les rangs comptent un bon nombre de plants (voir figure 6), éliminez les nouveaux stolons et ajoutez du compost. Une fois l'an, donnez du compost et du Sul-Po-Mag pour garder les fraisiers en parfaite santé. Ces plantes profitent bien des arrosages et des traitements aux algues marines au cours de la période de floraison ou juste après la chute des fleurs.

La deuxième année, après la récolte, conservez les plants sur une largeur de 30 cm au centre de chaque rangée et retournez le reste avec la terre. De la fin de juillet jusqu'en octobre, les plantes restantes produiront assez de nouveaux stolons pour assurer la récolte de l'année suivante. La troisième année, ce sont les plants du centre des rangs qu'il faut éliminer afin de rajeunir la plantation. Après quatre ans de production, il faut renouveler la fraisière au complet et, pendant les quatre ou cinq années suivantes, ne pas planter de fraisiers dans la même terre.

LA RUSTICITÉ DES FRAISIERS

Les fraisiers, cultivés en un lieu non abrité, ne sont pas particulièrement rustiques. Les dommages causés par le froid peuvent être importants parce que la fructification se prépare en automne, et non au printemps. Cependant, les fraisiers sont faciles à protéger du froid de l'hiver. (En anglais, le nom de *strawberries* comporte le mot «straw», qui signifie paille, et vient du fait que, traditionnellement, on paillait les plants pour les protéger du froid.) Si vous ne disposez pas de paille bien triée (sans mauvaise herbe), utilisez des feuilles mortes

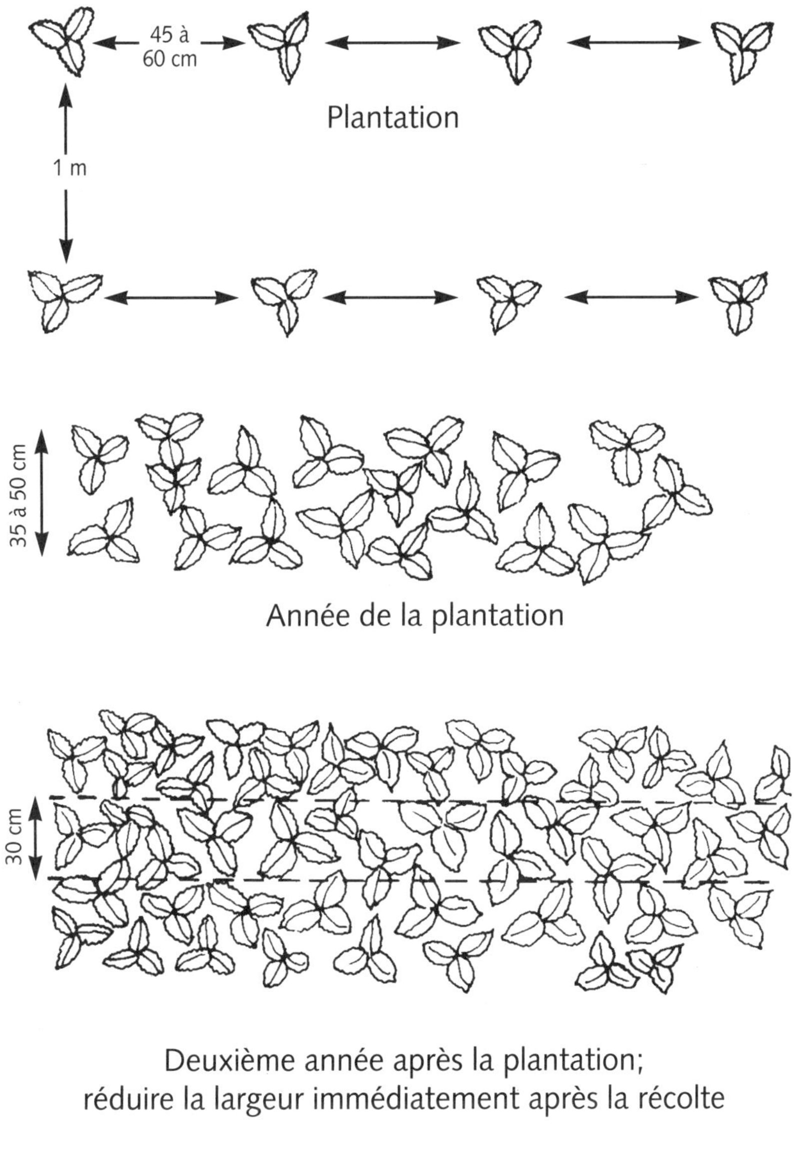

Figure 6 : Établissement d'une plantation de fraisiers.

ou des copeaux de bois. Faites attention au vieux foin, souvent riche en graines de mauvaises herbes!

Le choix d'une date pour le paillage des fraisiers est particulièrement important. Si vous couvrez les plants trop tôt, alors qu'ils ne sont pas encore entrés en période de repos, vous les endommagerez. Une fois que les températures saisonnières atteignent normalement et régulièrement les -5°C, choisissez un matin où le sol est gelé en surface et paillez les fraisiers avant que le soleil ne vienne faire dégeler le sol.

Plus vous laissez le paillis longtemps sur les plants au printemps, moins vous aurez à craindre les gelées tardives qui nuisent tant aux récoltes. La récolte sera retardée mais elle sera aussi plus abondante. Dans les régions nordiques, il faut tenir compte du fait que le paillis ris que d'empêcher la chaleur du sol de parvenir aux plants, les rendant ainsi plus sensibles au froid. Il est donc bien, au moment où l'on enlève le paillis, de conserver la paille et de la disposer entre les rangs de fraisiers.

LES INSECTES ET LES MALADIES

Il existe plusieurs insectes nuisibles aux fraisiers et leurs attaques se font surtout en période de floraison. Le **charançon des fraisiers** dépose ses oeufs sur les boutons floraux et ce coléoptère, une fois adulte, se nourrit des pétales (dont le dépérissement est l'indice de l'infestation), puis des graines des fruits. Il y a une génération par année mais l'on ne connaît aucun moyen de contrôle écologique. La **punaise terne** cause beaucoup de dommages aux plants. Utilisez des pièges du type de ceux décrits au chapitre 10 (dans la section intitulé «Les pièges à insectes»). Veillez à ce que l'herbe soit régulièrement tondue dans un rayon de 5 à 10 mètres autour des fraisiers. De nombreux autres insectes ne présentent de menace que si leurs prédateurs ont été éliminés par des épandages de produits chimiques. Certains producteurs de petits fruits obtiennent d'excellents résultats et aspergent régulièrement leurs cultures d'une solution d'un purin d'oignon ou d'ail comme insectifuge. Ces substances éloignent les insectes par leurs odeurs (500 gr. de plante fraîche / 10 L d'eau).

Le **botrytis,** communément appelé pourriture grise, est une maladie cryptogamique qui s'attaque sévèrement aux fraisiers, causant parfois des pertes importantes. Le champignon passe l'hiver dans les mauvaises herbes et les déchets qui s'accumulent inévitablement entre les rangs de fraisiers. Les spores se propagent beaucoup au printemps, surtout quand le temps est chaud et humide. Selon l'époque de l'année, ce sont les fleurs ou les fruits qui sont infestés. Le soufre microfin, les produits au soufre et à la chaux ou tout autre fongicide «naturel» suffisent à contrôler l'infection, à condition que le remède soit appliqué au bon moment. La **maladie du coeur rouge du fraisier** est elle aussi provoquée par un champignon, *Phytophthora fragariae,* qui prospère dans le sol quand la température est plutôt fraîche. Les pieds sont infestés et les racines deviennent noires ou brunes à l'extérieur, et rouges au coeur. Les feuilles se fanent et deviennent rouges et brunes. Les divers champignons responsables de cette maladie peuvent facilement infester un sol pendant 10 ans si l'on n'en limite pas la prolifération. Sélectionnez des plants garantis, résistants autant que possible à ce type d'infection. La **verticilliose** affecte plusieurs variétés de fraisiers. C'est une maladie cryptogamique qui provoque un flétrissement des feuilles et s'attaque à plusieurs espèces de plantes. Le meilleur moyen de lutte consiste à effectuer une bonne rotation des espèces cultivées. Il existe enfin divers types de maladies du feuillage causées par des champignons,

Tableau 2 : Variétés de fraises suggérées.

PLANT				FRUIT	
Nom	Rusticité	Productivité	Sensibilité	Période	Calibre
FRAISIERS TRADITIONNELS					
Annapolis	Bonne	Bonne	Oïdium	Hâtive	Bon
Blomidon	Très bonne	Bonne	Oïdium	Mi-tardive	Très bon
Bounty	Très bonne	Très bonne	Tache pourpre	Tardive	Bon
Cavendish	Très bonne	Très bonne	Oïdium	Mi-saison	Excellent
Chambly	Excellente	Très bonne	Oïdium	Mi-saison	Très bon
Glooscap	Très bonne	Excellente	—	Mi-saison	Très bon
Honeoye	Très bonne	Excellente	—	Mi-saison tardive	Très bon
Kent	Très bonne	Excellente	Tache foliaire	Mi-saison	Très bon
Micmac	Très bonne	Bonne	Tache pourpre	Mi-saison tardive	Excellent
Oka	Très bonne	Excellente	—	Mi-saison	Excellent
Redcoat	Excellente	Très bonne	—	Mi-saison hâtive	Très bon
Sparkle	Très bonne	Bonne	—	Tardive	Bon
Veestar	Bonne	Bonne	Tache pourpre	Hâtive	Bon
FRAISIERS REMONTANTS					
Seascape	Bonne	Très bonne	Oïdium	—	Très bon
Tribute	Bonne	Très bonne	Tache pourpre	—	Bon
Tristar	Bonne	Très bonne	Tache pourpre	—	Bon

Couleur	Fermeté	Saveur	Appréciation
Rouge moyen brillant	Bonne	Bonne	Résistante à certaines races de stèle rouge.
Rouge moyen brillant	Très bonne	Très bonne	Résistante à certaines races de stèle rouge, facile à cueillir.
Rouge foncé	Faible	Très bonne	Variété tardive de très bonne saveur, mais de conservation limitée.
Rouge foncé brillant	Très bonne	Très bonne	Résistante à certaines races de stèle rouge, gros fruits qui foncent à maturité.
Rouge moyen à foncé	Très bonne	Très bonne	Fruits biconiques, uniformes, faciles à cueillir et à équeuter, adapté aux sols lourds.
Rouge moyen à foncé	Bonne	Très bonne	Variété bonne, productive pour l'autocueillette.
Rouge clair luisant	Très bonne	Moyenne	Très bonne productivité, fruit attrayant.
Rouge clair	Très bonne	Bonne	Variété la plus cultivée, très populaire pour le marché frais de gros. Mais sensible aux taches foliaires.
Rouge orangé luisant	Bonne	Bonne	Variété tardive, fruit rouge pâle de gros calibre.
Rouge foncé	Bonne	Bonne	Excellente productivité, bon pour autocueillette.
Rouge clair	Bonne	Bonne	Variété dont la couleur et la fermeté la gardent toujours populaire pour le marché frais de gros.
Rouge foncé	Faible	Excellente	Fruit d'excellente saveur, mais de faible conservation, bon pour l'autocueillette.
Rouge luisant	Bonne	Très bonne	Toujours intéressante pour sa hâtivité et l'autocueillette.
Rouge luisant	Très bonne	Très bonne	Variété à production continue la plus populaire.
Rouge clair	Très bonne	Bonne	Intéressante pour sa récolte d'août/septembre.
Rouge foncé	Très bonne	Très bonne	Intéressante pour sa récolte d'août/septembre.

qu'on peut facilement contrôler par des vaporisations de produits à base de soufre.

LES VARIÉTÉS

On trouve un vaste choix de fraisiers et nous ne pouvons présenter plus de quelques variétés ici (voir tableau 2 , p. 128). Plusieurs variétés commerciales ont été créées par George Darrow, spécialiste diplômé en 1910 de Middlebury College, au Vermont, qui a consacré plus de cinquante ans aux croisements de fraisiers et autres petits fruits. En ce qui concerne la culture des fraisiers, ce sont les instances gouvernementales qui offrent la meilleure aide. Chaque variété de fraisier étant largement affectée par les qualités du sol où elle pousse, le climat, les maladies et bien d'autres facteurs, il faut reconnaître qu'aucune ne convient jamais *parfaitement.*

LES FRAMBOISES

Ces dernières années, le prix des framboises a monté de façon régulière parce que la demande a toujours été supérieure à la production. Ce qui est ennuyeux, c'est que les framboises sont beaucoup plus sensibles aux manutentions que la plupart des autres fruits, ce qui en fait un fruit destiné aux marchés locaux ou, au mieux, régionaux. Toutefois, pour qui dispose d'un minimum de terrain, les framboisiers sont faciles à cultiver et donnent de bonnes récoltes, suffisantes pour satisfaire les gourmands à bas prix si la plantation est bien effectuée et bien entretenue.

LA PLANTATION

Comme c'est le cas pour les fraisiers, il est presque essentiel de préparer le sol au moins un an avant la plantation des framboisiers. Si le sol n'est pas prêt, il vaut mieux attendre une année pour que tout soit fait dans les meilleures conditions dès le début. Si l'on n'élimine pas les mauvaises herbes, par exemple, il est douteux que les framboisiers puissent prospérer pendant plus de deux ans, alors qu'en principe, ils devraient facilement donner des fruits pendant dix ans ou même plus.

Il faut planter les framboisiers en rangées séparées par 2 mètres au moins. Si vous projetez d'entretenir la plantation au tracteur, comptez alors au moins 3 mètres ou 3,5 mètres. Dans chaque rang, laissez 60 cm entre les framboisiers. Il n'est pas nécessaire que la distance soit calculée au centimètre près; assurez-vous seulement que les plants aient suffisamment d'espace pour prosperer.

Dans la plupart des régions, il faut planter le plus tôt possible au printemps, de sorte que les framboisiers soient bien établis avant les chaleurs de l'été et le temps sec de juillet. Dans les régions classées zone 5b et plus, on peut planter les framboisiers en automne, ce qui laisse plus de temps pour la préparation du sol et permet de transplanter directement.

N'achetez que des plants garanties. Évidemment, aucune garantie contre les maladies et les infestations n'est absolue, mais vous aurez ainsi, au moins, les meilleurs framboisiers disponibles. Lorsque vous transplantez des framboisiers obtenus d'un autre jardinier (donc de variété qui n'est pas toujours clairement connue) ou que vous choisissez des variétés peu communes, il vous sera difficile d'obtenir des plants garantis sains. Dans ce cas, prenez soin de ne sélectionner que les plants qui paraissent les plus résistants. Songez à réserver auprès de celui qui vous les fournit plus de plants que ce que vous comptez planter afin de pouvoir éliminer ceux qui ne vous satisferont pas.

Choisissez des plants qui ont au moins un an et transplantez-les pendant leur période de repos. Vous pouvez aussi récupérer les jeunes pousses du printemps mais vous

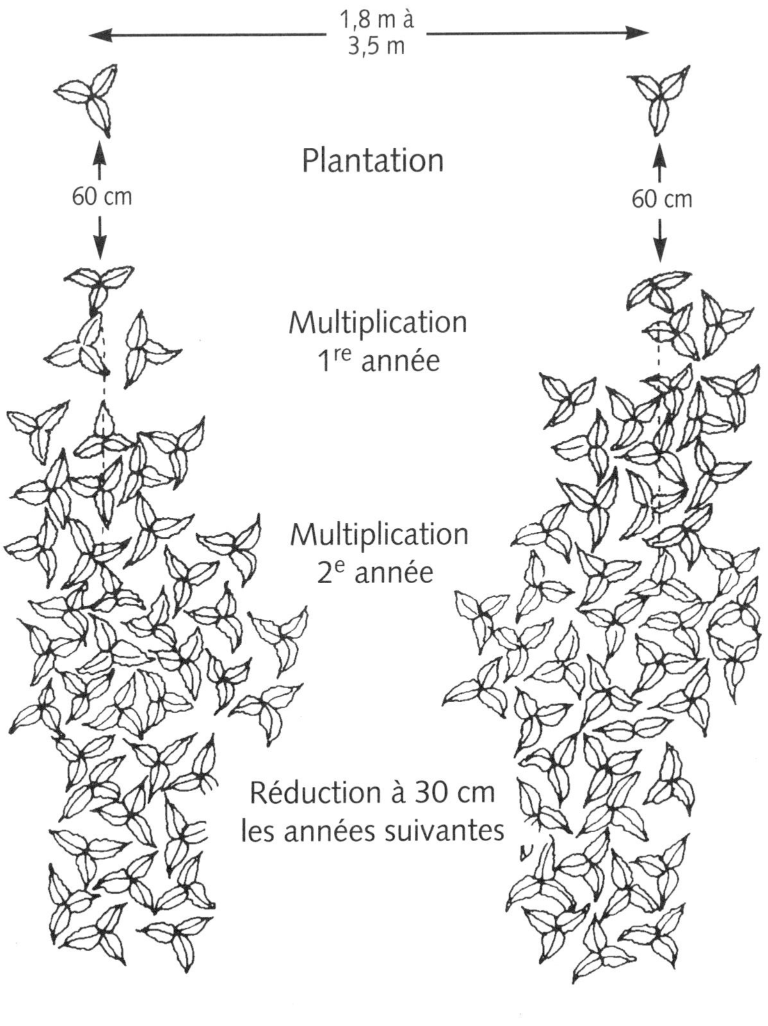

Figure 7 : Établissement d'une plantation de framboisiers.

devrez alors assurer une très bonne irrigation du sol et redoubler de vigilance pour ces plants tout l'été. Plantez les framboisiers un peu plus profondément qu'ils ne l'étaient dans leur terrain d'origine. Comme on le recommande pour les fraisiers et autres petits fruits du genre, gardez les plants à l'abri des rayons directs du soleil et du vent au moment de la plantation afin de ne pas faire sécher les racines. Si possible, procédez à la plantation quand le temps est couvert.

Au lieu de planter en rangs, certains jardiniers préfèrent planter les framboisiers autour d'un tuteur central. Cela favorise une meilleure exposition des plants au soleil. Calculez 2 ou 3 mètres entre chaque tuteur selon l'équipement que vous utiliserez pour l'entretien. Plantez deux ou trois framboisiers autour de chaque tuteur, à 15 cm environ du poteau. Au cours des années suivantes, ne dépassez pas sept ou huit framboisiers par cercle.

Il est important de souvent retourner la terre. Un sol bien aéré et libre de mauvaises herbes favorise une bonne croissance des plants et une récolte abondante. C'est surtout important les premières années; par la suite, les mauvaises herbes se feront plus rares. Certains producteurs sèment, entre les rangs, un véritable tapis de trèfle blanc qui apporte de bonnes quantités d'azote et conserve au sol son humidité. D'autres cultivent le terrain qui sépare les rangs de framboisiers jusqu'à la mi-juillet, puis sèment un engrais vert, du millet ou du sarrasin.

Alors que les fraisiers se propagent par stolons, les framboisiers se multiplient par les racines. En principe, il y a une importante période de croissance à la fin de l'été pendant laquelle se forment les tiges qui porteront des fruits l'année suivante. En septembre ou en octobre, il faut couper les rameaux qui ont porté des fruits. Vers la troisième année, les rangées ne devraient pas avoir plus de 30 cm de largeur afin de permettre aux plants de garder toute leur vigueur. Les tiges latérales, qui doivent être enlevées, peuvent être conservées pour la multiplication des plants. Tout en coupant les vieilles tiges ou en enlevant les rameaux latéraux, arrachez les mauvaises herbes. Il y a des producteurs qui limitent la croissance en hauteur des framboisiers à 150 cm afin de réduire les dégâts causés par le gel et la neige en hiver.

Une fois la récolte complétée, apportez beaucoup de compost entre les rangs de framboisiers—jusqu'à 15 cm d'épaisseur. Le compost protégera les racines contre les grands froids de l'hiver tout en servant de fertilisant pour la prochaine saison. Au printemps, laissez 3 cm de compost entre les rangs.

Si vous vivez dans une région où la grêle ou les vents violents sont chose courante, il peut être nécessaire de coucher les framboisiers. De nombreux producteurs font courir des rangs de fil de fer pour tenir les framboisiers; d'autres attachent plusieurs pieds de framboisiers ensemble pour les rendre plus résistants au vent et à la neige (à raison d'un groupe tous les 60 à 90 cm). Au printemps, ils libèrent les plants et enlèvent ceux qui n'ont pas survécu.

LA RUSTICITÉ

Les framboisiers sont sans aucun doute les plantes fruitières les plus intéressantes à cultiver en région nordique froide. La floraison se fait tard au printemps, après les derniers grands froids de l'hiver. La plupart des variétés sont rustiques dans les régions classées zone 2b sans protection, et même en zone 1 lorsque les tiges sont couvertes pour l'hiver.

LES MALADIES ET LES INSECTES

Lorsqu'on connaît le nombre d'espèces d'insectes qui s'attaquent aux plantes fruitières, il est étonnant de constater qu'il y en ait si peu qui affectent les petits fruits! Les framboisiers ne font pas exception. Le seul insecte largement répandu est **l'anneleur du framboisier**, qu'il est facile de contrôler au jardin ou dans les petites plantations commerciales. Le sommet des jeunes tiges affectées dépérit rapidement. Il faut alors les couper à 15 cm au moins du sommet et brûler les rejets. Si l'on n'élimine pas l'anneleur, les insectes risquent de faire mourir le plant. Si l'infestation se produit tôt au printemps, il peut s'agir plutôt du **ver du framboisier,** contre lequel on lutte de la même façon. Les **pucerons** et les **capsides,** sorte de punaises, sévissent aussi dans certaines régions.

Les maladies virales présentent un risque pour les framboisiers et l'on ne peut les contrôler autrement qu'en sélectionnant des variétés résistantes. Les framboisiers infectés dépérissent d'année en année tandis que les fruits perdent en grosseur, jusqu'à ce que les plants meurent. La **rouille** s'attaque surtout aux framboisiers sauvages et aux framboises noires, pour se propager par la suite aux plantations de framboisiers. Les feuilles des plants atteints sont rabougries et les tiges deviennent cassantes. Les seules solutions consistent à sélectionner des variétés résistantes et à éliminer tous les framboisiers sauvages des alentours. Le **virus nanisant du framboisier** n'est pas une maladie aussi fréquente que la **mosaïque** qui commence par des marbrures et des taches jaunes et vertes sur les feuilles.

Les framboisiers sont aussi sensibles à la **verticilliose,** maladie fréquente dont nous avons parlé plus avant dans ce chapitre. **L'anthracnose** est une maladie cryptogamique qui provoque l'apparition de taches pourpres sur les tiges. On prévient ces maladies, comme plusieurs autres, en facilitant l'entrée d'air dans la plantation de framboisiers. Au printemps, garder seulement une quinzaine de cannes au mètre linéaire, sur une largeur aussi étroite que quinze centimètres. En cas de besoin, les bouillies soufrées et bouillies bordelaises sont toujours utiles.

LES RAISINS

La culture de la vigne en région nordique est un défi de taille. Les feuilles n'apparaissent que tard au printemps, ont besoin de beaucoup de chaleur et ont tendance à continuer à croître alors que l'automne est bien avancé; la vigne ne peut donc pas être considérée comme une plante rustique. Il faut planter les vignes dans un endroit protégé du vent du nord, le long d'un mur ou sur une clôture orientée vers le sud, par exemple. On peut aussi, à la rigueur ou si l'on veut cultiver de nombreux pieds de vigne, les planter en rangs orientés du nord vers le sud. Laissez 2,5 mètres entre les vignes dans chaque rang, eux-mêmes espacés de 3 à 4 mètres. Il faut supporter les vignes à l'aide de fils métalliques ou d'un treillis. Dans les régions les plus chaudes, il suffit de tendre deux fils métalliques. Cependant, là où la croissance est plus lente, les fils métalliques doivent être très rapprochés.

Il faut un sol profond et bien drainé, du type de la terre à jardin, sans trop de sable ou de glaise, avec un pH voisin de 6. Puisque les vignes vivent vingt ans ou plus, selon leur rusticité, il vaut mieux soigner la plantation. Le sol devrait être préparé avec le même soin que si l'on devait y planter des arbres.

LA TAILLE

On n'exagère jamais l'importance de la taille pour la vigne. Lorsqu'on néglige de tailler, ne serait-ce qu'une seule année, la récolte s'en ressent. Il faut retirer, chaque année, 90 % des sarments de l'année précédente. Lorsque la taille n'a pas été faite depuis quelque temps, il faut rajeunir la vigne, puis l'entretenir en procédant ensuite à une taille annuelle. Pour obtenir de bonnes récoltes, il est nécessaire que la vigne n'ait pas plus de 30 ou 35 bourgeons de l'année précédente. Si la taille est bien faite, les raisins

Tableau 3 : Variétés de framboises suggérées.

PLANT					
Nom	**Rusticité**	**Drageonnage**	**Hauteur**	**Épines**	**Productivité**
FRAMBOISES ROUGES D'ÉTÉ					
Algonquin	Bonne	Moyen	Élevée	Sans épines	Bonne
Boyne	Excellente	Très élevé	Élevée	Épineuse	Excellente
Festival	Excellente	Moyen	Moyenne	Sans épines	Excellente
Gatineau	Très bonne	Élevé	Moyenne	Moyenne épineuse	Bonne
Killarney	Excellente	Élevé	Élevée	Épineuse	Excellente
Madawaska	Très bonne	Élevé	Élevée	Moyenne épineuse	Très bonne
Nova	Très bonne	Élevé	Élevée	Sans épines	Excellente
FRAMBOISES REMONTANTES					
Heritage	—	Très élevé	Moyenne	Peu épineuse	Bonne
Pathfinder	—	Très élevé	Très courte	Moyenne épineuse	Excellente
Perron rouge	—	Très élevé	Élevée	Peu épineuse	Bonne
FRAMBOISES POURPRES					
Brandywine	Bonne	Faible	Très élevée	Peu épineuse	Très bonne
Royalty	Bonne	Faible	Élevée	Peu épineuse	Bonne
FRAMBOISES NOIRES					
Bristol	Faible	Élevé	Élevée	Épineuse	Bonne
Haut	Bonne	Moyen	Moyenne	Peu épineuse	Très bonne
Jewel	Bonne	Moyen	Moyenne	Épineuse	Très bonne

FRUIT

Période	Calibre	Couleur	Fermeté	Saveur	Appréciation
Mi-saison	Moyen	Rouge moyen foncé	Très bonne	Bonne	Nouvelle variété pour essai.
Mi-saison hâtive	Petit	Rouge foncé	Bonne	Bonne	Fruit acide avec bonne cohésion, excellent pour la congélation.
Mi-saison tardive	Gros	Rouge pâle	Excellente	Très bonne	Susceptible à la rouille orangée, faible vigueur en sols légers.
Hâtive	Moyen	Rouge foncé	Bonne	Bonne	Variété très hâtive, susceptible à l'anthracnose.
Mi-saison	Gros	Rouge pâle	Très bonne	Bonne	Variété très populaire pour le marché frais et la congélation.
Hâtive	Gros	Rouge foncé	Très bonne	Très bonne	Variété très hâtive pour le marché frais et la congélation.
Mi-saison tardive	Gros	Rouge pâle	Très bonne	Très bonne	Semblable à Festival, mais plus vigoureuse et résistante à la rouille.
Remontante	Moyen	Rouge moyen foncé	Excellente	Très bonne	Pour une récolte d'été, enlever le haut de canne après la récolte d'automne.
Remontante	Gros	Rouge pâle	Très bonne	Bonne	La seule variété qui produit en août.
Remontante	Très gros	Rouge pâle	Bonne	Excellente	Pour une récolte d'été, enlever le haut des cannes après la récolte d'automne. Intéressante pour le calibre et la saveur du fruit.
Tardive	Très gros	—	Très bonne	Acide	Gros fruit pourpre, acide, excellent pour la congélation.
Tardive	Très gros	—	Très bonne	Bonne	Gros fruit pourpre moins acide que Brandywine.
Mi-hâtive	Gros	—	Excellente	Excellente	Variété hâtive, fruit de bonne qualité.
Mi-hâtive	Moyen	—	Très bonne	Excellente	Variété plus productive que Bristol.
Mi-hâtive	Très gros	—	Excellente	Excellente	Variété résistante à l'anthracnose.

pousseront très près du cep et des racines. Une vigne non taillée porte des grappes à plusieurs mètres des racines, où les matières nutritives parviennent difficilement jusqu'aux fruits. Dans les régions froides, on risque ainsi de perdre la totalité de la récolte.

Dans les régions où la vigne n'a pas besoin de protec tion hivernale, on utilise la méthode de la **taille longue.** Les vignes poussent alors sur un support et sont taillées tôt au printemps (voir fig. 8). Dans les régions plus chaudes encore, on a recours à une variante de la taille longue. La première année, le treillis n'est pas nécessaire; on conserve les deux meilleurs sarments en ne les supportant que si c'est nécessaire. Au printemps suivant, on installe le treillis pour y supporter le plus long des sarments conservés l'année précédente, alors qu'on coupera l'autre. C'est ainsi que se formera la tige principale. Au printemps de la troisième année, plusieurs tiges pousseront sur la tige principale. On choisit alors deux tiges dans chaque direction à la hauteur de chacun des fils métalliques en gardant, sur chacune, les cinq premiers bourgeons (voir fig.8). Attachées au treillis, les nouvelles tiges devraient donner leurs premières grappes cette année-là, avec un peu de chance. Au cours des années suivantes, les meilleures tiges de chaque paire sont taillées à la hauteur du dixième bourgeon; les autres sont remplacées par de nouvelles tiges dites «de remplacement», sur lesquelles on ne garde que les deux premiers bourgeons. En règle générale, cette technique de taille n'est valable que dans les régions classées zone 5b ou plus. Dans le cas des vignes sauvages ou des variétés les plus rustiques, on peut appliquer la méthode dans certaines régions de la zone 4a ou des zones plus chaudes.

S'il faut protéger les vignes en hiver, la taille sera totalement différente. Il s'agit alors d'effectuer une **taille courte.**

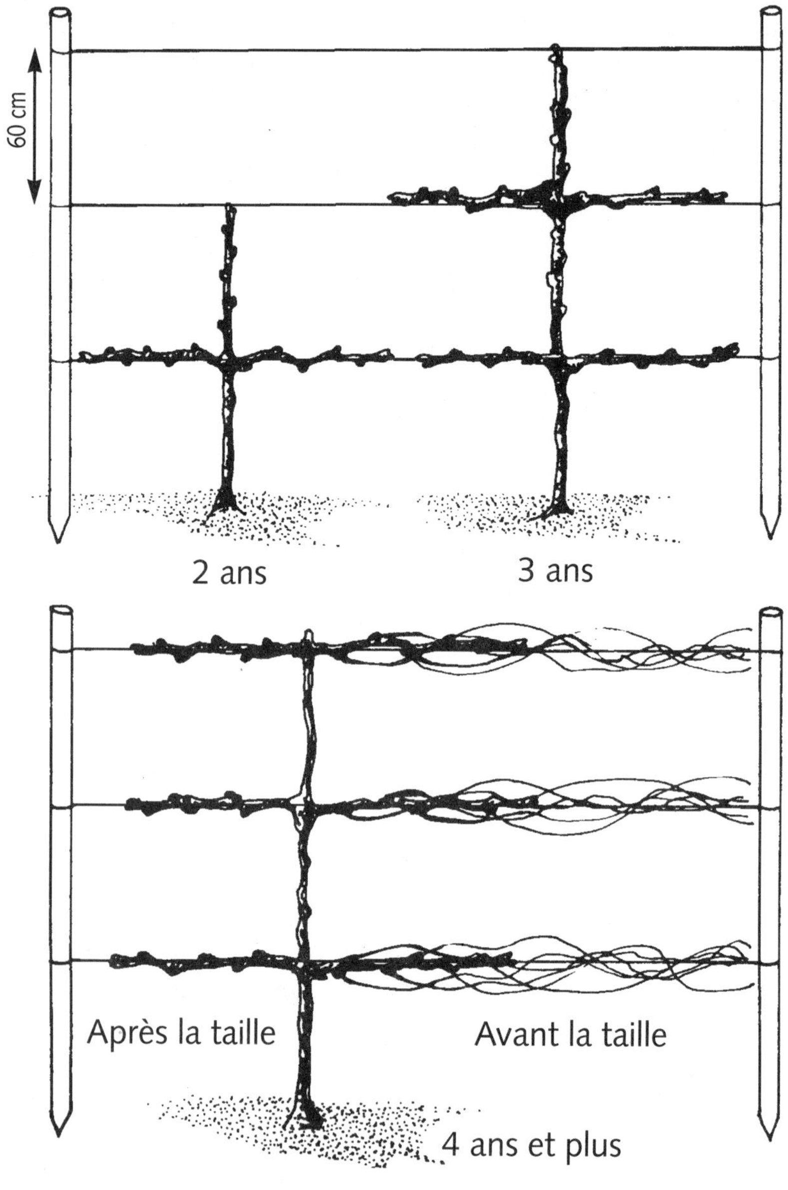

Figure 8 : Taille longue des vignes

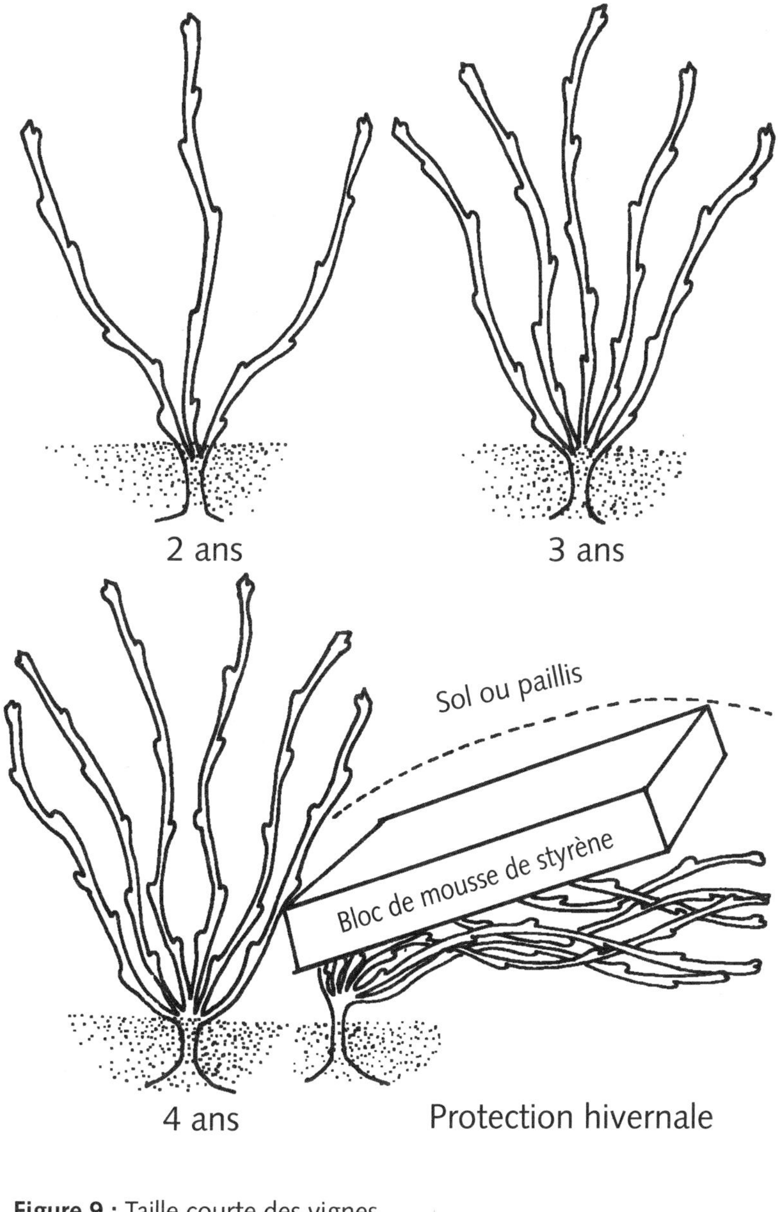

Figure 9 : Taille courte des vignes

Il faut faire en sorte que les sarments sortent chacun séparément du sol afin qu'on puisse les coucher plus facilement pour les couvrir en prévision de l'hiver. Vers la fin d'octobre, on rabat tous les sarments à une hauteur de 60 à 90 cm, puis on les couche soigneusement le plus près possible du sol. Il est souvent nécessaire de s'aider d'un bloc de bois ou d'un poids quelconque pour tenir les vignes ainsi pliées. On couvre ensuite les tiges de paille, de feuilles mortes ou de terre, ce dernier choix étant le meilleur puisqu'il ne convient pas comme aux rongeurs comme refuge. Dès que le sol se réchauffe au printemps, il faut retirer la protection, redresser les tiges et couper les pousses, à l'exception des six tiges les plus robustes. Conservez au moins trois sarments avec deux bourgeons chacun, puis cinq ou six bourgeons sur les autres tiges. Attachez finalement les sarments au support prévu avec de la ficelle utilisée dans les presses à foin.

Quelle que soit la méthode de taille choisie, la **taille en vert** est nécessaire dans les régions à climat froid. La taille estivale favorise la maturation des raisins et le durcissement du jeune bois. Vers la fin de juin, coupez tous les gourmands qui poussent à l'aisselle de chaque feuille (comme on le fait sur les plants de tomate). Prenez soin cependant de ne pas endommager les bourgeons dormants (qui se trouvent aussi à l'aisselle des feuilles de vigne). Puisque les grandes feuilles mûres sont nourricières (alors que les jeunes feuilles consomment de la nourriture), conservez la première grande feuille du gourmand et ne pincez que les suivantes. En un second temps, plus avant en été, il faut supprimer les bouts de sarments, deux ou trois feuilles au-dessus de la dernière grappe. Tout sarment qui part du sommet du tronc et ne porte pas de fruit doit être éliminé.

LES VARIÉTÉS

ZONE 3

Beta Raisins bleus de qualité passable à bonne, bons pour les jus ou les confitures. Fruits trop acides pour le vin. Ces vignes donnent des récoltes abondantes et n'ont généralement pas besoin de protection hivernale. Elles valent l'essai dans les régions les plus chaudes de la zone 2.

Eona Les seuls raisins blancs qui peuvent prospérer en région nordique. Les ceps sont plus denses que ceux de la variété Minnesota 81, mais moins denses que Beta ou Minnesota 78. Ces raisins donnent un bon vin blanc, loin cependant d'être comparable à celui qu'on obtient en Californie. Les vignes doivent être couvertes en hiver dans la plupart des régions de zone 3.

Fredonia Gros raisins de bonne qualité. Ces vignes nécessitent une bonne protection pour l'hiver dans les régions classées zone 3, mais produisent assez tôt en saison pour que les fruits puissent mûrir.

Minnesota 78 Raisins bleus semblables aux fruits des variétés Beta. La saveur est bien meilleure que celle des raisins Beta, ceux-ci étant moins acides, leur goût étant moins prononcé. Ils donnent un bon vin. Ces vignes sont moins rustiques que celles de la variété Beta; elles n'ont que des fleurs femelles et il faut une autre variété à proximité pour assurer la pollinisation.

Minnesota 81 Raisins roses sur des vignes de petites tailles. Saveur prononcée.

Valiant Nouvelle variété créée au Dakota du Sud. Les raisins bleu-mauve mûrissent très tôt et sont légèrement plus gros que ceux de la variété Beta.

Vigne des rivages Petits raisins sauvages bleus, parfois blancs. Fruits très acides mais pouvant servir pour faire des gelées. Ces vignes n'ont pas besoin de protection hivernale, sauf si elles poussent dans des régions classées zone 2 ou moins.

ZONE 4

Courderc 10 Hybride français à fruits bleus. Ces vignes ont besoin de protection hivernale et sont sensibles aux maladies.

Interlaken seedless Hybride américain à raisins blancs de très grande qualité. Ces vignes ont besoin d'être protégées l'hiver mais valent les efforts qu'elles exigent.

Léon Millot Hybride d'Alsace à raisins bleus. Ces vignes ont besoin de protection hivernale et sont sensibles aux maladies.

Maréchal Foch Petits raisins bleus sur des vignes très denses, de saveur agréable et peu acides. Excellents pour le vin, on les utilise pour la production commerciale en plusieurs régions nordiques. Ces vignes ont besoin d'une protection hivernale. Il s'agit d'un hybride originaire d'Alsace.

Tissier-Ravat 262 Hybride français à raisins bleus. Ces vignes ont besoin de protection hivernale.

ZONE 5

Aurora (Seibel 5279) Hybride français à raisins blancs, de qualité moyenne. Ces vignes ont besoin de protection hivernale.

Concord Variété très connue, aux raisins bleus surtout utilisés pour les jus et les gelées. Les fruits mûrissent très tard. La récolte est bien meilleure en serre, même en zone 5. On peut même cultiver ces vignes en zone 3b en serre car la seule difficulté de leur culture vient du fait que l'arrière-saison n'est jamais assez longue pour permettre le mûrissement des fruits, et non du fait qu'elles craignent particulièrement le froid.

Eden Raisins roses très sucrés. La plupart des vignes à raisins roses ont des fruits qui mûrissent trop tardivement pour prospérer dans les régions de zone 5. Il peut arriver, certaines années, qu'il n'y ait même pas de récolte. Les raisins ne continuent pas à mûrir une fois cueillis. Il est donc préférable de planter ces vignes dans des régions classées zone 5b plutôt que zone 5a.

Fortin Variété à raisins bleus qui pousse dans la région de Montréal, provenant en grande partie de vignes sauvages mais qui donne un bon vin. Ces vignes n'ont pas besoin de protection hivernale dans les régions classées zone 5 et valent l'essai dans les régions plus froides encore. Comme on n'en trouve pas dans toutes les pépinières, il peut être nécessaire de s'adresser à des associations de producteurs viticoles.

Geneva 17074 Variété hybride américaine à raisins blancs qui mûrissent à la fin de septembre. Bons fruits mais en faibles quantités.

Himrod Raisins blancs sans pépins qui mûrissent à la fin de septembre.

Tissier-Ravat 578 Meilleurs raisins blancs en zone 5. Ces vignes ont besoin de protection hivernale.

LES GROSEILLES

Les petits fruits appartenant au genre *Ribes,* dont les groseilliers à grappes (gadelliers), cassissiers et grosseilliers épineux (à maquereau), sont des plantes riches d'une longue histoire en Europe. On les connaît beaucoup moins de ce côté-ci de l'Atlantique. Les groseilles à maquereau existent en différents tons de jaune-vert et de rose. On peut les manger fraîches, les congeler, en faire des confitures, des tartes ou autres desserts. Les groseilles à grappes, quant à elles, peuvent être rouges (gadelles), mauves, ou noires (cassis). Les cassis sont les plus recherchés pour leur saveur; on en fait des jus, des confitures, du vin, des tartes, etc. Elles contiennent beaucoup de vitamine C et de fer. La variété à fruits rouges convient plutôt pour les gelées et les confitures.

Comme c'est le cas pour tous les petits fruits, la préparation du sol est importante et cela vaut la peine d'y consacrer tous les efforts requis. Les plantes du genre *Ribes* prospèrent dans un nombre varié de sols, encore qu'il soit préférable de les planter en terrain riche en argile, frais, humide mais bien drainé. En sol sablonneux, il faut s'assurer de bien pailler et d'arroser correctement. Fertilisez le sol avec du compost, du fumier bien décomposé, de l'os moulu et du Sul-Po-Mag. Plantez les groseilliers, comme les autres arbustes du même genre, en touffes isolées ou en rangs séparés par 2 mètres au moins. À l'intérieur des rangs, laissez au moins 150 cm entre les arbustes. Ne sélectionnez que des plants robustes, au système radiculaire solide, en période de dormance et âgés d'un ou deux ans. Comme il se doit, évitez de laisser sécher les racines au soleil ou au vent, et trempez-les dans une solution aux algues marines avant de planter. Placez les arbustes à une profondeur légèrement supérieure à celle où ils se trouvaient à l'origine, étalez les racines et couvrez délicatement de terre. Comprimez légèrement la terre en faisant attention de ne pas abîmer les petites racines. Réduisez les tiges du tiers de leur longueur et arrosez les plants. Pincez les bourgeons qui apparaissent la première année.

Les arbustes du genre *Ribes* donnent beaucoup de fruits dès la troisième année. Une fois la fructification entamée, ils produiront plus de bois que nécessaire. Comme les cassissiers donnent les meilleurs fruits sur le bois de l'année, il faut tailler en conséquence. Au lieu d'étêter les branches, il est préférable de limiter le nombre de branches en coupant les plus vieilles et ce, dès la troisième année. Gardez de dix à douze sarments sains âgés d'un an, et deux sarments de deux ans sur lesquels se trouvent de nombreuses pousses nouvelles. Les groseilliers à fruits blancs ou rouges, de même que les groseilliers à maquereau, donnent des fruits sur les sarments de deux ou trois ans. En taillant, conservez trois ou quatre sarments d'un, deux et trois ans. Enlevez chaque année tout le bois qui a plus de trois ans.

Les groseilliers comptent parmi les petits fruits les plus rustiques qui soient. Ils supportent bien le climat des régions classées zone 1b, encore qu'il existe des variétés un peu plus sensibles. Les jardiniers qui habitent des régions froides—ceux des Territoires-du-Nord-Ouest, du Yukon et de l'Alaska par exemple—, peuvent les planter avec de bonnes chances de succès. Dans les endroits protégés des grands froids, ces arbustes peuvent prospérer dans des régions classées zone 0, c'est-à-dire à proximité du cercle arctique! Quand on connaît la bonne saveur des fruits et leur teneur en vitamines, on ne peut qu'espérer qu'ils soient plantés en quantité toujours plus grande en Amérique du Nord.

Tous les groseilliers sont sensibles au mildiou, maladie cryptogamique qui attaque les feuilles et le sommet des branches. Les fruits aussi peuvent être atteints mais il est facile de contrôler l'infection avec des vaporisations de soufre. Toutes les espèces du genre *Ribes* sont sensibles à l'anthracnose, ou maladie des taches sur les feuilles, provoquée par un champignon. Dans ce cas, les feuilles jaunissent et tombent prématurément, réduisant sensiblement la vigueur de l'arbuste. Ce champignon passe l'hiver dans les feuilles mortes, qui doivent donc être brûlées à l'automne. L'été, on peut enrayer l'attaque en vaporisant les plants avec du soufre. La maladie la plus fréquente chez les groseilliers est la rouille, qui se manifeste par l'apparition de pustules vers la fin de l'été. Si la maladie ne met pas la vie de l'arbuste en péril, elle handicape beaucoup sa bonne croissance. Dans certaines régions, il est illégal de planter les arbustes atteints ou d'en vendre les fruits. Là où la loi n'intervient pas, on devrait les planter avec précaution, en laissant au moins 300 mètres entre ces plants et les groseilliers sains.

Il y a quelques insectes qui s'attaquent aux groseilliers. Les tenthrèdes déposent leurs oeufs sur les feuilles. Les larves se développent sur les jeunes pousses, dont elles se nourrissent, laissant des traces nettement visibles. Au moment de la taille, coupez toutes les branches qui donnent les moindres signes d'infestation. Les groseilles rouges (gadelles) sont particulièrement sensibles aux **aphidés,** les pucerons vrais, dont la prolifération est heureusement limitée, le plus souvent, par leurs prédateurs. De légères vaporisations de savon insecticide ou de roténone suffisent

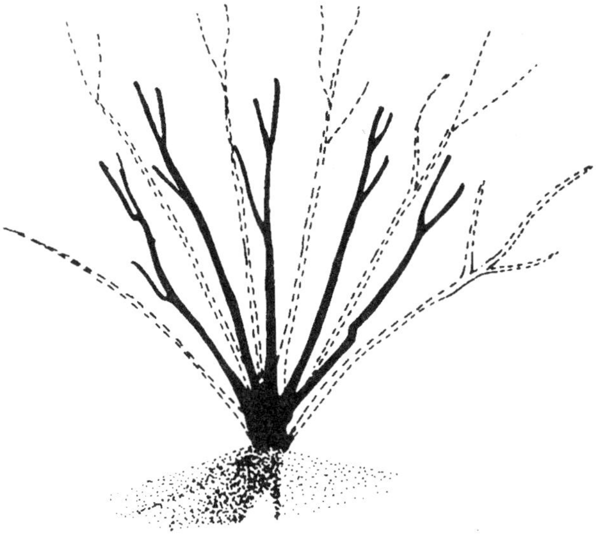

Bonne taille

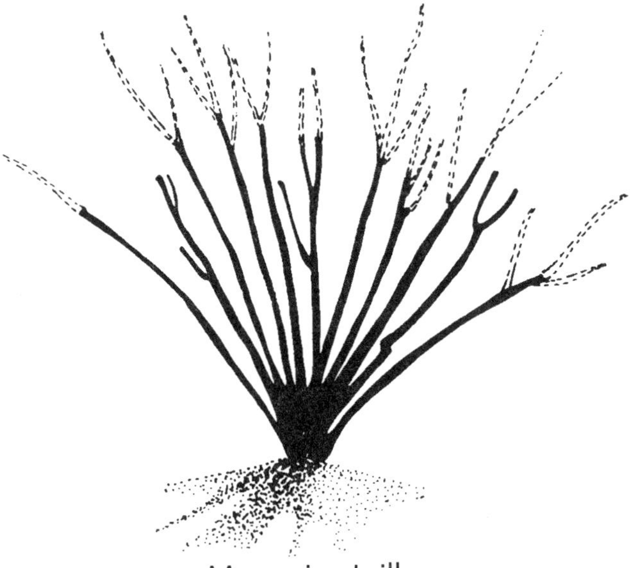

Mauvaise taille

Figure 10 : Taille des groseillers.

à contrôler toute infection sérieuse. La **mouche du groseillier** peut aussi causer des dommages aux fruits qui mûrissent prématurément, surtout sur les variétés qui mûrissent tard en saison. Si l'on ne ramasse ni ne détruit les fruits atteints, les insectes passeront l'hiver dans le sol et le problème se présentera à nouveau l'année suivante. Des vaporisations de roténone juste après l'éclosion des fleurs enrayera le mal. La chenille noire, blanche et jaune de la **Tenthrède du groseillier** se nourrit des feuilles et peut rapidement défolier un arbre. Lorsque les chenilles ne sont pas trop nombreuses, enlevez-les à la main; dans le cas contraire, traitez les arbustes à la roténone ou utilisez tout autre insecticide afin d'éviter que l'infestation ne tourne au drame.

LES VARIÉTÉS DE GROSEILLIERS À MAQUEREAU

Abundance Fruit rond de taille moyenne, rose tirant sur le mauve lorsque mûr. Variété extrêmement productive et rustique.

Captivator Gros fruit qui pousse sur un bois sans épines. Ces arbustes résistent bien au mildiou.

Clark Très gros fruit jaune verdâtre qui devient rouge une fois mûr. De bonne qualité, facile à cueillir. Ces arbustes résistent au mildiou mais ne sont pas très rustiques.

Como Gros fruit oblong jaune verdâtre à chair verte, sucrée et juteuse. Ces arbustes sont très productifs et résistent à la tavelure et au mildiou.

Fredonia Arbuste de type anglais aux fruits à peau rouge foncé. Fruits de très bonne qualité qui supportent le transport et se conservent longtemps après la cueillette.

Ces arbustes résistent au mildiou mais ne sont pas très rustiques.

Pankiw Fruit vert de grosseur moyenne, de bonne qualité. Ces arbustes, originaires de Hongrie, sont exceptionnellement rustiques. Ils poussent bien dans les sols lourds; les fruits mûrissent tôt.

Pixwell Fruit de grosseur moyenne, vert puis virant au rose en mûrissant. Ces arbustes sont très rustiques. Ils ont peu d'épines. Les fruits sont faciles à cueillir et se prêtent bien à la cuisson.

Thoreson (Aussi connu sous le nom de *Pembina)* Fruit moyen ou gros, de couleur verte. Ces arbustes sont très rustiques et ont très peu d'épines. La qualité des fruits est acceptable et les plants donnent beaucoup. Ces fruits se conservent très bien.

VARIÉTÉS DE GROSEILLIERS À GRAPPES

FRUITS ROUGES (gadelles)

Cascade Fruit plus gros que ceux de la variété Red Lake et qui mûrissent une semaine plus tôt. Ces arbustes donnent des récoltes abondantes et sont vigoureux, mais aussi sensibles à la tavelure. Les fruits ne doivent pas être laissés sur les plants lorsqu'ils sont mûrs.

Perfection Fruit rouge vif d'excellente qualité et à saveur douce. L'une des variétés les plus courantes, cultivée depuis longtemps. Ces arbustes donnent de bonnes récoltes et sont très rustiques.

Prince Albert Fruit assez gros, de bonne qualité. Ces arbustes sont vigoureux et rustiques, très productifs et résistent bien aux attaques des pucerons.

Red Lake Gros fruit de qualité, aussi bon que ceux de la variété Perfection. Convient bien pour les gelées. Mûrit tard. Ces arbustes donnent des récoltes abondantes.

Viking (Aussi connu sous le nom de *Rød Hollandsk)* Fruit rouge, qui mûrit en fin de saison. Cette variété est originaire de Norvège. C'est la seule qui ne soit pas attaquée par la rouille.

FRUITS BLANCS

White Imperial Fruit de grande qualité, bon à manger cru mais aussi à cuire; il donne une gelée rose pâle. Ces arbustes sont extrêmement rustiques et donnent des récoltes abondantes.

FRUITS NOIRS (cassis)

Consort Fruit parfumé qui mûrit tardivement. Cette variété est autofertile et ne requiert pas de pollinisation par les insectes. Elle résiste à la rouille.

Coronet Fruit ressemblant à ceux des variétés les plus communes. Les arbustes résistent toutefois à la rouille.

Crusader Variété jumelle de Coronet; résiste à la rouille.

Laleham Beauty Variété à double récolte. La première se produit tôt en saison, puis est suivie d'une seconde récolte, quelque deux semaines plus tard.

Topsy Gros fruit à chair ferme. Mûrit tôt. Ces arbustes sont très vigoureux et productifs. Ils conviennent parfaitement à la cueillette mécanisée.

Willoughby Variété remarquable originaire de Saskatchewan, extrêmement rustique. Fruit de bonne grosseur et de grande qualité. Ces arbustes résistent au mildiou.

LES BLEUETS

Les bleuets — aussi appelés «myrtilles» dans les vieux pays — sont les seuls fruits qui semblent mieux prospérer dans des sols pauvres. Le sol parfait doit être acide (avec un pH de 5 ou moins encore), et sablonneux de préférence. Il vaut mieux que le sol ne contienne pas trop de matières nutritives parce que celles-ci favoriseront la croissance des plantes qui nuisent aux bleuets. À l'inverse, il faut que le contenu en matières organiques soit élevé. Le niveau hydrostatique devrait être à 40 cm au moins sinon les plants risquent de suffoquer. Il existe deux sortes de bleuets: le bleuet en corymbe— ou bleuet géant —, *Vaccinium corymbosum,* et le bleuet nain, *Vaccinium angustifolium.* Chaque type a ses propres caractéristiques, ses besoins sur le plan de la taille de sorte qu'on ne peut donner sans discernement les mêmes conseils pour tous les plants.

Les bleuets en corymbe

Dans les régions les plus chaudes de l'Amérique septentrionale, on trouve de grandes plantations de bleuets en corymbe, quand les qualités du sol sont appropriées. Parce que ces plants ont des systèmes radiculaires faibles, avec un petit nombre de radicelles, ils manquent facilement d'eau. Les meilleures récoltes viennent des plants en terrain sablonneux où le niveau hydrostatique est près du sol. Il est facile d'abîmer les racines pendant le transport ou en utilisant des engrais chimiques.

Les plants de bleuets poussent un peu comme les groseilliers à grappes à cette différence près que les sarments restent productifs beaucoup plus longtemps. Les plants se renouvellent au sommet et il faut enlever à chaque taille le bois le plus vieux.

Comme il est recommandé pour tous les autres petits fruits, cela vaut la peine de bien préparer le terrain un an avant la plantation. Ne chaulez surtout pas un terrain destiné aux bleuets. Essayez d'éliminer toutes les mauvaises herbes. Il devrait y avoir au moins 3 mètres entre chaque rang de plants, puis de 1,5 à 2,5 mètres entre les plants eux-mêmes. Plantez les arbustes de deux ans tôt au printemps s'ils sont assez vigoureux. Prenez particulièrement soin de ne pas faire sécher les fragiles racines. Plantez les arbustes un peu plus profondément qu'ils ne l'étaient dans leur terrain d'origine. Arrosez abondamment. Ne donnez pas de fertilisant pendant les six premières semaines puis, par la suite, n'en administrez qu'en petites quantités. Le compost représente le meilleur apport en matières nutritives et organiques.

Les bleuets ont peu besoin d'être taillés pendant les deux premières années. Il suffit alors d'enlever les branches cassées, abîmées ou trop faibles pour prospérer. Sur les plants plus vieux, enlevez tout le bois mort ou abîmé, de même que les branches basses qui courent sur le sol au lieu de croître en hauteur. Il vaut mieux enlever la plupart des petites branches pour laisser la place aux pousses les plus vigoureuses. Les vieilles pousses ne devraient pas être conservées à partir du moment où elles perdent de leur vigueur.

Les bleuets en corymbe demandent une longue saison de végétation. Dans les régions classées zone 4b ou moins, la culture ne peut être qu'expérimentale. La rigueur des hivers peut représenter une sérieuse difficulté, encore qu'il y ait des variétés clairement identifiées comme très rustiques. Il semble que les blessures du bois sont moins fréquentes quand les froids de l'hiver viennent graduellement, et l'inverse quand le mercure chute soudainement. Rares pourtant sont les bleuets de ce type qui sont gênés par des froids de -25°C en janvier. Néanmoins, des températures comparables en novembre ou en mars présenteraient un risque élevé de dommages, le plus souvent mortels pour les plants. Une fois que les températures ont baissé à -35 ou -40°C, quelques degrés de plus ou de moins ne font plus de différence et le mal est fait. Toute fois, une température de -30 ou -35°C peut être tolérée si la baisse du mercure a été suffisamment graduelle et que le bois a eu le temps de durcir. Si vous plantez des bleuets en corymbe dans des régions susceptibles de connaître des baisses rapides de la température, attendez vous à devoir replanter tous les cinq ans environ!

Les bleuets nains

Les bleuets nains sont beaucoup plus rustiques que les variétés en corymbe. Ils se multiplient par rhizomes. Dans les plantations commerciales, on taille de façon radicale en brûlant tous les plants une fois tous les deux ans. Les régions qui produisent le plus de bleuets au Canada sont situées dans la zone 2a; là, à l'état naturel, on trouve des plantations couvrant 100 hectares et même plus; il suffit que les propriétaires entretiennent les plants pour que la production soit abondante.

On ne taille pas les bleuets nains de la même façon qu'on taille les bleuets en corymbe parce que les premiers donnent des fruits sur le bois de l'année précédente. Au cours de la troisième année après la plantation, et tous les deux ans par la suite, il faut couper les plants au ras du sol avant la floraison. La taille biennale rajeunit les plants et favorise une bonne croissance végétative. Évidemment, les plants ainsi taillés ne donnent pas de fruits cette année-là mais la récolte de l'année suivante est d'autant plus abondante. Si vous divisez donc la plantation en deux parties égales, taillant chacune d'elles alternativement, vous aurez toujours la moitié des plants qui produiront en bonne quantité chaque été.

Si vous n'avez pas de terrain où les bleuets poussent à l'état naturel, il est toujours possible d'établir une plantation. Toutefois, si vous transplantez des plants prélevés dans la nature, prenez particulièrement soin de ne pas abîmer les racines. Elles sont très petites et risquent facilement de sécher. Plantez les bleuets sauvages en rangs distants d'un mètre, en laissant 50 cm entre les plants. Enfoncez-les de 5 à 7 cm de plus dans le sol de sorte qu'ils émettent de nouvelles racines. Si vous savez être patient et que vous avez la «main», vous pourriez greffer des tiges prélevées sur des bleuets sauvages qui donnent bien sur des pieds de variétés cultivées. On peut aussi reproduire les bleuets par semis. L'ennui, c'est que chaque plant est génétiquement différent de ses parents, ce qui vous obligera à attendre qu'il donne ses premiers fruits pour en connaître la valeur.

Les **asticots** sont à peu près les seuls ennemis des bleuets nains. Ce sont les mêmes vers qui s'attaquent aux pommiers et on traite les plants atteints de la même façon, si ce n'est qu'il faut suspendre les pièges sur des piquets parce que les branches des bleuets ne sont pas assez solides pour les supporter.

LES VARIÉTÉS DE BLEUETS EN CORYMBE

Bluecrop Fruit plus savoureux que la moyenne. Mûrit à la mi-saison. Ces bleuets sont assez rustiques et donnent des récoltes assez importantes. Ils résistent à la sécheresse.

Burlington Petit fruit de bonne qualité qui se conserve bien et supporte le transport. Ces bleuets sont assez rustiques et fructifient très tard en saison.

Collins Fruit plutôt gros, très savoureux. Mûrit très tôt. Cette variété est la plus rustique de toutes. Elle est originaire du Vermont, où elle fut créée au cours des années 1960.

Herbert Très gros fruit de bonne qualité. Floraison tardive. Les fruits tiennent cependant bien sur les plants. Ces bleuets sont très rustiques et donnent de bonnes récoltes.

Ivanhoe Gros fruit, bon à excellent quant à la saveur. Cette variété est assez rustique et mûrit à la mi-saison. Elle est sensible au chancre.

Jersey Fruit de grosseur moyenne qui se conserve bien. À peine bon comme dessert. Mûrit en fin de saison. Cette variété est rustique et très productive.

Meader Gros fruit de qualité exceptionnelle. N'éclate pas, ne tombe pas, ne s'amollit pas quand le temps est très chaud. Cette variété donne de bonnes récoltes et est assez rustique.

Northland Variété rustique obtenue par croisement entre une espèce en corymbe et un bleuet nain. Fruit mûr à la mi-saison, savoureux. Ces bleuets sont de petite taille et la neige suffit à les protéger des rigueurs de l'hiver. Ils dépassent rarement 1,20 m à maturité. Récoltes abondantes.

Pemberton Fruit de grosseur moyenne, bon, sans plus, ayant tendance à éclater quand le temps est humide. Mûrit à la mi-saison. Ces bleuets sont très rustiques.

Rancocas Petit fruit de qualité moyenne qui a tendance à éclater quand le temps est humide. Mûrit tôt. Cette variété est assez rustique.

Wareham Fruit d'excellente qualité. Mûrit très tard. Ces bleuets sont très rustiques mais difficiles à trouver.

VARIÉTÉS DE BLEUETS NAINS

Au centre de recherche agricole du Ministère de l'Agriculture du Canada, à Kentville, en Nouvelle-Écosse, on a créé trois nouvelles variétés améliorées de bleuets nains: Augusta, Chichecto et Brunswick. Malheureusement, il ne semble pas y avoir de pépiniériste qui ait à ce jour décidé de vendre des plants de ces nouvelles variétés.

LES MÛRES

Il existe trois espèces de mûriers en Amérique du Nord. Le mûrier rouge, *Morus rubra,* est une plante indigène d'Amérique. Le mûrier blanc, *Morus alba* est originaire de Chine et fut introduit en Amérique pour l'élevage du ver à soie, projet qui ne donna finalement aucun résultat positif. Le mûrier noir, *Morus nigra,* est originaire du Moyen-Orient. Cette dernière espèce est peu connue; c'est pourtant celle qui a les meilleurs fruits, et de loin, mais qui a un défaut majeur, celui de ne pas être du tout rustique! Ce qui est intéressant quant à cette espèce, c'est qu'elle compte 308 chromosomes —plus que tout autre être, animal ou plante sur terre. À cause de cela, il est à peu près inutile d'espérer que l'on parvienne un jour à créer des hybrides de *Morus nigra* en croisant cette espèce avec des spécimens de mûrier rouge ou blanc, lesquelles n'ont que 28 chromosomes.

Le mûrier blanc donne des fruits insipides. C'est cependant l'espèce la plus rustique. Des chercheurs tentent d'accroître la rusticité de *Morus rubra* en croisant des spécimens avec *Morus alba.* Certaines variétés du mûrier blanc sont rustiques dans les régions de la zone 4b.

Le mûrier rouge est moins rustique que le mûrier blanc, mais évidemment plus résistant que l'espèce à fruits noirs. On connaît un plant âgé de 150 ans au moins dans la région de Postdam, dans l'État de New York; il a survécu au terrible hiver 1980-81, ce qui laisse penser que les scions qu'on en a obtenu devraient être rustiques dans des régions de la zone 4a. Pour en obtenir, il faut écrire à:

St.Lawrence Nurseries,
Road 2,
POSTDAM, N.Y. 13676, U.S.A.

LES KIWIS

Les kiwis vrais, fruits du groseillier de Chine ou «actinies», ne peuvent pousser en région nordique. On trouve toutefois des espèces cousines qui sont beaucoup plus rustiques. *Actinidia arguta* est un arbuste grimpant vigoureux qui peut atteindre 10 mètres de longueur. En Lithuanie, on le cultive pour ses fruits; on en obtient jusqu'à 50 kg par plant. C'est la plante femelle qui porte les fruits, à peine plus grands que des raisins, qui mûris sent au début de l'automne. La peau se mange et la chair vert lime est délicieuse. Ces fruits se conservent bien pendant quatre mois et même plus.

Actinidia kolomikta est un autre arbuste grimpant, moins vigoureux cependant que le précédent. Il dépasse rarement six mètres de longueur. Le fruit est toutefois semblable. La feuille est jolie, tachée de rose et de blanc.

Ces deux espèces d'arbustes ne sont à peu près pas sensibles aux maladies et aux insectes. Il semble qu'ils puissent supporter des températures de l'ordre de -30 à -35°C, ou plus froides encore. Ils devraient supporter les froids des régions classées zone 4. Pour obtenir des plants ou des graines, il faut écrire à:

Steven Breyer,
37 Middle Road, SOUTHAMPTON, Mass. U.S.A.

Lawyer Nurseries,
Route 2, Box 95, PLAINS, Montana 59859 U.S.A.

Figure 11

CHAPITRE 9

Les petits fruits sauvages

Il existe une grande variété de petits fruits indigènes ou semi-domestiques que l'on peut cultiver dans les régions septentrionales. De nombreuses espèces ont fait l'objet de sélections et d'améliorations dans plusieurs régions. Puisque la plupart des plants sauvages sont exceptionnellement rustiques, ils conviennent bien à la culture en région froide. Même si l'on trouve de plus en plus de variétés de petits fruits sauvages dans les pépinières, il en existe encore beaucoup pour lesquelles tout amateur a de bonnes chances de trouver des spécimens particulièrement intéressants en pleine nature.

Il n'y a pas de culture qui soit plus «écologique» que celle des fruits sauvages. Si vous découvrez une espèce sauvage dont les fruits sont comestibles, vous pourrez tenter de la reproduire de façon végétative. N'essayez surtout pas de déplacer le plant car vous risqueriez de le faire mourir; multipliez-le plutôt sur place (voir chapitre 15) et récupérez les scions.

LES AMÉLANCHIERS

L'amélanchier, est aussi appelé «petite poire», ce qui s'explique bien du fait que l'espèce *Amelanchier alnifolia* appartient à la même famille que les pommiers et les poiriers. Il existe d'autres espèces du même genre qui sont indigènes en Amérique du Nord, toutes donnant des fruits comestibles. Les amélanchiers prospèrent jusque dans les régions classées zone 0a et sont donc extrêmement rustiques. Ces fruits étaient fort prisés des Amérindiens de l'Ouest. Les plants poussent dans la plupart des sols et dans des conditions climatiques variées. Ils prospèreront peu toutefois dans des sols mal drainés ou glaiseux qui manquent de matières organiques.

L'amélanchier est un arbuste qui atteint une hauteur de 5 mètres. C'est l'un des premiers arbres à fleurir au printemps, alors qu'il se couvre littéralement de fleurs blanches. Entre le milieu de l'été et l'automne, selon la région, paraissent les baies dont la couleur varie beaucoup, du rouge au mauve et au noir, certaines variétés donnant même des fruits blanc crème. Les fruits peuvent avoir de 5 à 15 cm de diamètre, avec une saveur qui rappelle celle des bleuets. Les baies de l'amélanchier entraient dans la fabrication du pemmican des Amérindiens et servirent aux premiers colons qui s'établirent dans l'Ouest, où leur popularité revient petit à petit. Les baies se mangent crues, cuites en tartes, se conservent bien en boîte ou congelées, et donnent même un bon vin. Les fruits sont plus riches en vitamine C lorsqu'ils ne sont pas tout à fait mûrs et donnent de meilleures gelées. Il est aussi préférable de cueillir tôt pour faire des conserves ou congeler les baies. Lorsqu'elles sont parfaitement mûres, elles contiennent beaucoup de sucre; on en fait alors du vin ou on les mange crues.

On trouve peu de variétés d'amélanchiers dans les pépinières; toutefois, de nombreux cultivateurs ont produit commercialement des plants.

LES VARIÉTÉS

Forestburg Très gros fruit, de piètre qualité néanmoins.

Honeywood Récoltes abondantes quand les arbustes sont jeunes.

Pembina Fruits très savoureux, sucrés; les plants ont à peine 3 mètres de hauteur.

Smoky Gros fruits ronds et charnus, assez sucrés, à saveur plutôt douce. Les plants atteignent 2 à 2,5 mètres de hauteur; il est donc facile de cueillir les baies.

Thiessen Variété à gros fruits, de grande qualité.

LES BAIES DE SUREAU

Le sureau blanc, ou sureau du Canada, *Sambucus canadensis,* est un arbuste qui peut atteindre 3 mètres de hauteur. Très répandu, il est rustique jusque dans les régions classées zone 2. Les feuilles et le bois de cette espèce sont vénéneux mais pas les baies, dont la couleur varie du rouge au violet foncé. Si vous parvenez à cueillir et à manger les fruits avant que les oiseaux ne les aient repérés, vous aurez une bonne source de calcium, de phosphore et de fer, ainsi que de vitamines A et C. Certaines personnes mangent les baies de sureau crues mais on s'en sert plutôt à préparer d'excellentes tartes, des confitures, des jus ou du vin. Leur saveur n'est pas sans rappeler celle des framboises noires.

Le sureau blanc pousse bien dans un terreau léger mais peut prospérer en terrain bien plus humide que la plupart des petits fruits. Il est rarement infesté d'insectes ou atteint de maladies. Il existe plusieurs variétés interfécondes. Les suivantes comptent parmi les meilleures.

LES VARIÉTÉS

Kent Grosses baies qui mûrissent tôt.

Nova Baies très sucrées. Mûrissent tôt et en un court laps de temps. Ces sureaux donnent beaucoup de fruits.

Scotia Variété semblable à Nova.

York Très grosses baies juteuses mais à saveur moins prononcée que celle de la plupart des autres variétés.

LES CANNEBERGES

Les canneberges appartiennent à la même famille que les framboises noires. Elles sont d'ailleurs tout aussi rustiques. (D'une espèce de canneberge, les botanistes font un sous-groupe du genre *Vaccinium,* que nous présentons à la section traitant des viornes.) Dans les régions sèches où poussent les canneberges, on trouve surtout des plants de la variété qu'on appelle communément **airelle vigne d'Ida,** *Vaccinium vitisidaea* L. Cette plante pousse rarement dans des régions plus chaudes que celles de la zone 4a et convient bien aux terrains montagneux. Il y a des gens qui préfèrent ces canneberges à celles qu'on trouve dans le commerce.

La grande canneberge, *Vaccinium macrocarpon,* aussi appelée airelle à gros fruit, est commune dans toute l'Amérique du Nord. On la cultive commercialement dans la région de Cape Cod, au Massachusetts. Cette espèce est extrêmement rustique et produit bien même si l'été est très frais et la saison particulièrement courte. On peut acheter des plants chez St.Lawrence Nurseries, à Postdam, dans l'État de New York; il est difficile de connaître la ou les variétés dont il s'agit, mais l'espèce sauvage est souvent meilleure que les autres canneberges commerciales. Si vous disposez d'un terrain marécageux où l'eau coule très lentement, vous pourriez sans doute y établir une plantation de grandes canneberges. Il leur faut du soleil mais surtout un endroit où elles n'auront jamais les racines au sec.

LES PRUNES SAUVAGES

Il existe trois espèces de pruniers sauvages indigènes en Amérique du Nord. Elles se ressemblent toutes mais varient en rusticité. Le **prunier maritime,** *Prunus maritima,* pousse sur le bord de mer au nord de la Nouvelle-Angleterre et dans les Provinces maritimes. Il est rustique dans les régions de zone 4 et peut prospérer à l'intérieur des terres. La couleur du fruit varie du rouge jaunâtre au bleu et il a 30 mm de longueur. Bien que la chair soit un peu farineuse, ces prunes sauvages ont bonne saveur; on peut en faire des confitures. Le **prunier d'Amérique,** *Prunus americana,* est rustique en zone 3 et a servi de parent à plusieurs hybrides nord-américains dont nous avons parlé au chapitre 6. Le fruit a 30 mm de longueur, est rouge orangé, assez juteux; la chair peut être plus ou moins sucrée ou amère selon l'arbre. Le **prunier noir,** *Prunus nigra,* est le plus rustique des pruniers. Ce n'est pas une plante indigène du Canada (bien que son nom anglais, *Canada plum,* puisse le laisser penser) mais elle supporte bien le climat du pays jusque dans les régions de zone 2. Cette espèce aussi a servi de parent à plusieurs hybrides américains. Les fruits sont rouge orangé, ont 25 mm de longueur et une chair farineuse. En général, la peau est astringente et la chair est amère près du noyau mais on peut en trouver à chair sucrée et juteuse. Tous les pruniers sauvages sont sensibles aux mêmes insectes et aux mêmes maladies que les pruniers cultivés.

LES CERISES SAUVAGES

Les cerisiers sauvages comptent parmi les plantes indigènes les plus rustiques de l'Amérique du Nord. Les fruits sont le plus souvent acides, la chair astringente mais riche en vitamines et minéraux. Le **cerisier de Pennsylvanie,** *Prunus pensylvanica,* est rustique dans les régions de zone 0a. Chaque fruit est porté par une longue tige; il est petit et sa chair est acide mais on peut le faire bouillir pour préparer du jus ou des gelées. Le **cerisier de Virginie,** *Prunus virginiana,* est rustique dans les régions de zone 0b et pousse partout en Amérique au dessus du 40e parallèle. Les fruits poussent en grappes lâches de 5 à 7 (d'où le nom commun de cerisier à grappes) et sont presque noirs lorsqu'ils mûrissent. Ils sont très amers mais font pourtant de délicieuses gelées. Le **cerisier des sables,** *Prunus besseyi,* est un arbuste bas qui donne des fruits de 12 mm de diamètre. On connaît surtout les hybrides, dont *Hansen,* créé au Dakota du Nord. Les variétés *Hans* et *Fritz* poussent dans le nord de l'Alberta et sont plus rustiques cependant, donnant des fruits plus sucrés. Il faut qu'il y ait deux variétés distinctes pour assurer la pollinisation. La variété *Hansen* est rustique dans les régions de zone 3a, tandis que les variétés albertaines supportent les climats de la zone 2a, et même celui de la zone 1b si les plants sont abrités.

LES ÉGLANTIERS

Il existe de nombreuses espèces de rosiers sauvages indigènes en Amérique du Nord dont les fruits sont comestibles. Les fruits, qui ont de 1 à 5 mm de diamètre, sont composés d'une écorce charnue entourant les akènes, une masse de fines graines. Les églantiers, rosiers qu'on cultive pour leurs fruits plutôt que pour leurs fleurs, sont assez rustiques et leurs fruits ont une bonne valeur nutritive. Plus la plante pousse au nord, plus ses fruits sont riches en vitamine C.

Les fruits peuvent être séchés, mangés crus ou en gelées; on peut en faire du jus ou même des tartes à condition de les mélanger avec d'autres fruits. Le principal ennui vient des graines. Bien qu'on puisse faire cuire les fruits pour les réduire en purée, certaines gens exècrent l'odeur qu'ils dégagent en cuisant. Prenez soin de mettre les fruits dans l'eau bouillante et non de les faire cuire graduellement, car ils perdraient leur vitamine C; l'enzyme responsable de cette élimination est inactive à la température de l'eau bouillante. En cultivant un bon nombre de plants, vous aurez non seulement un parterre couvert de fleurs à fragrance délicate mais vous réduirez aussi, si vous consommez les fruits, votre dépendance des agrumes importés des chauds États du Sud. (Les fruits contiennent environ 30 fois plus de vitamine C qu'une orange!) Les quatre meilleures espèces d'églantiers sont rustiques dans les régions de zone 3.

LES ESPÈCES

Rosa pomifera Très gros fruit pouvant atteindre 40 mm de diamètre. Ces églantiers sont rustiques en zone 3.

Rosa rugosa Fruit charnu qui contient moins de graines que les fruits des autres espèces. Ces églantiers sont rustiques en zone 3.

Rosa blanda Églantier rustique dans les régions classées zone 2, appelé communément rosier inerme.

Rosa acicularis Églantier rustique dans les régions classées zone 0 et qui supporte même le climat des régions nordiques encore plus froides. Appelé communément rosier aciculaire.

LES AUBÉPINES

Les aubépines portent le nom commun de cenellier; il en existe une centaine d'espèces indigènes sur tout le continent nord-américain. Il est souvent très difficile de faire la différence entre les unes et les autres. La plupart d'entre elles sont rustiques dans les régions de zone 2 et atteignent une hauteur de 3 à 5 mètres. La couleur des fruits va du jaune orangé au rouge foncé. Leur saveur est encore plus irrégulière, variant d'une plante à l'autre. Certains fruits sont très acides, d'autres sont doux, farineux ou juteux. Prenez la peine de cueillir les fruits s'il y a des plants dans votre région. Vous risquez d'être déçu la plupart du temps, mais le peu de bonnes découvertes que vous ferez en vaudront quand même la peine. Si vous trouvez un plant aux bons fruits, vous pourrez facilement le multiplier. Le seul fait même que ce soit des arbustes décoratifs suffira à vous payer de vos peines, d'autant plus que vous ferez plaisir aux oiseaux du voisinage. Cependant, l'aubépine est un véritable nid à maladies et à insectes auxquels les pommiers et les poiriers sont sensibles. Il faut détruire tous les plants qui poussent à moins de 300 mètres d'une plantation de ces arbres fruitiers, à moins de les traiter en même temps que les arbres du verger.

LES SORBIERS D'AMÉRIQUE

De la douzaine d'espèces de sorbiers d'Amérique, ou cormiers, qui poussent sur le continent, il n'y en a que deux ou trois qui peuvent être cultivées. Le **sorbier d'Amérique,** *Sorbus americana,* est rustique dans les régions classées zone 1a et peut atteindre une hauteur de 10 à 15 mètres dans les régions plus chaudes. Les fruits ont de 5 à 10 mm de diamètre, poussent en corymbes et font particulièrement le délice des oiseaux. L'espèce *Sorbus aucuparia* var. *edulis* pousse jusqu'aux latitudes des forêts boréales, dans les régions de zone 0a. Les fruits sont plus gros que ceux de l'espèce précédente mais aussi plus acides. Les meilleurs fruits proviennent du **sorbier européen,** *Sorbus aucuparia,* qu'on cultive dans le nord de l'Europe et dont les fruits sont utilisés pour faire des conserves, des confitures, des gelées et des tartes. Aux États-Unis, il n'y a que chez St.Lawrence Nurseries, à Postdam, qu'on peut obtenir des plants de l'espèce.

Les oiseaux sont friands des baies et quiconque veut les attirer aurait intérêt à les cultiver ne serait-ce que pour cette seule raison. La teneur en sucre des fruits augmente après un sévère coup de froid s'il est suivi de plusieurs jours de temps doux. Dans ce cas, les fruits peuvent même fermenter. Il arrive alors que des oiseaux, après avoir mangé les baies, soient trop ivres pour voler! Malheureusement, les sorbiers d'Amérique sont extrêmement sensibles à la brûlure bactérienne. À tenir loin des autres arbres fruitiers.

LES VIORNES

Les viornes appartiennent à la famille du chèvrefeuille. L'espèce la plus connue est sans contredit le **pimbina,** *Viburnum trilobum,* l'un des petits fruits les plus rustiques. Cette espèce prospère bien jusque dans des régions de la zone 0. Elle se couvre de jolies fleurs blanches au printemps et de baies rouge vif en automne. On peut faire cuire les baies pour en extraire un jus très amer; la chair est toutefois si astringente que même les oiseaux ne s'en nourrissent qu'en dernier recours. En vérité, il est préférable de cultiver le pimbina comme plante ornementale, encore qu'il constitue une bonne nourriture de fin de saison pour les oiseaux. Dans le Grand Nord, où c'est une des rares espèces à fruits «comestibles», on la considère avec un certain intérêt et les viornes accompagnent souvent la viande d'orignal ou de caribou.

La **viorne à feuilles d'aulne,** *Viburnum prunifolium,* donne des fruits bleu-noir, ovales à chair blanchâtre farineuse. Cette espèce est rustique dans les régions de zone 4, parfois même en zone 3. La saveur des baies s'améliore après des périodes de gels sévères.

La **viorne lentago,** *Viburnum lentago,* est un arbuste de grande taille qui se couvre de fleurs couleur crème au printemps, puis de fruits noirs comestibles en automne. Les baies sont très bonnes et il est difficile de les cueillir avant que les oiseaux ne les aient toutes mangées. Ces arbustes sont rustiques dans les régions de zone 2.

LES SUMACS

Le sumac vinaigrier, *Rhus typhina,* est un arbuste rustique dans les régions classées zone 3, et parfois en zone 2. Les fruits, couverts d'une pubescence rouge, donnent un jus savoureux qui entre souvent dans la production commerciale de limonade rose. Les feuilles sont remarquables pour la teinte rouge vif qu'elles prennent en automne. Le sumac parvient à prospérer dans des sols pauvres, plus particulièrement dans les sols très secs.

CHAPITRE 10

La lutte contre les insectes

L'époque où le contrôle des insectes consistait à vaporiser des produits chimiques toxiques est définitivement révolue, même dans les grands vergers commerciaux. La baisse des récoltes, le souci du respect de l'environnement et les coûts toujours croissants des produits utilisés ont forcé la modification des stratégies de lutte contre les insectes. De nouveaux concepts ont fait leur apparition. Ce sont les notions de «seuil économique», de planification des arrosages pour qu'ils coïncident avec les périodes de prolifération des insectes, évaluées à l'aide de pièges à insectes, de traitement alternatif des rangs d'arbres fruitiers, de rapport entre les périodes de prolifération des insectes et les degrés-jour, sans compter les réseaux régionaux ou nationaux informatiques qui facilitent la coordination des informations en ce qui concerne l'importance des attaques et des infestations.

Il y a deux facteurs largement responsables de ces changements. Avec le temps et les traitements, plusieurs espèces d'insectes ont développé une certaine résistance aux insecticides. Par ailleurs, de nouvelles espèces d'insectes ont proliféré *à la suite* de traitements avec certains produits chimiques qui ont réduit le nombre de leurs prédateurs, ou à cause de pratiques culturales particulières. Tandis que les prix des fruits restaient relativement bas, les traitements aux pesticides ont sans cesse augmenté, dépassant maintenant largement le seuil des 100$ par hectare. Rares sont les producteurs fruitiers qui accepteraient de payer un tel prix pour vaporiser leurs arbres à moins qu'ils n'aient non seulement la certitude que leur verger est infesté, mais que l'attaque ait atteint un seuil critique qui justifierait une telle dépense.

Dans bien des régions, les jardiniers sont encore moins soucieux des risques que les pomiculteurs commerciaux. Il y a trop de gens qui, ne possédant que quelques arbres fruitiers au jardin, les arrosent de produits insecticides sans trop suivre les modes d'emploi—et ne parlons pas des conséquences de ces usages aveugles pour la santé et l'écosystème! Les centres de jardinage n'offrent pas toujours des services compétents en la matière, d'autant plus que beaucoup de gens croient encore que tous les insectes sont nuisibles. J'ai même déjà vu un vendeur inexpérimenté, dans un centre du genre, offrir à ses clients un insecticide au phosphate pour lutter contre la tavelure du pommier. On sait que c'est une maladie cryptogamique, c'est-à-dire qu'elle est produite par *un champignon* et non par un insecte. Au point où en étaient les choses, il était de toute façon trop tard, même avec un fongicide, pour enrayer le mal.

La lutte contre les insectes présente un problème persistant pour l'agriculture écologique, et plus encore pour la production fruitière. Un bon nombre de tous les insecticides chimiques utilisés chaque année dans nos vergers le sont pour lutter contre les insectes qui attaquent les pommiers. Les gens s'en remettent sans réfléchir aux insecticides chimiques parce qu'ils croient encore que les insectes sont nécessairement nuisibles. Rien n'est plus faux pourtant. Des études menées en Nouvelle-Écosse ont démontré qu'il n'y avait que 5% des insectes repérés dans un verger non traité qui pouvaient être considérés comme nuisibles. Un nombre additionnel représentant 9 % bénéficiaient au verger. Restent alors 86 % des insectes dont la présence contribuait simplement à l'équilibre écologique de l'endroit.

Dans ce livre, il n'est pas dans notre propos de faire une étude entomologique serrée, non plus d'offrir une véritable encyclopédie aux grands producteurs fruitiers. Les thèmes que nous abordons dans ce chapitre serviront au producteur commercial qui possède plusieurs hectares de verger, tout comme au jardinier amateur qui n'a que quelques arbres. Les jardiniers amateurs, comme la plupart des petits pomiculteurs, surtout s'ils en sont à leurs débuts, sont souvent handicapés par leur manque d'expérience. Ils ont cependant l'avantage de pouvoir adhérer aux idées de la culture écologique dès leurs débuts. Aucun auteur ne peut prétendre faire le tour de la question de la lutte contre les insectes en quelques pages; contentons-nous donc de conseils pratiques, tout en soulignant quelques points importants.

La lutte écologique contre les insectes repose sur un principe simple. Il s'agit de déterminer s'il faut effectivement lutter ou non contre une espèce donnée d'insectes, quand faut-il le faire et de quelle façon. On peut lutter contre les insectes avec des moyens culturaux, physiques, biologiques et chimiques, ces derniers cependant ne devant être utilisés qu'en dernier ressort. L'un des livres les plus utiles sur le sujet a été publié aux États-Unis et nous le recommandons à tous ceux pour qui la langue de Shakespeare ne présente pas de difficulté insurmontable. Il s'agit de *Spraysaver Calendar,* de Steve Page (Box 392, Rockpot, Maine). Dans ce livre, l'auteur précise tous les thèmes que nous aborderons ici. Il y a certaines différences dans l'approche toutefois, puisque Steve Page propose deux programmes de lutte contre les insectes, l'un pour les puristes et l'autre pour ceux qui s'en remettent encore aux produits chimiques, en quantités fort réduites cependant.

Jolie ironie de la nature en ce qui concerne la lutte écologique contre les insectes: certains insecticides chimiques ont moins d'effets négatifs sur certaines espèces fruitières cultivées dans les jardins que des insecticides naturels. Attention cependant de ne pas confondre les adjectifs «naturel» et «écologique», qui ne sont pas synonymes. Il faut connaître le «portrait écologique» d'un produit, c'est-à-dire connaître les effets du produit en rapport avec l'écosystème du verger à traiter. Un insecticide d'usage général comme la roténone a un effet assez important sur l'équilibre écologique, ce qui est loin d'être bien, tandis que *Bacillus thuringiensis* n'a que peu d'effets secondaires, ce qui est préférable. L'ennui, c'est que dans presque toutes les familles d'insectes on trouve des espèces nuisibles et d'autres qui le sont moins ou pas du tout. Lorsqu'on lutte contre une espèce, il arrive souvent qu'on attaque l'autre espèce même quand elle n'est aucunement nuisible. C'est le professeur Stuart Hill, enseignant à l'Université McGill à Montréal, qui a le mieux résumé la situation en écrivant: «Le résultat, c'est qu'on ne peut mettre au point un produit chimique sélectif qui a une valeur *économique* en ne tenant compte que de l'aspect *biologique.»*

Il est difficile, dans un texte comme celui-ci qui doit convenir aux lecteurs de régions fort diverses, d'aborder les problèmes de lutte contre les insectes dans des régions précises. La plupart des bureaux des instances gouvernementales en matière d'agriculture disposent d'informations utiles sur les insectes; par leurs publications et le travail de leur personnel, ils vous seront sûrement utiles dans votre lutte contre les insectes. De nombreux fonctionnaires ont consacré plusieurs années à leurs recherches pour mettre au point des méthodes alternatives de lutte. Il serait faux de croire que tous les fonctionnaires, fussent-ils engagés par les gouvernements fédéral ou provinciaux ou par les universités, ne jurent que par les méthodes traditionnelles de lutte contre les insectes.

Il est aussi difficile de faire le lien entre les infestations et les périodes où une espèce d'insectes prolifère plus particulièrement. Cela dépend largement des conditions climatiques de chaque région. C'est pourquoi, quand c'est possible, on tient compte de la chaleur accumulée, exprimée en degrés-jour au-dessus de 5° C. Une espèce d'insectes pourrait apparaître dès la fin d'avril en Iowa, par exemple, et en mai au Manitoba alors que le calcul des degrés-jour donnera les mêmes résultats dans les deux cas. L'un des meilleurs moyens d'entreprendre une lutte efficace aux insectes nuisibles, c'est d'acheter un thermomètre de qualité, enregistrant les températures minimale et maximale atteintes par période de 24 heures. Avec une carte des températures et des précipitations mensuelles comme celle que nous avons vue au chapitre 2, vous parviendrez à mieux contrôler la multiplication des insectes dans votre verger. Le formulaire du Département américain de l'Agriculture appartient au domaine publique et vous pouvez le reproduire sans craindre de violer un quelconque droit d'auteur.

Il est facile de calculer les degrés-jour en autant que les températures maximale et minimale soient toutes deux au-dessus de 5° C. Au printemps, il est évident qu'il arrive souvent que les maxima soient supérieurs, mais les minima largement inférieurs à ce niveau. Puisque la température, au cours d'une journée de printemps où les maxima et

DEGRÉS-JOUR

Pour calculer les degrés-jour, dans la plupart des cas, il suffit d'additionner la plus haute et la plus basse température de la journée, de diviser par 2 pour obtenir la moyenne, puis de soustraire 5°. Si les températures ont été de 18° et de 10° C, par exemple, la moyenne est de 14° et le résultat donne 9 degrés-jour, selon la formule suivante:

DJ = [(Max+Min)/2] -5° C

minima étaient de 10° et de -10° C, par exemple, a dépassé le seuil des 5°, le résultat ne sera pas nul et il s'accumulera quelques degrés-jour même si la moyenne est inférieure au seuil minimal.

LES ÉLÉMENTS DE BASE

La lutte écologique contre les insectes a certaines exigences qui prévalent quels que soient les espèces d'arbres traités ou les insectes à éliminer. Il ne s'agit pas de principes qui visent une espèce d'insectes en particulier; il s'agit plutôt de prévention.

1) **Maintenir ou améliorer la fertilité du sol.** À réaliser en augmentant le contenu du sol en minéraux et en matière organique.

2) **Contrôler les insectes** partout où c'est possible et améliorer la santé des arbres en leur donnant les éléments nutritifs dont leur feuillage a besoin pour rester sain.

3) **S'assurer de la diversité des plantes** dans les environs du verger de sorte que les insectes *utiles* soient attirés. Le sarrasin, les carottes et le cumin, par exemple,

servent de nourriture et même d'habitat à de nombreux insectes utiles.

4) **Maintenir un niveau de propreté irréprochable au verger.** Pour cela, il faut:
a) couper et brûler tout le bois mort, cassé ou atteint de maladies;
b) nettoyer les blessures et protéger les arbres, tailler toujours avec précautions et prendre un soin particulier de toute branche taillée de plus de 5 cm de diamètre;
c) retirer, sans attendre, tous les fruits qui sont tombés (ils peuvent servir de nourriture pour le bétail); ne les utilisez pas pour le compost car vous ne parviendrez probablement pas à vraiment détruire toutes les larves d'insectes;
d) enlever les morceaux d'écorce déchirés afin que les insectes ne puissent s'en servir comme abri;
e) entretenir le sol sous l'arbre pour faciliter la cueillette des fruits tombés; laisser des zones d'herbe longue dans le verger, mais pas sous les arbres, car avec leurs fleurs sauvages, ces îlots attireront les insectes utiles;
f) entretenir le verger même en hiver en l'inspectant et en taillant au besoin, en détruisant les abris des insectes nuisibles chaque fois que c'est possible.

5) **Choisir avec soins le matériel de pulvérisation.** Il est nécessaire de bien calibrer son pulvérisateur et de bien respecter les taux de dilution et d'application des pesticides biologiques, tel que recommandé par le fabricant.

6) **Utiliser des pièges à insectes** au lieu de produits à vaporiser, quand c'est possible, qu'il y ait ou non des insectes.

7) **Apprendre à connaître ses arbres.** Voilà le plus important! Un bon pomiculteur doit savoir observer et déceler d'un coup d'oeil une situation qui est anormale. Chaque fois que se présente une situation d'urgence, le propriétaire est ainsi en mesure d'y répondre sans délai. Pour cela, il faut:

a) acheter une bonne loupe, à lentilles multiples de préférence, pour observer dans les moindres détails;

b) prendre note des observations effectuées et des correctifs apportés;

c) profiter de l'hiver pour accroître son savoir sur la pomoculture et l'entomologie (plus particulièrement en ce qui concerne les cycles de reproduction des insectes nuisibles).

LES PIÈGES À INSECTES

Les pucerons, les acariens et les chenilles sont faciles à déceler par une surveillance régulière parce que ce sont des insectes qui ne se déplacent pas rapidement. Les insectes volants cependant ne trahissent généralement leur présence que s'ils sont capturés, ce qui ne se fait pas toujours avant qu'ils n'aient causé des dégâts importants. Pour les capturer, on utilise des pièges. Ces appâts sont souvent couverts d'une substance extrêmement collante *(Tangletrap)* qui met un terme au vol des insectes qui s'y collent.

Les **appâts physiques** attirent les insectes par leur couleur ou par leur forme. Malheureusement, il arrive souvent que des insectes utiles se prennent dans de tels pièges. Ce genre de piège devrait être installé bien en vue, non pour qu'il soit facilement repérable par les insectes (!) mais plutôt parce qu'il est très désagréable de s'en défaire quand on a foncé droit dessus tête baissée, par exemple!

Le piège qu'on utilise couramment pour la mouche de la pomme consiste en une boule de bois ou de plastique rouge foncé couverte de colle *Tangletrap* (fig. 12). Suspendez les boules rouges à 150 cm du sol trois semaines environ après la chute des pétales. Comptez dix pièges par hectare de verger. Si vous n'avez qu'un coin de jardin domestique, comptez alors quatre à six pièges par arbre. En sortant du stade de la pupe, la mouche femelle adulte volera au piège, qu'elle prendra pour une pomme, pour y pondre ses oeufs. La capture de la première mouche est le signe d'une infestation locale.

Ces pièges attirent habituellement les insectes, soit par leurs couleurs et/ou leurs formes. Par exemple, la boule rouge engluée attire la mouche de la pomme, alors que le rectangle blanc invite la punaise terne ou l'hoplocampe, selon l'emplacement dans le verger.

Les **pièges à phéromone** (fig. 13), qui sont des leurres odorants, imitent l'odeur sexuelle des femelles et attirent donc les mâles. Ces pièges comportent une capsule en caoutchouc imprégné de phéromone, placée dans un contenant en carton englué ou de plastique. Chaque piège peut servir à contrôler les insectes sur une superficie de deux hectares pendant un mois. Ne touchez jamais les capsules avec les mains car vous pourriez ainsi masquer l'effet du phéromone. Selon l'importance de l'infestation, les captures seront plus ou moins nombreuses.

On trouve de plus en plus de types de pièges à phéromone chaque année, au fur et à mesure que les chercheurs percent les secrets des messages sexuels chez les insectes nuisibles qui intéressent le pomiculteur. Il en existe pour la tordeuse à bandes rouges, la tordeuse à bandes obliques, la tordeuse du pommier, la mineuse marbrée, la noctuelle des fruits verts, etc. Plusieurs autres devraient être disponibles dans un avenir rapproché. Si vous tenez à fabriquer vos propres pièges, vous pouvez obtenir le matériel nécessaire en téléphonant aux numéros suivants:

- Bio-Contrôle : tél. : (418) 653-3101, Sainte-Foy
- Agrilus : tél. :(514) 346-1304, Saint-Alexandre
- Solida : tél. : (418) 826-0900, Saint-Ferréol-des-Neiges

Figure 12 : Pièges pour la mouche de la pomme. Rectangle jaune à gauche; boule rouge (flèche), à droite.

Figure 13 : Pièges à phéromone.

LES INSECTICIDES NATURELS

Les insecticides, qu'ils soient naturels ou pas, ont pour effet de créer un certain déséquilibre écologique. Ce n'est pas parce qu'un produit porte l'étiquette «naturel» qu'il est inoffensif pour l'environnement. Plusieurs insecticides naturels sont toxiques pour les oiseaux, les poissons et même les êtres humains. Les insecticides chimiques, quant à eux, présentent encore plus de risques à l'utilisation, sont quelquefois très toxiques et touchent souvent des espèces non visées. Même s'ils sont surtout toxiques à court terme, les insecticides chimiques produisent certains effets durables sur l'environnement et l'écosystème. Tandis que certains insecticides naturels présentent un minimum de risque pour l'environnement, les insecticides chimiques sont fabriqués à partir de produits artificiels obtenus dans les laboratoires de grandes sociétés industrielles au cours des 35 dernières années. Il sont mis sur le marché sans qu'on en connaisse vraiment les effets, souvent pour en être retirés quelques années plus tard. On ne connaît même pas les effets à long terme de l'ingestion involontaire de ces produits par l'être humain. Les études disponibles sur la question n'ont rien d'encourageant.

Selon moi, chaque fois que c'est possible, on devrait utiliser des insecticides naturels et cela, pour deux raisons. D'abord parce que même s'ils ne sont pas parfaits, on en connaît au moins les effets à court et à long termes sur l'environnement. Ensuite, parce que ces produits sont naturels et l'écosystème, comme l'organisme de l'être humain, y sont adaptés. Ce n'est pas le cas des produits chimiques, qui n'existent pas sous leur forme pure dans la nature et dont les interactions avec les organismes vivants sont évidemment inconnues... et difficilement prévisibles.

Le plus connu des insecticides naturels est sans contredit **Bacillus thuringiensis,** appellation qu'on abrège souvent en B.t.; il s'agit d'une bactérie dont les spores et les toxines attaquent le système digestif des chenilles. Pour que le produit soit efficace, il faut que les insectes le mangent. Il faut donc que les vaporisations soient bien effectuées et couvrent tout le terrain visé. Lorsque les insectes ingèrent ce bacille, ils s'empoisonnent et meurent en moins de deux jours. B.t. est cependant sensible à la lumière ultraviolette. Puisque les insectes se nourrissent en principe le soir, il vaut mieux procéder aux vaporisations à la fin du jour. Ne vaporisez que si les chenilles causent effectivement des dommages aux arbres ou faites comme beaucoup de producteurs en ajoutant l'insecticide en faible quantité chaque fois qu'il y a lieu de vaporiser les arbres avec un autre produit. En ajoutant à la bouillie à pulvériser 0,5 % de lait en poudre (ex. : 500 g / 500 L d'eau) cela peut augmenter la prise de nourriture par l'insecte.

Les **savons insecticides** détruisent les pucerons, les mites et les cochenilles. C'est surtout dans les serres qu'on les utilise. Le savon de marque *Safer* semble le plus efficace. Il est fabriqué de savon à base de sel potassique. Puisqu'il s'agit d'un insecticide de contact, il ne détruit pas les oeufs des insectes et il faut que les épandages soient effectués avec soins. Dans la plupart des cas, les savons font effet contre les mites mais sont légèrement toxiques pour certaines espèces de mites classées parmi les prédateurs, toutefois pas à un niveau tragique. Plusieurs espèces de pucerons sont immunisées contre les savons insecticides; d'autres y sont très sensibles. Si vos arbres sont infestés de pucerons, vérifiez l'efficacité du produit et la réaction des insectes avant de pulvériser tout le verger. L'efficacité du traitement au savon insecticide est aussi très relié à la quantité de l'eau (utiliser une eau douce, non calcaire) et à la brumification de votre pulvérisateur. Plus les gouttelettes sont petites, plus le produit est efficace.

L'huile au stade dormant est un produit à base d'huiles minérales, à la fois écologique et chimique. Il détruit les oeufs des acariens et des pucerons, sans limiter les effets à certaines espèces en particulier. On peut accroître l'efficacité des huiles de ce genre en y ajoutant des produits aux effets spécifiques pour lutter plus particulièrement contre les pucerons, les thrips, les cochenilles, les psylles du poirier, les carpocapses de la pomme, diverses tordeuses, etc. À moins que vous ne soyez aux prises avec une espèce d'insectes en particulier, il vaut mieux remplacer l'huile au stade dormant par quelques soins d'entretien. Si vous décidez finalement de vaporiser de l'huile, faites-le au printemps, entre le débourrement et le stade pré-bouton rose. Procédez à la pulvérisation un jour chaud afin d'éviter que l'huile ne se fige sur l'arbre. Assurez-vous que toutes les parties de l'arbre soient bien traitées. Il existe plusieurs marques de commerce d'huile au stade dormant. Lisez attentivement les étiquettes afin de ne pas acheter une huile contenant des insecticides chimiques. Vous pouvez fabriquer vous-même de l'huile en mélangeant un volume d'huile de maïs ou d'arachides avec vingt volumes d'eau et un peu de savon.

La **roténone** est un insecticide très répandu qu'on trouve en concentrations de 1 à 5%. Il s'attaque à toutes les espèces d'insectes, et présente des risques pour les oiseaux et les poissons. C'est un poison mortel pour les porcs. En dépit des études qui démontrent que la roténone est inoffensive pour l'être humain, je connais des gens qui ont souffert de paralysie faciale temporaire après avoir été exposés à de fortes concentrations de roténone! N'utilisez jamais un tel produit lorsque les arbres sont en fleurs. Vaporisez-le sous forme de solution plutôt qu'en poudre. Attendez la fin de la journée pour procéder aux arrosages (après 17h), une fois passée la période d'activité des abeilles. La roténone est un produit naturel qui est évidemment biodégradable. Son utilisation comporte toutefois des risques importants pour l'écosystème. C'est pourquoi on ne doit l'utiliser qu'en dernier recours.

La **poudre de pyrèthre** est un autre insecticide fabriqué à partir d'une plante. On ne doit pas le confondre avec les pyrèthres de synthèse de l'industrie chimique. Le pyrèthre est extrait d'une fleur de la famille du chrysanthème du même nom, qui pousse en Afrique. La substance active de l'insecticide est l'alléthrine, parfois utilisée sous sa forme pure. Malheureusement, la poudre de pyrèthre peut-être toxique pour les abeilles et les larves de coccinelles, si elle est appliquée à trop forte dose. Elle l'est d'ailleur, pour bon nombre d'espèces d'insectes. À son contact, les insectes sont paralysés mais ils peuvent récupérer si la dose n'est pas trop forte. Lorsqu'il est conservé dans un contenant parfaitement étanche, l'insecticide garde ses propriétés jusqu'à deux ou trois ans, mais il perd toute sa force dès qu'il prend l'air. On peut en préparer soi-même en faisant tremper des fleurs de pyrèthre dans de l'alcool, puis en diluant l'extrait dans de l'eau.

On produit un autre insecticide à partir des graines du **lys américain.** Le produit fut utilisé pendant près de 400 ans mais l'est de moins en moins de nos jours. Curieusement, plus on le conserve plus ses propriétés s'accroissent. Il sert dans la lutte aux mouches, pucerons et autre insectes.

La **terre diatomée** est obtenue par broyage de la coque silicieuse fossilisée d'une algue marine unicellulaire microscopique. Cet insecticide permet une lutte physique contre les insectes, les particules fossiles agissant comme du verre et tuant les insectes par effet abrasif. Les insectes dont la carapace est attaquée se déshydratent et meurent. Il existe plusieurs types de terres diatomées et ceux que l'on vend comme filtres sont tout à fait inefficaces pour la lutte aux insectes. Certains produits contiennent de la terre diatomée mélangée avec des insecticides naturels ou chimiques. Lisez attentivement les étiquettes. La terre diatomée est plus efficace quand le taux d'humidité ambiant est faible; elle colle toutefois mieux aux arbres lorsqu'on l'applique immédiatement après la rosée ou une ondée légère. Cet insecticide n'est pas un produit miracle pour la lutte contre les insectes, quoi que l'on puisse en penser. Les espèces qui y sont sensibles sont nombreuses. À moins que vous n'ayez des raisons très précises pour y avoir recours, évitez d'utiliser de la terre diatomée si vous voulez éviter de tout détruire sur vos arbres fruitiers. Tout bien considéré, il n'est pas certain que son utilisation soit bénéfique si elle n'est pas bien programmée.

INSECTES PARASITES TRÈS NUISIBLES AUX POMMIERS

La tordeuse à bandes rouges (Argyrotaenia velutianena)
La tordeuse à bandes rouges n'est redoutée des producteurs que depuis que ses prédateurs ont presque tous disparu à la suite des épandages de produits chimiques. En 1957, le Ministère de l'Agriculture du Québec mettait les producteurs en garde, annonçant que des études montraient que le D.D.T. détruisait plusieurs insectes prédateurs en même temps que les insectes nuisibles, favorisant indirectement la prolifération des mites et des tordeuses à bandes rouges, entre autres.

De nos jours, on trouve des tordeuses à bandes rouges dans tout l'Est de l'Amérique du Nord. Les insectes adultes sont de crème à brun pâle et portent une bande rouge sur les ailes avant. Ils mesurent environ 15 mm. La femelle dépose ses oeufs jaunes sur l'écorce, les feuilles et les fruits du pommier. Les chenilles sont vert pâle, avec des marques jaunes peu visibles sur la partie avant.

Après la période hivernale, l'insecte adulte apparaît au moment où les bourgeons des pommiers éclosent (planche 10, photo 2), soit après quelque 65 degrés-jour. À ce moment-là, placez deux pièges au verger et vous capturerez facilement tous les mâles adultes qui ont passé l'hiver près des arbres dès leur première sortie. Si vous capturez plus de 300 insectes par piège, vous passez le seuil critique. Rares sont d'ailleurs les régions où l'infestation peut atteindre de telles proportions, d'autant plus que la tordeuse a des prédateurs naturels. Une fois sortis de la période hivernale, les adultes se nourrissent des feuilles encore enroulées et tissent de fines toiles. Plus tard, ce sont les fruits qui les nourrissent alors que les insectes s'attaquent à la pelure du fruit.

La tordeuse à bandes rouges se nourrit aussi d'autres plantes, dont les apocynacées, à suc laiteux (laurier-rose et pervenche). La capture d'un certain nombre d'insectes n'est donc pas nécessairement l'indice d'une infestation touchant les pommiers, à moins que ce nombre soit vraiment important. La tordeuse se multiplie à raison de deux ou trois générations par année; il faut donc installer des pièges pour capturer les insectes de deuxième génération après 500 degrés-jour.

Le thuricide, insecticide microbiologique, offre un moyen de lutter efficacement contre les infestations des tordeuses à bandes rouges.

Le charançon du prunier *(Conotrachelus nenuphar)*

Le charançon du prunier est un coléoptère commun dans tout l'Est de l'Amérique du Nord. On considère, avec

Planche 10 : Le développement des arbres fruitiers au printemps:
1. Dormant. 2. Éclosion des bourgeons. 3. Demi-vert. 4. Premières feuilles.
5. Bourgeons floraux. 6. Début de l'éclosion. 7. Éclosion des fleurs.
8. Chute des pétales. 9. Mise à fruits.

Planche 11 : Insectes parasites très nuisibles aux arbres fruitiers. 1.Tétranyque rouge du pommier. (0,4 mm). 2.Tétranyque du pommier (0,07 mm). 3.Punaise terne (6 mm). 4.Lygée rouge de la pomme (6 mm). 5.Lygée verte de la pomme (6 mm). 6.Fruits attaqués par l'asticot de la mouche de la pomme. 7.Mouche de la pomme adulte (5 mm). 8.Charançon du prunier adulte (5 mm). 9.Fruits touchés par le charançon du prunier. 10.Marque décelable sur la peau produite par le charançon du prunier. 11.Noctuelle des fruits verts. 12.Noctuelle des fruits verts adulte (40 mm). 13. Dégâts causés par l'asticot de la noctuelle du fruit vert. (Photos : Agriculture Canada).

Planche 12 : Insectes moins nuisibles aux arbres fruitiers.
1. Puceron vert du pommier. 2. Puceron rose du pommier. 3. Dégâts causés par les pucerons. 4.Tordeuse à bandes obliques (12 mm). 5. Dégâts causés par la tordeuse à bandes obliques. 6. Carpocapse de la pomme adulte (10 mm). 7.Dégâts causés par le carpocapse de la pomme. 8. Pique-bouton du pommier adulte (7 mm) et larve. 9.Tordeuse du pommier adulte (11 mm) et nymphe. 10. Dégâts causés par la tordeuse du pommier. 11. Hoplocampe des pommes.(Photos : Agriculture Canada).

Planche 13 : Piège de carton enroulé contre le carpocapse du pommier.

Planche 14 : Une colonie de pucerons sur un pommier sauvage. Les minuscules taches noires sont les corps des pucerons dévorés par des prédateurs, cécidomyie gallicole (Aphidoletes aphidimyza).

raison, que c'est l'un des insectes les plus hideux qui soient! (planche 11, photo 8) L'insecte adulte est le plus souvent brun ou noir, de 6 ou 7 mm de longueur. Les larves atteignent 7 ou 8 mm et sont blanches, avec une tête brune. Les femelles déposent leurs oeufs dans les petits fruits. Ces oeufs sont presque invisibles mais la marque que laisse la ponte est facile à déceler et ne laisse aucun doute sur l'infestation (planche 11, photo 9).

Le charançon adulte sort du repos hivernal assez tardivement, au moment où les premières fleurs éclosent (planche 10, photo 5), lorsque le total des degrés-jour se chiffre à 165 au moins. Les larves naissent une semaine environ après la ponte et envahissent le noyau ou les graines, selon le fruit infesté. Les fruits touchés ne tardent pas à tomber. Il arrive que les larves quittent alors les fruits pour s'enfouir dans le sol. À la fin de l'été, une nouvelle génération apparaît et s'attaque aux fruits mûrs en en perçant la peau (planche 11, photo 10). Les insectes hivernent hors du verger. On compte une seule génération par année.

Le charançon du prunier est un obstacle majeur au contrôle écologique des infestations par les insectes dans les vergers commerciaux de toutes tailles. En effet, leur résistance est remarquable et sans eux, de nombreux vergers pourraient produire sans que les pomiculteurs soient obligés de recourir à des solutions extrêmes, c'est-à-dire sans qu'ils n'aient à employer de la roténone ou de la poudre de pyrèthre. Les traitements sont plus efficaces s'ils sont faits au moment où les feuilles perdent leurs pétales. L'ennui, c'est que ces traitements sont nuisibles à beaucoup d'insectes utiles. Les pomiculteurs qui possèdent de grands vergers devraient vérifier avec les représentants des ministères de l'Agriculture les produits recommandés—Imidan, entre autres—pour lutter efficacement contre le charançon du prunier.

Heureusement, le charançon a son point faible. La plupart des fruits infestés tombent des arbres, ce qui en facilite la cueillette et l'élimination d'une importante quantité de larves. Trois fois par semaine, récupérez les fruits qui sont tombés et nourrissez-en le bétail ou enterrez-les à bonne profondeur. Cette méthode reste le meilleur moyen de lutte contre le charançon du prunier. Cependant, il faut savoir que les charançons adultes peuvent voler sur des distances pouvant atteindre un kilomètre. L'insecte réagit par ailleurs en interrompant son vol chaque fois qu'il perçoit un bruit inhabituel. Lorsque les fleurs commencent à perdre leurs pétales, ou un peu plus tard dans la saison, installez des pièges au pied des arbres et entourez le tronc d'une bande engluée. Les insectes adultes ainsi capturés font une bonne nourriture pour la volaille. Les pomiculteurs qui ont des cerisiers et qui utilisent des appareils de cueillette automatiques peuvent les employer pour provoquer la chute massive des fruits infestés par le charançon.

Des chercheurs mettent au point ces années-ci un traitement biologique contre le charançon du prunier. Il s'agit d'une maladie propre à l'insecte. Le champignon a été découvert par des chercheurs de l'Ohio.

Le carpocapse du pommier *(Cydia pomonella)*

Le carpocapse du pommier est l'un des insectes nuisibles les plus communs qui soient; on le retrouve dans toutes les régions du globe, à l'exception de l'Asie. L'insecte attaque les pommiers, les poiriers, les abricotiers et plusieurs autres arbres fruitiers de la famille des Rosacées. L'insecte adulte est gris-brun, d'une longueur de 20 à 25 mm (planche 12, photo 6). Ses ailes avant sont couvertes de fines lignes brunes. Il dépose ses oeufs blancs sur les feuilles, les tiges et les fruits. Il en naît de petites chenilles rose à tête brune. Les larves peuvent atteindre 25 mm de longueur.

On compte généralement deux générations de carpocapses par année, sauf dans les régions classées zone 4 et plus froides. Les habitants des régions nordiques ont donc au moins quelques avantages sur leurs confrères des zones plus chaudes. Les insectes adultes apparaissent au moment où les fleurs perdent leurs pétales (planche 10, photo 8), alors que le total des degrés-jour atteint 300. En quelques semaines, au printemps, les carpocapses peuvent envahir un verger. Si vous capturez plus de 20 insectes avec deux pièges dans le même verger, c'est l'indice d'une infestation suffisante pour mettre votre récolte en péril.

Les carpocapses sont surtout actifs au crépuscule. Ils s'adaptent à peu près à toutes les conditions climatiques. Pour que les oeufs se développent normalement toute fois, il faut que la température se maintienne au-dessus de 11°C. Les premiers insectes apparaissent quand le total des degrés-jour atteint 70 à 100 *au-dessus* de 11°C depuis la période de ponte, ou 140 degrés-jour *au-dessus* de 11°C après la première capture à l'aide d'un piège à phéromone. Au début, les jeunes chenilles pénètrent rapidement à l'intérieur des fruits. Là, elles grossissent pendant un mois avant d'en sortir en sautant au sol (planche 12, photo 7) ou en passant sur le tronc. Elles s'enroulent alors dans un cocon sous un morceau d'écorce soulevé pour y passer l'hiver. Une fois le printemps arrivé, les insectes adultes sortent des cocons en deux ou trois semaines. Dans les régions où la température permet l'existence de deux générations par année, l'une de celles-ci n'hiberne pas, évidemment.

Il existe plusieurs prédateurs naturels du carpocapse du pommier. La guêpe braconide, *Ascogaster quadridenta*, et plusieurs autres guêpes de l'espèce *Trichogramma* attaquent le carpocapse, les dernières parasitant les oeufs. On doit donc commencer la lutte au moment où le total des degrés-jour atteint 50 au-dessus de 11°C depuis la date où vous aurez capturé le premier insecte adulte à l'aide d'un piège à phéromone. Vous saurez ainsi qu'il y a suffisamment d'oeufs pour nourrir les guêpes, sans pourtant qu'aucun n'ait encore éclos.

Le ryana a longtemps été considéré comme le meilleur insecticide contre le carpocapse. Mélangez de la poudre de ryana à 50% à raison de 10 grammes pour 10 litres d'eau en ajoutant un soupçon de Shaklee Basic H, par exemple. Procédez à la première vaporisation au moment où vous aurez capturé 20 insectes adultes avec deux pièges dans le même verger. Si l'infestation est importante, il ne vous faudra peut-être que quelques jours, mais vous devrez tout de même normalement attendre de 10 à 14 jours pour capturer un premier insecte. Vaporisez une fois par dix jours, quatre ou cinq fois au total. Si vous utilisez de la poudre de ryana pure (100%), ne mettez que 5 grammes pour 10 litres d'eau, sans rien changer au programme de vaporisation. Vérifiez auprès des autorités locales si vous devez attendre, compte tenu du climat de votre région, une seconde génération d'insectes. Cependant, il faut ajouter que cet insecticide n'est pas homologué au Canada, mais seulement aux États-Unis.

Les traitements à base de B.t. peuvent être efficaces s'ils sont appliqués à tous les six jours sur une période de 4 semaines durant la période d'éclosion des larves. Débutez une semaine après la tombée des fleurs (stade calice).

Les larves du carpocapse peuvent être détruites au moment où elle passent des fruits au sol ou au tronc. Placez une bande de 30 cm de largeur autour du tronc, sous les premières charpentières, afin de capturer les larves lors de leur migration. On peut aussi entourer les troncs des arbres atteints de plusieurs couches de carton fort afin de favoriser la concentration des cocons. Retirez la bande ou le carton, selon le remède choisi, en fin de saison et brûlez le tout. Si le carpocapse connaît une seconde génération annuelle dans votre région, utilisez des bandes couvertes de *Tanglefoot* pour limiter la prolifération des insectes. Si vous utilisez des cartons, brûlez-les un mois environ après la capture des premières larves. Coupez enfin tous les plants de trèfle qui poussent à proximité du verger car c'est une plante de prédilection pour le carpocapse.

Le Pic mineur et le Pic chevelu sont deux oiseaux particulièrement utiles dans la lutte contre le carpocapse. Des recherches menées en Nouvelle-Écosse ont démontré que quelques-uns de ces oiseaux peuvent facilement détruire la moitié des insectes d'un verger. Pour les attirer, placez des morceaux de suif dans le verger. Dégagez les parties atteintes de l'écorce des arbres en soulevant l'écorce; vous éviterez ainsi que les larves y fassent leur nid pour l'hiver.

Il existe un nouveau produit de lutte contre le carpocapse à base de phéromone, inhibant les phéromones sexuelles des insectes et réduisant leur efficacité et leur effet attractif. Ce concept s'appelle la confusion sexuelle du carpocapse de la pomme. Son efficacité a cependant été reconnu dans des vergers où les populations de carpocapse semblaient peu élevées.

Les pomiculteurs qui ne veulent pas recourir aux produits à base de phéromone pourront tenter d'attirer les insectes adultes au moyen de leurres. Il s'agit de placer une bonne quantité de sucre ou de mélasse (2 à 5 cm) au fond d'un pot. Couvrez le pot d'un filet fin (6 mm de mailles) afin d'éviter de prendre des abeilles au piège. Suspendez le pot au moment où les fleurs perdent leurs pétales. Répétez l'opération aussi souvent que nécessaire.

La société Sandoz a adapté à la lutte contre le carpocapse un virus découvert au Mexique en 1963 qui tue les insectes. Des expériences menées en Californie ont permis de calculer qu'on pouvait limiter les dégâts causés par le carposcape à un maximum de 9% du verger en appliquant quatre traitements par génération d'insectes. Avec une application supplémentaire, on limitait même les dégâts à 1%! Malheureusement, le produit est très coûteux au stade actuel des recherches et de la production.

La mouche de la pomme *(Rhagoletis pomonella)*
Cet asticot fait de nombreux ravages dans les vergers de tout l'est, l'ouest et le centre de l'Amérique du Nord. Il est difficile de diagnostiquer à temps une infestation. Par ailleurs, puisque les larves vivent à l'intérieur des fruits, elles sont bien protégées des insecticides. L'insecte adulte mesure 6 mm de longueur, est noir avec des pattes jaunes, porte une bande en zigzag assez visible sur les ailes (planche 11, photo 7). Lorsque les femelles déposent leurs oeufs sur les fruits, elles les marquent visiblement (planche 11, photo 6), sans que les oeufs soient pour autant visibles. Les larves sont blanc crème et ont 6 mm de longueur.

L'adulte émerge du sol vers 650 degrés-jour en bases 5°C (soit environ vers le début juillet). Dix jours plus tard a lieu la ponte. Habituellement, les fruits tombent, permettant aux larves d'entrer dans le sol. Ils passent l'hiver ainsi, au stade de pupe. Il n'y a normalement qu'une seule génération par année. Bien souvent, l'infestation vient d'arbres fruitiers mal entretenus ou abandonnés à peu de distance d'un verger en état de produire.

Une barrière constituée de boules rouges engluées, disposées en bordure du verger, a donné d'excellents résultats lors d'expérimentations à La Pocatière et Rivièredu-Loup (Centre d'agriculture biologique de La Pocatière).

Les pièges sont efficaces contre les insectes adultes. Fabriquez les vôtres en diluant un volume de mélasse avec neuf volumes d'eau, puis en ajoutant un soupçon de levure. Attendez que la fermentation cesse avant d'installer le piège. Des chercheurs de l'Université du New Hampshire suggèrent d'utiliser 10 ml d'ammoniaque domestique mélangé à un peu de savon en poudre, le tout dilué dans un litre d'eau. Quelle que soit la recette que vous retenez, suspendez ensuite votre piège du côté de l'arbre exposé au soleil, à une hauteur de 150 cm. Remplacez le piège une fois par semaine ou plus souvent encore si le temps est pluvieux.

D'autres chercheurs poursuivent leur travail et tentent de mettre au point des produits à base d'hormones afin d'empêcher les mouches de déposer leurs oeufs. Il est possible que de telles techniques aient un jour un effet valable, mais il n'y a pour l'instant rien de disponible dans le commerce acceptable pour ceux qui veulent éviter de recourir aux produits chimiques.

Les fruits qui tombent des pommiers au cours de l'été ou même en automne devraient être ramassés. Procédez à la récupération au moins deux fois par semaine et détruisez les fruits. Si l'infestation est vraiment mineure, vous pouvez utiliser les fruits pour faire du jus; si elle est importante, gardez-les pour nourrir le bétail. Curieusement, les variétés de pommes à cuire sont moins sensibles au ver du pommier que les variétés sucrées.

INSECTES MOINS NUISIBLES AUX POMMIERS

La noctuelle des fruits verts *Lithophane antennata*

Ce lépidoptère tacheté aux couleurs ternes est assez commun dans tout le nord des États-Unis et le sud du Canada. Il mesure 35 mm environ d'une extrémité de l'aile à l'autre (planche 11, photo 12) et est l'un des premiers insectes à envahir le verger. Les insectes adulte passent l'hiver dans des endroits abrités à proximité du verger et paraissent deux semaines environ avant que ne se réveillent les bourgeons, au moment où le total des degrés-jours dépasse à peine 15 au-dessus de 5°C. Ils se manifestent au verger pendant une période d'un mois. Les femelles déposent leurs oeufs sur les branches. La chenille est verte, zébrée de bandes sur les côtés et a la tête brun-noir (planche 11, photo 11). Elle se nourrit des feuilles de l'arbre fruitier infesté, puis s'attaque aux fruits où elle creuse des canaux (planche 11, photo 13). Il existe des pièges à phéromone destinés à ce coléoptère. On peut aussi limiter la prolifération des chenilles avec le bacille *Thuringiensis* que l'on applique à trois stades successifs, soit au :

- débourrement avancé;
- bouton rose avancé;
- calice.

Ces trois traitements suffisent habituellement pour éliminer plusieurs chenilles défoliatrices.

La punaise terne *(Lygus lineolaris)*

On trouve la punaise terne dans toute l'Amérique du Nord. C'est un insecte de 5 mm de longueur dont les ailes sont lustrées, garnies d'un léger triangle jaune (planche 11, photo 3). L'insecte est facile à reconnaître par le triangle important qui décore le haut de son dos. Les premières captures d'adultes se font très tôt, alors que le total des degrés-jour atteint 20 au-dessus de 5°C. Les adultes passent l'hiver dans les mauvaises herbes au pourtour du verger. Aussi, il semble que la verge d'or leur procure un abri d'hiver adéquat. La nymphe est jaune pâle. L'insecte connaît de trois à cinq générations par année. C'est lorsque les lygéidés s'attaquent aux fleurs que les dégâts sont les plus importants. Les scientifiques ont déterminé que les insectes adultes, comme les nymphes, injectent dans la plante infestée une toxine qui peut provoquer la malformation des racines, le dessèchement des jeunes pousses et la perte des fruits.

Cet insecte est difficile à contrôler parce qu'il est très mobile. Dès qu'il sent le danger, il s'envole. Si l'on veut s'en tenir aux moyens de la lutte écologique, le mieux reste de couper soigneusement l'herbe à proximité des arbres fruitiers car c'est là que les insectes trouvent refuge. Si l'infestation est vraiment importante, utilisez un insecticide biologique (Sabadilla, par exemple); vous risquez cependant de faire mourir quelques abeilles ou d'autres insectes utiles en plus des lygéidés. L'utilisation de pièges blancs englués situés à 60 cm du sol, au pourtour du verger, ont donné un bon contrôle de la punaise terne au verger du Centre d'agriculture biologique de La Pocatière. Il est possible d'obtenir d'aussi bons résultats en localisant les pièges seulement en face des sites d'hivernement de l'insecte.

La tordeuse à bandes obliques *(Choristoneura rosaceana)*
Cet insecte est un lépidoptère de couleur rouge brunâtre (planche 12, photo 4), commun dans toute l'Amérique du Nord. Lorsque l'insecte replie ses ailes, on aperçoit facilement un V au haut du dos. Les ailes ouvertes, il mesure 20 mm environ. Les adultes peuvent être pris au piège tôt en saison, au moment où le total des degrés-jour atteint 65 au-dessus de 5°C. En plaçant deux pièges par verger, une cinquantaine de prises devrait inquiéter; si le nombre des insectes capturés atteint le chiffre 200 c'est que le problème est sérieux.

Les femelles déposent leurs oeufs verts sous les feuilles. De petites chenilles vert pâle à tête noire, de 15 à 25 mm de longueur en sortent bientôt. Les larves s'attaquent très tôt aux jeunes feuilles. Plus tard en été, une seconde génération de larves s'attaque aux fruits (planche 12, photo 5). Il y a effectivement deux générations par année dans la plupart des régions. Il faut en principe installer des pièges quand le total des degrés-jour atteint 1 200 au-dessus de 5°C afin de déceler le mal avant qu'il ne soit trop tard et d'éviter qu'il y ait une seconde génération. C'est sous forme de larve que l'insecte passe l'hiver.

Bacillus thuringiensis permet de limiter la prolifération de ces coléoptères. Ajoutez au produit un peu de lait écrémé. On peut aussi utiliser une guêpe, *Macrocentrus iridescens,* prédateur de l'insecte. Les pics font aussi merveille en se nourrissant des cocons, en hiver. Dans le cas de petites exploitations, il est assez facile de limiter les dégâts en détruisant toute branche touchée.

Les livrées *(Malacosoma)*

Ces chenilles ne présentent pas un problème de taille en Amérique du Nord. Elles passent l'hiver dans l'oeuf, à l'extrémité des branches. Au printemps, les larves retrouvent leur vigueur, dont elles bénéficieront pendant de longues semaines. Les attaques causent parfois la défoliation complète des arbres infestés. L'infestation cesse au moment où les larves deviennent des papillons rouges ou brun jaunâtre, trois semaines environ après la floraison.

Pour en limiter la prolifération, il faut détruire les oeufs décelés au moment de la taille d'hiver. Détruisez les chenilles en les brûlant (utilisez une bombonne de gaz propane). Le bacille *Thuringiensis* est aussi utile contre ce coléoptère mais il ne fait effet qu'une fois les larves assez grandes pour ingérer l'insecticide. Vaporisez quand vous aurez repéré des insectes adultes de 10 mm au moins de longueur. Une maladie cryptogamique, de même que la mouche tachinaire, *Sarcophaga aldrichi,* sont des ennemis des livrées. Dans la plupart des régions, les infestations ne durent jamais plus de deux ou trois ans et elles se corrigent d'elles-mêmes.

La spongieuse *(Porthetria dispar)*
La spongieuse (zigzag), qui appartient à la famille des Coléoptères, ne se trouve de nos jours que dans le sud est des États-Unis et dans quelques rares régions du Canada. Malheureusement, elle semble se propager rapidement. La larve naît au printemps, lorsque le total des degrés-jour atteint 85 au-dessus de 5°C. Les jeunes chenilles sont de couleur foncée mais deviennent rapidement brun plus clair et sont couvertes de poils fins. Les insectes se trouvent en groupes sur les feuilles, dont ils se nourrissent la nuit, se cachant le jour. Le gros de l'infestation passe avant la fin de juin. La chenille devient un papillon blanc (femelles) ou gris (mâles) de 45 mm. La femelle dépose ses oeufs en masses de 400. Les *Trichogramma,* parasites minuscules, s'attaquent aux oeufs de ces insectes. Le bacille *Thuringiensis* peut aussi permettre le contrôle des populations d'insectes. Il faut vaporiser alors que les chenilles sont encore petites.

La tordeuse du pommier *(Archips argylospilus)*
La tordeuse du pommier est commune dans toute l'Amérique du Nord. Les chenilles adultes sont jaune brunâtre et mesurent 20 mm (planche 12, photo 9). Chacune des ailes porte une nette tache beige. Lorsque le total des degrés-jours atteint 400 au-dessus de 5°C, placez deux pièges à phéromones dans le verger. Si vous capturez vingt insectes, l'infestation est suffisante pour nécessiter votre intervention.

La femelle adulte dépose ses oeufs sur les jeunes pousses. Les oeufs forment des masses compactes d'une centaines de minuscules sphères jaunes ou brunes lustrées. Les larves sont brun olive et portent de fines épines. La tête est brun-rouge. Les chenilles font des toiles tout autour des feuilles au sommet des arbres. Elles se nourrissent de feuilles, de petits fruits et parfois d'autres insectes. Les pommes infestées portent des mar ques visibles (planche 12, photo 10). On compte une génération d'insectes par année. Lorsque vous capturez les premiers insectes adultes, il est toujours trop tard et les fruits ont été touchés. Ayez donc recours au bacille *Thuringiensis* au moment où l'arbre sort de sa période de dormance le printemps suivant. L'huile de pulvérisation au stade dormant aura aussi un certain effet si elle est employée juste avant l'éclosion des oeufs. Mieux encore, employez des parasites, les *Trichogramma*.

La lygide du pommier *(Lygidea mendax)*
Cet insecte est commun dans l'est des États-Unis et du Canada. Les dégâts qu'il cause semblent plus importants que ce qu'on croyait jusqu'à ces dernières années. La femelle dépose ses oeufs sur l'écorce des arbres pour qu'ils y passent l'hiver. Lorsque les fleurs commencent à s'épanouir (planche 10, photo 6), et que le total des degrés-jour atteint 200 au-dessus de 5° C, les nymphes apparaissent. Elles sont rouge foncé, avec une bande brune et des pattes noires (planche 11, photo 4). Les fruits touchés sont déformés. Pour l'instant, le meilleur moyen de lutte reste la roténone appliquée au stade de nouaison des fruits.

Hoplocampe des pommes *(Hoplocampa testudinea)*
On retrouve de grandes populations de cet insecte dans la région des Grands Lacs; son territoire naturel s'étend

chaque année. Les larves passent l'hiver à l'abri sur le sol. Lors de la floraison des arbres fruitiers (planche 10, photo 7), les larves adultes paraissent (le total des degrés-jour atteint alors 240). Elles mesurent 6 mm de longueur, sont noires et ont des pattes jaunes, la tête garnie d'une tache noire (planche 12, photo 11). Les ailes sont translucides. Les femelles déposent leurs oeufs dans les fleurs, à la base des sépales. Les larves sont beige clair et ont la tête brun foncé et des taches sur le dos. Les insectes se nourrissent des fruits (planche 10, photo 9) dont ils attaquent le coeur, laissant un grand trou bien visible. Le meilleur produit de lutte est la roténone, vaporisée quand tombent les pétales. Il est très facile de déceler l'infestation par l'état des fruits. Si vous notez la moindre détérioration des fruits, songez à traiter vos arbres l'an prochain.

La cérèse buffle *(Stictocephala bubalus)*
Cet insecte est commun dans toute l'Amérique du Nord. Au printemps, les oeufs éclosent alors que le total des degrés-jour se situe entre 350 et 500 au-dessus de 5° C. Les nymphes ont le corps vert et couvert d'épines. La couleur change graduellement pour passer au brun chez l'insecte adulte, dont la tête et le haut du corps sont couverts d'une large carapace de forme triangulaire. La femelle pond les oeufs dans l'écorce pour qu'ils y passent l'hiver. Il n'y a qu'une génération par année mais l'infestation peut gravement abîmer les jeunes arbres. Leur croissance est interrompue et leur bois craque. Cet insecte dépose toutefois plus souvent ses oeufs sur les plants de légumes plutôt que sur les arbres fruitiers. S'il y a infestation, soignez les arbres touchés avec de l'huile au stade dormant. *Polynema striaticorne,* qui s'attaque à ses oeufs, est un prédateur de cet insecte.

Les pucerons

Les pucerons, de la famille des Aphidés, comptent de nombreuses espèces. Ces insectes ne causent de sérieux ennuis que là où les traitements aux insecticides chimiques ont éliminé leurs prédateurs naturels. On trouve des espèces d'Aphidés dans toute l'Amérique du Nord; la plupart de ces insectes ont moins de 3 mm de longueur. On redoute sur tout le **puceron vert du pommier** (planche 12, photo 1), *Aphis pomi,* le **puceron rose du pommier** (planche 12, photo 2) *Dysaphis plantaginea,* et le **puceron lanigère du pommier,** *Eriosoma lanigerum.*

Le cycle de vie des pucerons est complexe et leur capacité de multiplication absolument étonnante. Les oeufs des insectes du genre ne mesurent que 0,5 mm et sont déposés à l'extrémité des branches, où ils passent l'hiver. Les premiers Aphidés à paraître au printemps sont ceux de l'espèce *Rhopalosiphym fitchii,* dont les oeufs éclosent alors que le total des degrés-jour atteint 65 au-dessus de 5° C. Ils ne présentent pas de menace réelle pour le verger et ont vite émigré sur les plantes herbacées. Le **puceron rose du pommier** paraît quand le total des degrés-jour atteint 85 au-dessus de 5°C. Ces insectes causent plus de tort que les précédents parce qu'ils restent sur les arbres fruitiers jusqu'à la fructification. Lorsque le total des degrés-jour atteint 125, ce sont les **pucerons vert du pommier** (planche 12, photo 1) qui font leur apparition. Ceux-ci passent l'été sur les arbres fruitiers et sont la cause de difficultés majeures.

Les nymphes des Aphidés sucent la sève. Elles sont toutes femelles et n'ont pas besoin des mâles pour se reproduire, pondant leurs oeufs avec une précocité inouïe. Les colonies de pucerons, avec les femelles entourées de nombreux petits, ne sont pas sans rappeler des truies avec leurs porcelets... en miniature! Lorsque le nombre de nymphes est trop grand, une génération de femelles ailées se développe et celles-ci émigrent. Elles passent alors sur une autre branche ou parfois sur une autre plante selon l'espèce d'Aphidés en cause. La nouvelle colonie croît encore plus rapidement que la première. Finalement, vers la fin de l'été, le temps frais favorise l'apparition des mâles et la rencontre avec les femelles permet la ponte d'oeufs qui passeront l'hiver.

Certaines fourmis semblent vivre en symbiose avec les pucerons, déplaçant les femelles d'un endroit à l'autre à la recherche de nourriture. Si vos pommiers sont infestés de fourmis, il faut les détruire car elles sont l'indice de la présence de pucerons. Il existe aussi de nombreux autres prédateurs des pucerons. Larves de coccinelle et syrphes sont les plus efficaces. On peut obtenir des insectes pré dateurs dans le commerce (voir à l'Annexe 2). La proximité de champs de sarrasin favorisera l'éclosion d'une importante population de syrphes. Les asticots de cet insecte sont de longueurs variables, entre 1 et 12 mm selon leur stade de développement, et sont faciles à reconnaître car on voit leurs organes à travers leur peau translucide. Pendant son développement, l'asticot peut se nourrir d'une quantité incroyable de pucerons. Les chalcis et les guêpes braconides parasitent aussi les pucerons en pondant leurs oeufs dans les femelles aptères. Dans la nature, il existe toujours un rapport équilibré entre celui qui chasse et celui qui sert de nourriture; il en est de même chez les insectes. Les pucerons se trouvent à la base de la chaîne alimentaire et habituellement, les prédateurs suffisent à garder leurs populations sous un seuil d'intervention assez bas. Lorsqu'un insecticide est pulvérisé, plusieurs de ces prédateurs utiles disparaissent, obligeant ainsi à réutiliser une deuxième ou troisième fois un pesticide. Les seuils d'interventions varient d'un insecte à l'autre, selon le cas. Pour les pucerons du pommier, 20 % et moins de la tige affectée avec présence d'un prédateur ne nécessite pas d'intervention.

La cécidomyie gallicole *(Aphidoletes aphidimyza)* joue un rôle important pour le contrôle des pucerons. Ces insectes sont communs en Amérique du Nord. Les femelles ne dépassent pas 2 mm de longueur. Elles envahissent les colonies de pucerons pour y déposer leurs oeufs à proximité. Les jeunes larves paralysent les pucerons au moyen d'une substance toxique. Le corps des pucerons dévorés restent sur les feuilles et prennent une coloration foncée. Les jeunes insectes prédateurs ont un appétit vorace et présentent en plus l'avantage, s'ils se trouvent dans une importante colonie de pucerons, de tuer plus d'insectes nuisibles qu'ils ne peuvent en manger. Une semaine après leur apparition, les larves orange de ces prédateurs sont assez grosses pour être facilement repérées au milieu des colonies de pucerons (planches 13 et 14). Si on ne décèle pas leur présence parmi les colonies de pucerons, on peut transporter des larves récupérées sur des cerisiers et autres plantes aussi infestées de pucerons. Le insectes ainsi rapportés devraient s'établir facilement au milieu des colonies de pucerons avant la fin de la saison et rétablir la situation.

En cas d'infestation vraiment sérieuse de pucerons, utilisez du savon insecticide *Safer.* Les vaporisations ne sont pas toujours efficaces car il existe des espèces de pucerons qui y sont insensibles. Si vous n'obtenez pas de bons résultats, recourez à la roténone. L'ennui, c'est que de cette façon, vous attaquerez, en plus des pucerons, de nombreux autres insectes utiles qui pourraient vous aider à limiter la prolifération des Aphidés. N'oubliez pas par ailleurs qu'une légère infestation de pucerons en fin de saison est plus bénéfique que mauvaise puisque cela peut favoriser le durcissement du bois des arbres fruitiers! Une fois passé les premiers jours d'août, ne vous inquiétez plus des infestations de pucerons à moins que ces insectes ne causent vraiment des dégâts visibles (planche 12, photo 3).

Les cochenilles

Les cochenilles sont des insectes parents des pucerons, aux formes souvent étranges, qui se déplacent avec une lenteur extrême. On en trouve des espèces dans toute l'Amérique du Nord mais elles comptent autant d'ennemis que les pucerons. Par conséquent, elles prolifèrent quand les insectes prédateurs sont détruits par l'épandage de produits chimiques. Les cycles de reproduction de ces insectes varient beaucoup selon les espèces. Ils se comparent le plus souvent à celui des pucerons. Il est facile de limiter leur prolifération en favorisant le développement de leurs prédateurs ou au moyen d'huile au stade dormant vaporisée avant l'éclosion des bourgeons.

Les acariens

Les acariens ne sont pas des insectes et sont parents avec les araignées. Ils sont communs sur tout le continent américain, plus particulièrement dans les régions chaudes cependant. Ils ne sont jamais très colorés (planche 11, photos 1 et 2) et dépassent rarement 0,5 mm de longueur. Ils possèdent huit pattes et n'ont pas d'ailes, de thorax ou d'antennes. On compte plusieurs générations d'acariens par année. Par temps chaud et sec, une génération peut passer en moins de quatre jours! Les acariens se nourrissent d'à peu près tout ce qu'ils trouvent. Les feuilles infestées perdent leur couleur et deviennent grises ou jaunes. Lorsque l'infestation est importante, elles perdent aussi leur forme et s'enroulent sur elles-mêmes.

Il existe de nombreux prédateurs naturels. Cependant, il faut les encourager et surtout minimiser nos interventions musclées (avec pesticides) lors de leur développement. Ainsi, plusieurs prédateurs sont actifs en période de floraison. Favorisez l'utilisation du B.t. plutôt qu'un autre insecticide à ce moment; plusieurs prédateurs débutant leurs activités au même moment (ex.: chenille) vous rendront de grands services plus tard en saison. Par temps frais, la reproduction des acariens est très lente mais celle des prédateurs l'est encore plus. Lorsque le printemps est plutôt frais donc, les acariens prennent facilement le dessus sur leurs prédateurs. Par la suite, quand le temps se réchauffe, les prédateurs ne peuvent détruire les acariens qui prolifèrent alors à une vitesse étonnante. Dans ce cas, il faut recourir aux savons insecticides, à moins que quelques jours de pluies abondantes ne viennent rétablir la situation. Il existe même des acariens qui sont les prédateurs d'autres acariens, avec de nombreuses espèces d'insectes. En cas d'infestation, le mieux reste encore de prévenir les autorités locales des ministères de l'Agriculture en indiquant le nombre d'arbres touchés. Avec les acariens, les solutions ne sont jamais simples.

INSECTES PARASITES DES POIRIERS

La plupart des insectes qui s'attaquent aux poiriers sont les mêmes que ceux des pommiers. Leurs périodes d'activités correspondent bien aussi. La **noctuelle des fruits verts** paraît tôt au printemps, à peu près en même temps que **les punaises ternes.** Le **carpocapse du pommier** s'attaque aussi aux poires. Les **phytoptes du poirier, cochenilles et pucerons** causent aussi un certain tort aux poiriers.

La chenille à teinte estivale *(Hyphantria cunea)* est commune dans toute l'Amérique du Nord. Il peut y avoir deux ou trois générations par année. Les insectes adultes sont des papillons blancs de 55 mm de diamètre, aux ailes couvertes de taches brunes. Les femelles déposent leurs oeufs blancs sur le dessus des feuilles. Deux semaines après la ponte, de petites chenilles jaunes et vertes paraisent, couvertes de longs poils. Les larves tissent leurs nids à l'extrémité des branches et se nourrissent de feuilles. Les chenilles peuvent atteindre 35 mm de longueur. La dernière génération de l'année hiverne dans l'écorce des arbres fruitiers. On peut limiter l'infestation en coupant et en brûlant les branches atteintes, à l'aide du bacille *Thuringiensis* ou favorisant la prolifération des minuscules parasites des oeufs, les *Trichogramma.*

Aux extrémités est et ouest du continent américain, le **psylle du poirier** *(Psylla pyricola)* cause de sérieux dégâts aux vergers parce qu'il favorise la prolifération du feu bactérien. L'insecte adulte a la taille d'un gros puceron, de couleur brun rougeâtre avec le corps marqué de taches vertes ou rouges et des ailes translucides. Les femelles déposent leurs oeufs orangés sur les jeunes pousses, plus précisément à la base des bourgeons. On compte trois ou quatre générations par année. Les nymphes et les insectes adultes se nourrissent de feuilles et de fruits. Le plus grave danger néanmoins reste la propagation de diverses maladies des arbres fruitiers. En cas d'infestation grave, on peut procéder à des vaporisations de savon insecticide très tôt en début de saison.

Le **charançon du prunier** apparaît souvent quelques semaines après l'éclosion des premières fleurs, puis parfois aussi l'asticot de la mouche du pommier, et la chenille à tente estivale. Le livre le plus complet sur le sujet est

Pear Pest Management, publié par l'Université de Californie, et que l'on ne trouve qu'en anglais.

INSECTES PARASITES DES CERISIERS

Les insectes parasites des cerisiers ne sont pas les mêmes d'une région à l'autre, d'une année à l'autre. Il y en a toutefois de plus communs que d'autres. Dans les régions du Nord, les cerisiers sont parfois infestés par la **trypète des cerises** *(Rhagoletis cerasi).* Il en existe deux espèces différentes, toutes deux atteignant les deux tiers de la taille d'une mouche domestique. Ces insectes ont la tête et les pattes jaunes, des ailes translucides marquées de trois ou quatre bandes foncées. Les trypètes apparaissent tout juste après l'éclosion des fleurs et déposent leurs oeufs une fois que les fruits ont commencé à se développer. Les fruits touchés avortent et se dessèchent rapidement. Vaporisez de la roténone au moment de la chute des pétales. Agissez dès la capture du premier insecte dans un piège. Pour les trypètes des cerises, préparez un piège en mélangeant des quantités égales d'eau et d'ammoniaque pour obtenir une solution que vous suspendrez sous un carton jaune de 15 cm sur 25 cm couvert de *Tangletrap.* Suspendez le piège à 1,5 ou 2 m de hauteur dans l'arbre, au milieu d'une partie largement pourvue de feuilles. Remplacez une fois par semaine.

Le **charançon du prunier** infeste les cerisiers aussi bien que les pommiers, les poiriers et les pruniers. Le **puceron noir des cerisiers** se nourrit des jeunes feuilles au printemps et peut nuire à la croissance des arbres si on le laisse proliférer. Dans les régions les plus septentrionales, ces insectes peuvent toutefois être utiles parce qu'ils limitent la croissance des arbres, favorisant ainsi le durcissement du bois. La tenthrède du cerisier et du poirier est de petite taille et se nourrit des feuilles. Elle paraît en mai ou en juin selon la région. Les cerisiers font aussi l'objet d'attaques de **cochenilles, de cicadelles et de scolytes.** En cas d'infestation, des pulvérisations de savon insecticide ou de roténone s'avèrent efficaces.

INSECTES PARASITES DES PRUNIERS

La **tordeuse orientale du pêcher** est un parasite des pêches qui attaque aussi les prunes. Les larves passent l'hiver à l'abri dans l'écorce des arbres fruitiers ou dans les déchets organiques au sol et paraissent au moment où les pêchers sont en fleurs. Les femelles déposent leurs oeufs sur les feuilles. Évidemment, ces insectes ne causent pas d'ennuis aux pomiculteurs des régions nordiques puisque les pêchers n'y supportent pas le climat. Les premières larves (on compte deux ou trois générations par année) naissent à l'extrémité des branches et attaquent rapidement le bois. Les pousses meurent ainsi. Les infestations peuvent causer d'importants dégâts. Les générations suivantes s'attaquent aux fruits qu'elles dévorent par l'intérieur, laissant la peau intacte. On ne peut donc déceler leur présence que lorsqu'il est trop tard. Divers parasites, *Trichogramma* et *Macrocentrus ancylivorus* par exemple, limitent la prolifération de ces papillons car ils s'attaquent aux larves.

L'asticot de la mouche de la pomme s'attaque aussi aux prunes, détruisant parfois jusqu'au quart de la récolte. Il n'y a que les pruniers japonais qui n'y soient pas sensibles. Le **charançon du prunier** et plusieurs espèces de pucerons peuvent aussi causer d'importants dégâts.

Plusieurs espèces de **cochenilles** s'attaquent aux pruniers. Ce sont des insectes suceurs qui peuvent causer beaucoup de tort aux arbres fruitiers s'ils sont abondants.

Ces insectes exsudent un liquide collant qui sert de milieu de croissance à des champignons microscopiques. Les insectes passent l'hiver au creux des petites branches. Ils s'éveillent aux premiers jours du printemps et ont, en juin, la taille d'un petit pois. Les femelles pondent une quantité importante d'oeufs qui éclosent en un mois. Les jeunes insectes se nourrissent des pousses de l'année.

La **tétranyque rouge du pommier** (planche 11, photo 1) peut aussi causer des dégâts importants aux pommiers comme à de nombreuses autres espèces fruitières. Parmi les insectes nuisibles mais plus rares, on retrouve la **petite mineuse du pêcher, les cicadelles** et plusieurs **cochenilles.**

La lutte écologique contre les insectes nuisibles n'est pas particulièrement facile, sans pour autant être impossible. Pour produire des fruits qu'on peut mettre en marché sans utiliser de produits chimiques il faut beaucoup de patience. Le pomiculteur doit intervenir au moment propice pour limiter les infestations d'insectes et tenter d'établir un sain équilibre dans le verger. Dans ce cas, les conséquences négatives de l'intervention humaine seront très faibles. On ne peut trouver de meilleure façon de clore ce chapitre que de citer quelques lignes extraites de l'excellent livre de B.A. Croft, *Introduction to Insect Pest Management* (Metcalf and Luckman, editors, Wiley and Sons, New York, 1975, 471 pages): «Lorsqu'on évite d'utiliser des pesticides ou des techniques qui limitent la diversité, l'écosystème des espèces fruitières reste relativement stable et plusieurs espèces d'arthropodes seront maintenues sous le niveau tolérable de prolifération par un équilibre dû aux maladies, aux prédateurs et aux parasites de ces insectes nuisibles».

Les tableaux 4 et 5 p. 214 et 215, vous présentent sous forme d'agenda les diverses interventions phytosanitaires en régie biologique de verger. Les dates suggérées sont approximatives et s'appliquent plus particulièrement à des cultures en zone 4. Vous pouvez bien sûr, les adapter à votre région.

Tableau 4 : Tableau de repère dans l'utilisation des pièges à insectes (zone 4)

INSECTES	TYPE DE PIÈGES	QUANTITÉ	DATE D'INSTALLATION (région de La Pocatière)	PÉRIODE DE CAPTURES	SEUIL ÉCONOMIQUE DES CAPTURES
Tétranyque rouge	Comptage des œufs	—	—	Observation : début avril	—
Punaise terne (détection)	Rectangle blanc collant, à 60 cm du sol, côté sud de l'arbre	4/10 ha	25 avril	1er mai au 30 mai	8
Punaise terne (piégeage intensif)	Même que précédent, concentré en pourtour du verger	Minimum 50/ha	25 avril	1er mai au 30 mai	—
Noctuelle du fruit vert	Multi-Pher 1, au centre du verger	2/10 ha	25 avril	1er mai au 30 mai	—
Tordeuse à bandes rouges	Multi-Pher 3, au centre du verger	2/10 ha	05 mai	10 mai au 15 juin	600
Hoplocampe des pommes (détection)	Rectangle blanc collant, à 2 m et plus du sol, au centre du verger	4/10 ha	05 mai	15 mai au 15 juin	—
Carpocapse de la pomme	Multi-Pher 1, au centre du verger	2/10 ha	25 mai	1er juin au 10 juil.	80
Mineuse marbrée	Multi-Pher 2, au centre du verger	1/10 ha	Débourrement (1er mai)	12 mai au 15 août	3 000
Tordeuse à bandes obliques + pique-bouton	Observation des larves : 5 bouquets floraux/arbres, 2 arbres/bloc, 4 blocs/verger	—	—	Observation : pré-bouton rose au bouton rose (15 mai)	3 % de larves ou dommages
Pique-bouton	Phérocon 1C	1/verger	15 juin	25 juin au 15 août	—
Mouche de la pomme (détection)	Sphères rouges, 2 m du sol, centre du verger	4/10 ha	20 juin	25 juin au 30 sept.	3 à 5
Tordeuse à bandes rouges, 2e génération	Multi-Pher 3, au centre du verger	2/10 ha	05 juillet	15 juil. au 15 août	300
Tordeuse à bandes obliques	Phérocon 1C, au centre du verger	2/10 ha	15 juillet	05 août au 15 sept.	100

N.-B. - Les phéromones et la colle utilisées avec les pièges devraient être régulièrement renouvelées à tous les mois pour s'assurer de leur efficacité.

Tableau 5 : Résumé des traitements en régie biologique de verger (verger en zone 4)

RAVAGEURS VISÉS	DATES APPROXIMATIVES	TRAITEMENTS	CONCENTRATION 500 l/ha
Chancres et tavelure	Débourrement	Bouillie bordelaise (ou bouillie soufrée)	5 kg de Cu + 5 kg de chaux
Tétranyque rouge et pucerons	Débourrement avancé (12 mai)	Huile supérieure	60 ℓ/ha
Diverses chenilles (pique-boutons, tordeuses, noctuelles)	Pré-bouton rose (20 mai)	Dipel + sucre 0,5 % + huile 0,1 % + émulsion de poisson	2,25 kg/ha + 2,5 ℓ de sucre 0,5 ℓ d'huile 6 ℓ d'émulsion
Tavelure	Au besoin, au 10 mm de pluie de délavement	Soufre microfin + chaux hydratée	9 kg/ha + 3 kg/ha
Fertilisation foliaire	Calice (06 juin)	Émulsion de poisson + Mg chelaté	6 ℓ/ha 3 ℓ/ha
Diverses chenilles	Après calice (08 juin)	Dipel + sucre 0,5 % + huile 0,1 %	3 kg/ha 2,5 ℓ de sucre 0,9 ℓ d'huile
Pucerons	10 juin (au besoin)	Safer	11 ℓ/ha
Diverses chenilles	Nouaison (15 juin) (au besoin)	Dipel + sucre 0,5 % + huile 0,1 %	2,25 kg/ha +2,5 ℓ de sucre + 0,5 ℓ d'huile
Fertilisant foliaire	Nouaison (15 juin) (au besoin)	Solubore	0,75 / 500l
Carpocapse Charençon	Du 20 juin au 20 juillet selon le dépistage ou roténone liquide 5 %	Dipel + sucre 0,5 % + huile 0,1 %	3,3 kg/ha + 2,5 ℓ de sucre + 0,5 ℓ d'huile sup.
Tavelure	20 juin (au besoin)	Soufre microfin + chaux hydratée	6 kg/ha 3 kg/ha
Fertilisant foliaire	25 juin (au besoin)	Solubore	0,75/500ℓ
Fertilisant foliaire	30 juin (au besoin)	Mg chelaté Ca chelaté	3 ℓ/ha 1 ℓ/ha
Mouche de la pomme	1er juillet	Boule rouge engluée	4 boules/arbre ou 100 boules/ha en pourtour du verger
Puceron et acariens	20 juillet (au besoin)	Safer	11 ℓ/ha
Fertilisant foliaire	10 août (au besoin)	Ca chelaté	1 ℓ/ha
Fertilisant foliaire	20 août (au besoin)	Ca chelaté	1 ℓ/ha
Tordeuses	* Au besoin durant août	Dipel Huile 0,1 % Sucre 0,5 %	2,25 kg/ha 0,5 ℓ 2,5 ℓ

CHAPITRE 11

La taille suisse

Quand je parcours la province de Québec et que j'observe les vergers familiaux, j'ai peine à comprendre pourquoi, à notre époque, les arbres fruitiers standard et surtout les pommiers sont laissés dans un tel état. En général, ils ne sont pas taillés adéquatement et, bien souvent, ils sont devenus des nids à insectes et a maladies. Il est certain qu'ils ne peuvent pas ainsi produire de fruits sains. J'ai observé les mêmes choses en Ontario, dans les Provinces maritimes ainsi que dans les régions voisines du nord des États-Unis.

EXPÉRIENCE DE L'AUTEUR EN SUISSE

Avant d'aller plus loin, je vous explique comment je suis devenu un spécialiste en arboriculture fruitière et, plus particulièrement, spécialiste de la taille de transformation des arbres fruitiers standard.

Je suis né en Suisse, tout près de la frontière française, de père et mère francophones. Comme c'était la coutume, à l'âge de seize ans mon père m'envoya une année en Suisse allemande pour y apprendre la langue de la majorité des Suisses. Pendant un an, j'ai eu le privilège de partager la vie familiale de cultivateurs dans l'âme, gens qui exploitaient une ferme modèle sous tous les rapports. Ils faisaient de la production laitière, de la production de céréales— celle du blé en particulier. Ils produisaient aussi des pommes de terre et des fruits. En Suisse, on trouve dans presque toutes les fermes un verger familial.

C'était en 1934. Hans Spreng, professeur à l'École d'horticulture d'Oeschberg, à Berne, venait de mettre au point une technique révolutionnaire pour la taille des arbres fruitiers. Depuis quelques années, les résultats qu'il obtenait étaient tellement concluants que les agriculteurs progressistes faisaient tailler leurs arbres selon ce qu'on appela bientôt, en Europe, «la taille d'Oeschberg».

Mon patron faisait donc tailler son verger par un «arboriculteur professionnel» chaque année depuis trois ou quatre ans. Il fallait voir comme il était fier de son verger. Il voulait tellement faire de moi l'un de ces arboriculteurs professionnels qu'il écrivit lui-même à l'école d'Oeschberg pour demander mon inscription.

Je dus toutefois attendre trois ans avant de pouvoir suivre ces cours, car l'école n'acceptait que les élèves de plus de 20 ans. C'est ainsi qu'en 1937 j'ai été formé à Oeschberg, école de langue allemande, par des professeurs très méthodiques et exigeants. Rien ne devait nous arrêter dans notre travail, ni la pluie, ni la neige, ni même le verglas. C'était un peu comme le service militaire, ce que j'apprécie plus facilement maintenant qu'à l'époque où je devais le vivre quotidiennement!

Enthousiasmé par la méthode d'Oeschberg, j'ai tout de suite entrepris de transformer le verger de mon père, ce qui provoqua de vives réactions dans mon village. Il arrivait même que je me fasse insulter par les passants. Les gens essayèrent d'influencer mon père afin qu'il m'empêche de poursuivre mon travail de taille dans son verger.

Finalement, nos voisins se calmèrent. Puis j'obtins des résultats tellement concluants que, trois ans plus tard, le verger de mon père était devenu un verger modèle. Nos voisins changèrent d'avis et me demandèrent de transformer leurs propres vergers. C'est ainsi que cette nouvelle technique se répandit dans ma région. En même temps, chaque «arboriculteur professionnel» faisait de même dans sa région et la méthode d'Oeschberg se répandit ainsi dans les vingt-deux États de la Suisse et même dans les pays voisins.

LA TAILLE SUISSE EN ONTARIO

En 1952, j'ai introduit la taille suisse en Ontario, d'abord sur ma ferme fruitière. Là aussi, les résultats furent tellement concluants que trois ans plus tard, des voisins voulurent l'appliquer. Aujourd'hui, des dizaines de milliers de pommiers sont taillés selon la méthode suisse dans le sud de l'Ontario.

INTRODUCTION DE LA TAILLE SUISSE AU QUÉBEC

Au cours des années 1974 à 1980, dans la région de Rougemont, plus de cent pomiculteurs ont taillé quelque cent mille pommiers standard selon la méthode suisse. Cette réalité a commencé par un rêve qui m'est venu lorsque je constatais l'état des vergers de la région. Je devinais que ce rêve avait de bonne chances de se réaliser, sans trop savoir comment. Que fallait-il faire ? Aurait-il suffit d'aller simplement dire aux spécialistes des différents ministères de l'Agriculture que je connaissais une technique de taille révolutionnaire et qu'ils devaient m'engager pour l'enseigner aux pomiculteurs? Nullement. Ils ne m'auraient d'ailleurs pas cru. Aurait-il alors fallu rencontrer les pomiculteurs et leur tenir le même discours? Eux non plus ne m'auraient pas cru. Je savais aussi qu'à la moindre erreur de ma part, les spécialistes en profiteraient pour dénigrer cette technique que je qualifie volontiers de «révolutionnaire», d'autant plus qu'ils n'en étaient pas les propagateurs. Que fallait-il donc faire pour que mon rêve devienne réalité?

Il y avait vingt ans que j'habitais le Québec et je n'étais jamais allé à Rougemont. Je m'y suis donc rendu pour la première fois en février 1974. C'était un voyage d'exploration. Quelle ne fut pas ma surprise de voir le mauvais état des vergers. J'ai téléphoné à un pomiculteur pour lui demander l'adresse de l'agronome responsable de l'enseignement de la taille des arbres fruitiers. Il me dit qu'il n'y avait aucun agronome à qui incombait une telle tâche.

Je suis rentré chez moi découragé de l'état des vergers. Comme je connaissais une méthode qui permettait de transformer les vergers, de rajeunir les arbres et de les remettre en production, j'ai imaginé un plan qui devait réussir. J'ai même prévu beaucoup d'opposition mais fis en sorte qu'elle vienne trop tard. Je savais qu'on ne pouvait nier un fait accompli.

Je devais d'abord convaincre les pomiculteurs de l'efficacité de la taille suisse. Pour cela, il fallait que j'aille tailler à différents endroits quelques arbres modèles. L'automne venu, il n'y aurait plus de discussions et les détracteurs seraient confondus. Je devais donc poser certains actes et en attendre les conséquences.

Voici à peu près ce à quoi ressembla ma conversation avec un premier pomiculteur de Rougemont.

—Avez-vous de vieux pommiers qui, selon vous, sont destinés à être abattus?

—Oui, j'en ai six.

—Puis je les voir?

Sur ce, nous nous sommes rendus au verger. Je n'ai pas oublié le commentaire que j'ai fait au pomiculteur.

—Je vais en tailler trois. J'enlèverai d'abord la moitié des branches. Je vous assure qu'à l'automne vous aurez plus de pommes sur ces trois pommiers que sur les trois autres arbres qui n'auront pas été taillés.

Voilà qui laissait mon interlocuteur incrédule. Puis qu'il n'avait rien à perdre, il me donna son accord.

Au printemps 1974, j'ai donc fait six voyages de 320km, à mes frais, pour tailler une vingtaine de pommiers en tout dans quatre vergers différents de la région de Rougemont. Étant donnée la distance, je n'eus pas de nouvelles des résultats pendant l'été.

À l'automne, je rencontrai le premier pomiculteur au marché et lui demandai s'il avait eu une bonne récolte. Il m'expliqua qu'il avait cueilli des pommes la veille sur les trois pommiers que j'avais taillés chez lui, et qu'il ne comprenait pas pourquoi il y avait plus de fruits sur ces arbres, sans parler de la qualité, que sur les trois pommiers que je n'avais pas taillé. Il demandait comment cela était possible puisque j'avais enlevé la moitié des branches. Je me souviens de lui avoir répondu, non sans rire du coin des lèvres:

—Un pomiculteur efficace doit produire des pommes, et non du bois!

L'EXPANSION RAPIDE DE LA MÉTHODE D'OESCHBERG

Au printemps 1975, j'ai enseigné à une quarantaine des plus importants pomiculteurs de la région de Rougemont. Ces pomiculteurs ont transformé, ce premier printemps, des milliers de pommiers. Il fallait entendre le ronronnement des scies mécaniques tout autour de la montagne. La bonne nouvelle se répandit parmi les pomiculteurs de la région. Les résultats de cette première taille furent tellement concluants que quarante-quatre pomiculteurs ont voulu, en novembre et en décembre suivants, effectuer une nouvelle taille dans leurs vergers.

On peut très bien suivre des cours sur la taille en automne, mais il est imprudent de transformer de grands arbres à la même époque, et même avant le mois de février. Néanmoins, sous l'effet de l'enthousiasme, nos pomiculteurs ont pris le risque, considérant par ailleurs les bons résultats obtenus la saison précédente. Ils ont taillé dès le mois de novembre malgré mes mises en garde. Certains m'ont dit être prêts à perdre quelques arbres tant la taille s'imposait comme remède pour leur verger.

C'est ainsi que deux erreurs furent commises. La première, dont je me sens responsable au même titre que les pomiculteurs, c'est de ne pas avoir insisté davantage pour qu'on ne taille pas avant le mois de février.

La seconde erreur est différente. L'homme n'est-il pas ainsi fait que lorsqu'il découvre quelque chose de bon, il exagère presque toujours? Les résultats de la saison précédente avaient été tellement concluants et la taille si bien faite; on avait non seulement augmenté la quantité mais aussi la qualité des fruits. Les gens ont donc tout simplement conclu qu'il fallait être plus radical encore. Ils ont accru les risques et taillé plus sévèrement que je ne l'avais enseigné. L'hiver 1975-76 n'a pas non plus été favorable et plusieurs pommiers sont morts à la suite de ces tailles excessives. Les pommiers taillés avant le mois de février, c'est-à-dire aussi tôt qu'en novembre parfois, ont été plus exposés aux intempéries. Par contre, ceux qui furent taillés au mois de février, en mars ou en avril ont bien progressé.

Tout spécialiste honnête aurait pu conclure que la faute n'était pas attribuable à la technique de la taille mais plutôt à la façon dont elle fut mise en pratique, plus précisément au moment de son application. Toutefois, comme les mauvaises nouvelles se répandent plus rapidement que les bonnes, ceux qui étaient contre cette méthode, quelles qu'aient été leurs raisons, ont profité des circonstances pour répandre des demi-vérités qui ont souvent causé plus de tort que le mensonge vrai.

Il est normal qu'une idée révolutionnaire provoque de l'opposition, car elle dérange assurément certaines habitudes. Il faut de l'humilité et du courage de la part des spécialistes connus pour reconnaître que l'enseignement qu'ils prodiguent est erroné. Certains savent reconnaître avec honnêteté leurs erreurs. D'autres par contre, souvent orgueilleux, cherchent le moment favorable pour accuser les propagateurs de l'idée nouvelle. Nombreux sont ceux qui veulent avoir raison à tout prix. Ils se refusent à avouer que déjà, par le passé, ils ont propagé des idées qui se sont avérées fausses. Quand on ne veut pas perdre sa crédibilité, on s'engage parfois en terrain dangereux. En effet, puisqu'on ne peut indéfiniment lutter contre une méthode fondée sur des expériences scientifiques qui s'étendent sur plus de cinquante années, d'autant plus qu'elle est propagée par quelqu'un qui y croit sincèrement.

Après cet hiver où le froid s'ajouta aux erreurs humaines, plusieurs personnes se sont chargées de répandre des idées fausses parmi les pomiculteurs et la population en général. Voici trois de ces idées fausses.

1) La taille suisse est une technique qui provoque la mort des pommiers car elle n'est pas adaptée au climat du Québec.

2) La taille suisse diminue beaucoup les récoltes fruitières.

3) Ceux qui ont adopté cette technique de taille risquent de faire faillite.

LES RÉPONSES AUX ARGUMENTS DES DÉTRACTEURS

À cela, il faut répondre que ce n'est pas la taille suisse qui a provoqué la mort des pommiers, mais plutôt le fait que la technique ait été employée dès le mois de novembre, ou en décembre et en janvier, beaucoup trop tôt en fait. La preuve, c'est que les pommiers taillés plus tard ont prospéré. Un pommier planté au Canada, aux États-Unis, en Suisse ou n'importe où ailleurs reste un pommier et réagit partout de la même façon aux mêmes soins quant à la taille.

Si la récolte fruitière a beaucoup diminué dans certains cas, c'est parce que les pomiculteurs avaient procédé à une taille excessive. Le débutant ne devrait pas couper, la première année, plus du tiers de la longueur des branches d'un arbre qui n'a pas été taillé depuis plusieurs années.

L'attestation signée par les vingt-huit pomiculteurs visités en septembre 1980 témoigne du fait que leurs récoltes ont été plus abondantes et de bonne qualité. Tous ces gens recommandent la technique de la taille suisse. Si d'autres pomiculteurs ont connu des difficultés financières, on peut croire qu'elles sont plutôt dues à des ennuis dans la mise en marché de leurs récoltes.

PLUS DE CENT MILLE POMMIERS TRANSFORMÉS SELON LA TAILLE SUISSE

Au cours du mois de septembre 1980, alors que je me préparais à écrire un premier livre sur la culture des fruits et des petits fruits, j'ai rendu visite à vingt-huit des quelque cent pomiculteurs dans les régions de Rougemont, Farnham, Dunham et Frelighsburg, au Québec. À ces gens, j'avais enseigné la taille suisse cinq ans auparavant. Je voulais me rendre compte de l'état de leurs vergers et savoir s'ils étaient satisfaits de la technique qu'ils avaient apprise. Leurs récoltes étaient magnifiques, abondantes et d'exceptionnelle qualité.

Ensemble, ces pomiculteurs possèdent plus de 105 000 pommiers, ce qui fait une moyenne de 3 750 arbres par producteur. On peut facilement imaginer la taille de chacun de ces vergers en pensant que chaque pommier produit en moyenne entre 200 et 300 kg de fruits par année!

Chacun de ces vingt-huit pomiculteurs a accepté de signer une lettre type dont le texte était le suivant:

J'exploite un verger de 3 750 pommiers standard. Depuis cinq ans, je transforme mes pommiers selon la méthode suisse enseignée par Monsieur Jean Richard. Cette technique est efficace pour le rajeunissement des vieux pommiers. La récolte est maintenant plus proche du sol, plus accessible. La grosseur, la couleur, la qualité et même la quantité se sont améliorées avec le temps. Je recommande cette méthode aux intéressés.

Puisque cette technique de taille a été expérimentée au Québec par des professionnels qui ne vivent que de pomiculture et a prouvé son efficacité, on doit accepter que cela constitue une preuve suffisante, d'autant plus qu'elle est facilement vérifiable. Il n'y a pas de mystère. La taille suisse est une technique scientifique, simple, facile à comprendre et efficace dans tous les cas. Elle s'applique à tous les arbres fruitiers malgré le fait qu'il n'y a pas vraiment deux arbres qui soient parfaitement identiques. Celui qui pratique régulièrement cette technique de taille, c'est-à-dire une fois par an, s'assure d'avoir un arbre qui produira un maximum de fruits dont la qualité sera excellente et les récoltes, abondantes. Les branches fruitières, suspendues aux charpentières, ne peuvent pas se casser. Même lorsqu'elles sont lourdement chargées de fruits, il est rare qu'elles plient au point de casser. Un autre des avantages d'une telle technique de taille réside dans la récolte, facile à faire sans échelle dans une bonne proportion; si la première moitié est facilement accessible, la seconde se fait à l'aide d'un escabeau de trois mètres, sans plus.

Prenez le temps de bien étudier le texte, les illustrations et les photographies. Ensuite, passez à la pratique dans votre verger. Observez bien. Au bout de quelques années, vous comprendrez certaines facettes intéressantes de la nature et autres merveilles: quand on l'aime et qu'on la respecte, elle nous révèle beaucoup de choses!

Le but de ce livre est de stimuler le lecteur par l'exemple afin que chacun se mette à l'oeuvre. Un vieil adage dit que c'est en forgeant qu'on devient forgeron. Ne pourrait-on pas dire aussi que c'est en jardinant qu'on devient jardinier?

Étudier la réaction des arbres fruitiers standard à une technique de taille bien appliquée, les voir rajeunir, renouveler leurs branches fruitières puis produire à nouveau des fruits de qualité en grande quantité, c'est une activité instructive et stimulante. Celui qui aime son verger s'en occupera. Il l'observera, fera chaque opération au moment voulu et sera, finalement, récompensé par l'abondance et la qualité des récoltes.

CHAPITRE 12

La taille de transformation des vieux arbres fruitiers standard

L'arbre fruitier standard est l'arbre que l'on rencontre partout au Canada, tant dans les vergers familiaux que commerciaux. On le reconnaît à sa taille. Pour simplifier notre propos, ne parlons ici que du pommier. Le pommier standard est trois ou quatre fois plus grand qu'un pommier nain, et deux fois plus grand qu'un pommier semi-nain. Il peut atteindre une hauteur de 9 m tandis que les deux autres variétés ne dépassent pas 5 à 6 m dans le premier cas, et 2,5 à 4 m dans le second.

La taille de transformation conduit au rajeunissement complet d'un vieil arbre et lui permet de donner, comme lorsqu'il était jeune, des fruits de première qualité. Si les branches d'un pommier de 30, 40 ou même plus de 50 ans, sont si éloignées du sol et du tronc, c'est simplement parce l'arbre n'a pas été correctement taillé. Ce qui lui est arrivé se compare assez bien à l'histoire des arbres qui poussent librement en forêt. Il est normal que les troncs soient droits, ce que préfèrent d'ailleurs les producteurs forestiers, avec un minimum de branches. Les objectifs du producteur de fruits lui imposent un point de vue tout à fait différent. Il doit tailler les pommiers de telle sorte que les arbres aient le plus possible de branches fruitières, et le moins possible de charpente. La production fruitière doit se concentrer près du sol, sur une charpente solide mais très réduite.

Tous les jeunes arbres, qu'ils poussent en forêt ou dans les vergers, ont d'abondantes branches qui les étoffent de la base jusqu'à une hauteur de 4,5 m. Au début, l'arbre fruitier produit ses fruits sur toute la hauteur de sa charpente. Pendant de nombreuses années, les fruits resteront accessibles. Toutefois, les arbres croissant, les branches gagneront toujours plus en hauteur et, s'il ne sont pas taillés, les branches fruitières les plus hautes deviendront difficiles d'accès. Voilà l'une des raisons pour lesquelles un pommier de cinquante ans porte ses fruits en hauteur, loin du sol.

Une autre raison, et non la moindre, c'est que par le passé, on a taillé les pommiers «à l'envers». Pour une raison qui semble à priori avoir du bon sens, on a toujours éliminé les branches du bas, qu'on disait «faibles, mourantes, moins productives, nuisibles», au profit des branches supérieures. On éloignait ce faisant la production du niveau du sol. Voilà pourquoi un arbre de quarante ans, par exemple, en parfaite santé devient malgré tout inutile! Sa production est trop haute et inaccessible.

COUPER LES BRANCHES FORTES AU PROFIT DES PLUS FAIBLES

En effet, il faut garder la branche faible descendante et couper la branche forte qui produit de beaux fruits. Les gens qui n'ont pas compris l'essentiel de la méthode suisse demandent pourquoi c'est la pousse vigoureuse montante qu'on coupe, puisque c'est sur cette branche que poussent les plus beaux fruits. Chaque fois, je leur réponds qu'en laissant la branche descendante et en coupant la branche montante, ils obtiendront des fruits encore plus beaux avec l'avantage de les trouver à proximité du sol et du tronc.

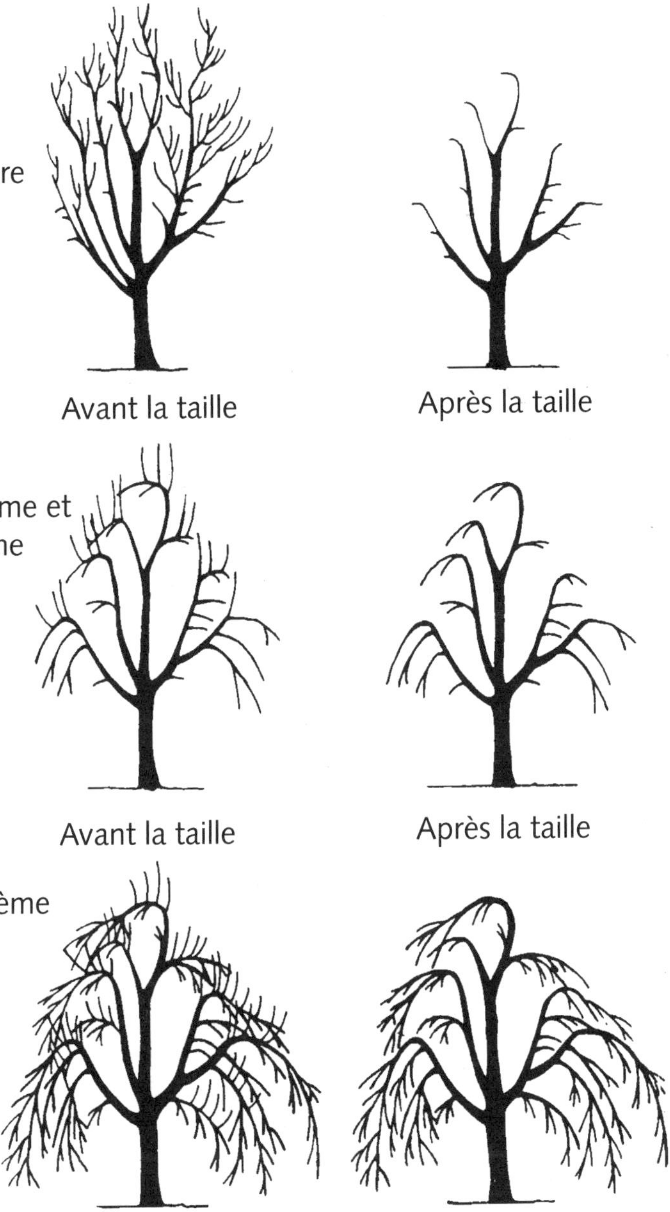

Figure 14 : La taille de transformation les quatre premières années.

Cette façon de tailler est si simple! Pourtant, elle reste de première importance pour le rajeunissement des arbres fruitiers standard.

La première photographie (voir p. 241 et suivantes) montre un pommier qui a besoin d'être transformé. Comme on le voit bien, il ne peut produire de fruits de qualité lorsqu'on le laisse pousser à l'état naturel. Remarquez comme les branches du bas dépérissent, comme la production s'éloigne du sol chaque année. Voyez aussi l'abondance des branches sans oublier que chaque bourgeon donnera une nouvelle branche l'année suivante. Vous comprendrez alors que sans taille, ce pommier ne produira plus jamais de fruits de qualité. C'est pourquoi les pomiculteurs, à court de solutions, décident souvent trop hâtivement de couper les arbres parvenus à ce point pour les remplacer par des pommiers nains ou semi-nains.

UNE GRAVE ERREUR

C'est une grave erreur. On ne doit pas abattre un vieux pommier standard sans avoir tenté de le transformer, de le rajeunir car il pourrait produire de belles récoltes pendant 10, 15 ou 20 ans encore. Faites le calcul; voyez les quantités de fruits qu'un pomiculteur pourrait récupérer en procédant au rajeunissement de ces vieux arbres. Comparez les photographies des planches en couleurs. Dans quelques années, le pommier photographié sera en pleine production. Rajeuni, il produira des fruits de première qualité. Ce n'est pas du tout un rêve, comme le prouve le nombre de pommiers ainsi transformés. Je peux vous assurer qu'il n'y a rien là d'extraordinaire. Si vous taillez en suivant précisément la méthode de taille suisse et que vous persévérez année après année, vous obtiendrez les mêmes résultats avec vos arbres.

DEUX FAÇONS DE RAJEUNIR LES ARBRES FRUITIERS

Même lorsqu'un pommier est âgé de 50 ans, de 75 ans ou même plus, que sa production est très haute et éloignée du tronc, il peut être rajeuni. Il suffit qu'il soit en bonne santé et que son tronc et ses branches soient saines. Il y a deux façons de le remettre en pleine production et ce, pour de nombreuses années. Voilà qui est particulièrement utile pour un amateur qui n'aurait que quelques vieux arbres fruitiers et qui voudrait profiter d'une charpente saine déjà en place, sur un arbre bien adapté au climat local.

La première façon consiste à transformer le pommier selon la méthode de la taille suisse, en essayant de réveiller les nombreux bourgeons dormants qui n'attendent que cela pour prospérer. Il faut arrêter la croissance en hauteur et commencer, par une technique de taille bien étudiée, à regarnir l'arbre vers le bas.

La seconde façon consiste à faire des greffes sous écorce pour profiter du tronc de bonne longueur et de toutes les branches riches en sève. Après trois ou quatre ans, le vieil arbre ainsi rajeuni sera de nouveau en pleine production. Tout amateur peut réaliser de tels rajeunissements en autant qu'il fasse chaque opération au moment le plus propice, en suivant exactement les règles de la méthode de taille suisse.

UN VIEUX POMMIER TRANSFORMÉ SELON LA TAILLE SUISSE

La photographie en couleurs (page 243, planche 16) montre un pommier transformé selon la méthode suisse cinq ans auparavant. L'arbre a été taillé régulièrement chaque année. Ce faisant, on n'a donné aucune chance aux branches verticales montantes et l'on a encouragé la pousse des branches descendantes. Cette photographie a été prise au mois de septembre 1980; c'est une illustration fidèle du genre de taille pratiquée sur plus de 100 000 pommiers au Québec. Comparez les arbres des illustrations et notez la position de la majeure partie de la récolte. Presque toutes les pommes de l'arbre taillé se trouvent sur des branches descendantes. La récolte est ainsi plus près du sol et du tronc de l'arbre. Plus de la moitié des fruits sont accessibles sans échelle, le reste l'étant avec une échelle de trois mètres de longueur, tout au plus. Le pomiculteur qui adopte cette méthode de taille s'assure une plus grande production de branches fruitières et, par conséquent, prépare d'abondantes récoltes pour les années à venir.

Voilà qu'il est possible de transformer de vieux pommiers pour en faire, en quelques années, des arbres chargés de fruits jusqu'au sol. Ceux-ci produiront des fruits de première qualité et cela pendant de nombreuses années encore. Comment est-ce possible? Tentons de le comprendre dans les pages qui suivent.

LA FORME PYRAMIDALE

Regardez bien n'importe quel arbre et vous verrez que le centre est toujours, ou presque, la partie la plus élevée. Il peut être légèrement arrondi, surtout dans le cas des arbres feuillus, mais le centre supérieur a toujours tendance, naturellement, à être plus élevé. C'est l'une des raisons pour lesquelles les spécialistes de la taille suisse ont choisi la forme pyramidale. Une autre raison qui a son importance, c'est le fait que les arbres ainsi taillés ne se nuisent pas les uns les autres dans le verger. La forme pyramidale permet au soleil et à l'air d'atteindre aisément toutes les parties de l'arbre.

La taille en pyramide est généralement bien acceptée par les spécialistes. Malheureusement, par le passé, certains d'entre eux avaient enseigné des principes qui

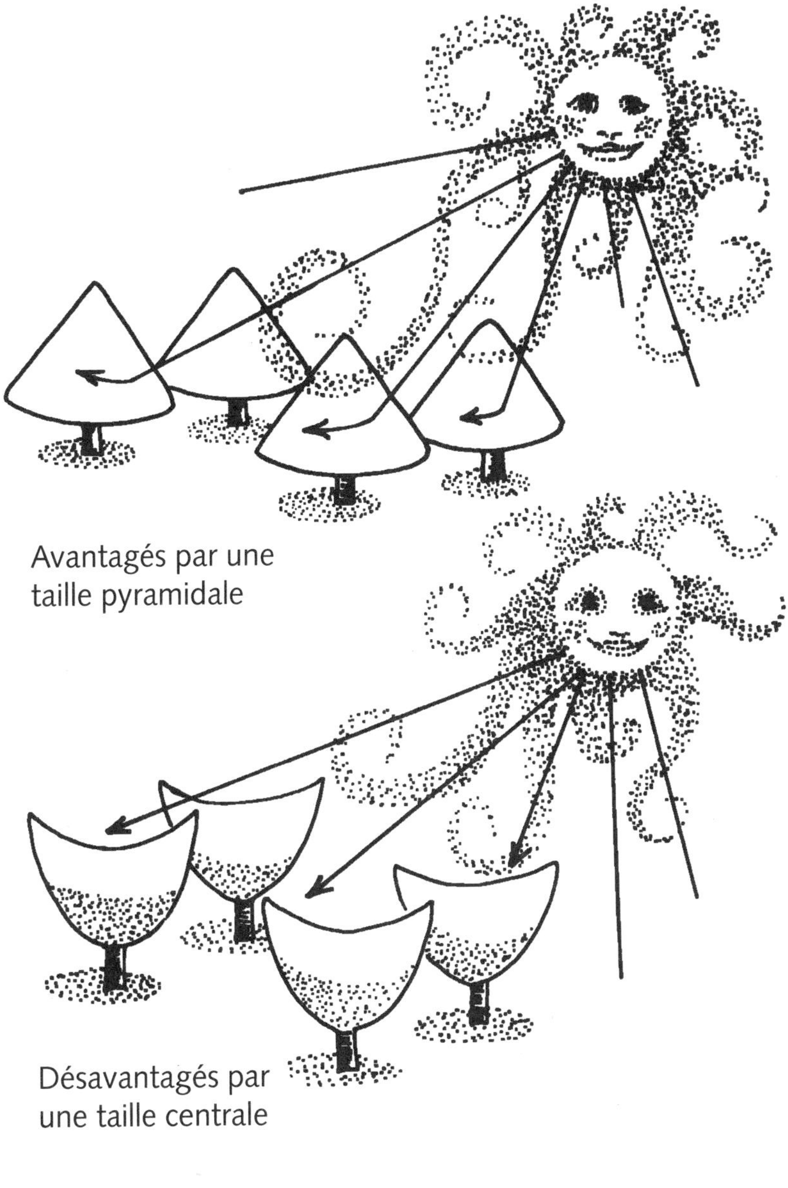

Figure 15 : Ensoleillement et aération des arbres.

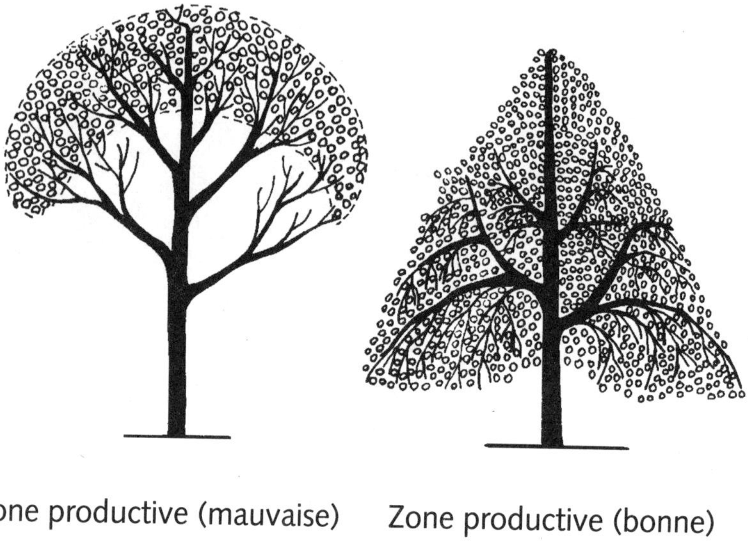

Figure 16 : Représentation schématique de la concentration des fruits sur un arbre avant la taille, et après la taille en pyramide.

allaient à l'encontre de ses règles: on recommandait de tailler le centre de l'arbre pour l'éliminer, de sorte que le soleil et l'air puissent y pénétrer. Une telle pratique aurait été bonne si les arbres avaient été plantés loin les uns des autres. Dans nos vergers, les pommiers sont souvent très rapprochés et, cela encourageant la croissance des branches extérieures, les arbres taillés se nuisent les uns les autres. Par conséquent, les fruits manquent de couleur, sont plus petits et de moindre qualité.

La forme pyramidale est donc celle que nous privilégions. Elle peut être plus ou moins élevée selon les variétés d'arbres fruitiers. En ce qui concerne les poiriers, la pyramide peut être plus élevée, c'est-à-dire moins large à la base, forme qui rappellera un peu celle du sapin. Pour les pommiers, la pyramide devra être plus large à la base et moins élevée au centre. Le centre de l'arbre devra toutefois rester la partie la plus élevée, déterminant la hauteur maximale du pommier.

SAVOIR OBSERVER

Lorsqu'on veut transformer un vieux pommier, il faut d'abord consacrer un peu de temps à l'observation. Assurez-vous en premier lieu qu'il soit vraiment possible de ramener la production vers le bas de l'arbre. Relisez les pages précédentes; examinez les photographies et comparez la récolte du pommier taillé avec celui du vieux pommier laissé dans son piètre état. Rappelez-vous que le pommier taillé n'a été rajeuni que depuis cinq ans et qu'il était, à peu de choses près, dans le même état que celui qui n'a pas été touché.

UNE TAILLE RADICALE

Avant d'entreprendre une taille de transformation, vous devez être convaincu de la valeur de votre intervention, sachant que la taille entreprise sera la bonne. Par ailleurs, il faut que vous sachiez ne pouvoir changer de méthode en cours de route, donc avant quelques années. La taille de transformation permet de reconstruire l'arbre. Cela ressemble un peu au travail que fait le maçon qui démolit un bâtiment et n'en conserve que les fondations pour la reconstruction. Après la taille, vous disposerez de la charpente pour établir une nouvelle silhouette, déterminant savamment la position des futures branches fruitières. Cette taille de transformation ne peut donc se faire qu'une seule fois dans la vie d'un arbre. Elle est radicale parce que son principe est contraire à ce qui se faisait par le passé. Au lieu de continuer à éloigner la récolte du sol et du tronc, vous entreprendrez une taille qui ramènera la production au niveau qu'elle occupait lorsque l'arbre était jeune. Si certaines choses sont difficiles à comprendre, la nature nous réserve parfois de ces surprises qui valent le mal qu'on se donne pour les découvrir.

LES BOURGEONS DORMANTS

Les arbres fruitiers à pépins, dont les pommiers et les poiriers, ont des bourgeons dormants dans l'écorce. Ces bourgeons ne se réveillent que lorsqu'une branche casse, pour la remplacer afin que l'arbre n'en souffre pas. Par la taille, on réveille les bourgeons dormants, ajoutant autant au potentiel de l'arbre fruitier. Ces merveilles de la nature n'attendent que l'intervention du pomiculteur pour donner de nouvelles branches, et avec elles une nouvelle jeunesse aux pommiers.

LA CROISSANCE DES BRANCHES DESCENDANTES

Procédez par étape. Tout d'abord, éliminez les branches sèches, malades ou brisées. Éliminez aussi les branches orientées vers l'intérieur de l'arbre; elles nuisent à la pénétration de la lumière et de l'air nécessaire à la santé de l'arbre. Les photos de la page 243 démontrent bien cet aspect. Regardez attentivement le pommier à tailler. Vous savez qu'il doit avoir la forme d'une pyramide plus ou moins élevée au centre. Choisissez la branche centrale la plus élevée et rabattez-la sur une branche descendante. Regardez la figure 16 (page 236). Vous devez préparer pour l'avenir le plus de branches descendantes possible, toujours en respectant la forme pyramidale. Plusieurs des branches descendantes sont très faibles, d'autres sont mourantes et plusieurs même sont mortes. Éliminez les branches montantes qui enlèvent la vie à ces branches faibles.

UNE COUPE NETTE POUR UNE BONNE CICATRISATION

Pour faciliter la cicatrisation, il est bien important de faire une coupe nette, rase, avec une scie-couteau ou une scie à manche en bon état. Ne laissez pas d'onglet (partie de branche ou de rameau laissée au-delà d'un bourgeon, sur une autre branche ou en dehors du tronc). Faites une coupe en biseau, légèrement oblique donc, plutôt qu'une coupe horizontale. Cela facilite l'écoulement de l'eau.

La plaie peut très bien guérir sans protection. Cependant, dans le cas d'un verger infesté par une quelconque maladie ou des insectes, il est préférable de la panser. Vous pouvez la recouvrir d'une boue d'argile mélangée avec de la bouse de vache fraîche si vous en avez ou de gomme laque *(shellac)*. N'utilisez jamais de peinture. Les émulsions à base d'asphalte deviennent rigides et craquent. Les plaies ainsi recouvertes deviennent des foyers à insectes et à infections.

UNE RÉACTION SPECTACULAIRE

Vous serez étonné de la réaction de votre arbre dès la première saison. Déjà, la récolte se sera beaucoup rapproché du sol. Les bourgeons du bas, profitant de la disparition des branches hautes, bénéficieront d'un apport de sève beaucoup plus important et se réveilleront. Voilà comment vous vous serez convaincu qu'une taille judicieuse, avec une certaine persévérance, peut vraiment rajeunir un vieux pommier.

Si vous décidez de poursuivre votre travail et de continuer à suivre la méthode suisse, vous pouvez prévoir avec certitude que dans cinq ans, votre récolte sera de nouveau facile à cueillir, sur des arbres renouvelés, bien exposés au soleil et à l'air. Ces arbres produiront un maximum de fruits de qualité, comme ce fut le cas pour les quelque 100 000 pommiers des pomiculteurs satisfaits qui avaient adopté la méthode. La réputation de cette technique repose en fait sur une chose: si on l'applique correctement, jamais les rendements ne diminuent.

ATTENTION AUX TAILLES TROP SÉVÈRES

Vous serez inévitablement surpris par les résultats obtenus. Méfiez-vous cependant de ne pas tomber dans le même piège que bien des gens enthousiastes. Ceux-ci sont tentés, à la suite de leurs premiers succès, d'exagérer. Je l'ai fait moi aussi, étant jeune, comme ces pomiculteurs de Rougemont qui ont péché par excès. En toute chose, la modération est nécessaire.

LES GOURMANDS

Plusieurs branches verticales ayant été enlevées, l'arbre réagira de façon importante. La taille provoquera le réveil d'innombrables bourgeons qui, sans la taille, seraient restés dormants. Puisque la sève a toujours tendance à monter le plus rapidement possible, ces bourgeons donneront des gourmands très vigoureux, qui pourront atteindre un mètre de longueur ou même plus. En même temps, il y aura une revitalisation des branches descendantes.

La première année après la taille de transformation, les branches fruitières descendantes pousseront assez peu parce que la sève, je le répète, cherche toujours à monter d'abord. Pour favoriser le développement de nouvelles branches fruitières, il faut enlever tous les gourmands verticaux près du tronc. Le meilleur moment se situe alors durant l'été (juillet) de la saison qui suit. Prenez garde de ne pas enlever plus de 50 % des nouveaux gourmands.

La deuxième saison, les branches fruitières descendront déjà avec plus de vigueur que la première année et les gourmands seront moins vigoureux. Chaque année, vous enlèverez les gourmands et encouragerez ainsi les branches fruitières à regarnir votre arbre. Après quelques années d'un travail méthodique, votre production sera de nouveau comparable à celle que donnait l'arbre fruitier quand il était jeune, production qui aurait pu être constante si l'on avait taillé correctement.

LA TAILLE D'ÉTÉ

On peut enlever au cours de l'été tous les gourmands assez petits pour être coupés avec un sécateur à une main.

L'ARBRE TROP FOURNI

Après plusieurs années de taille, votre arbre a de bonnes chances de devenir trop fourni. C'est alors qu'il faudra, en certains points, enlever des branches pour permettre au soleil et à l'air de pénétrer jusqu'au centre de l'arbre.

LES BRANCHES TROP BASSES

Puisque toutes les branches d'un arbre transformé croissent en descendant et que les fruits ajoutent leur poids aux effets de la gravité, un autre problème ne tardera pas à surgir. L'arbre aura en effet rapidement des branches trop basses. Il est facile d'y remédier en coupant ces branches, toujours à une intersection cependant. Attention toutefois: il ne faut *jamais* raccourcir une branche fruitière.

LES BRANCHES N'ONT PAS BESOIN DE SUPPORT

Un pomiculteur, propriétaire de plus de 15 000 pommiers, m'a rappelé l'importance d'une remarque qui ne manque pas d'étonner. Avec la taille suisse, il n'est jamais nécessaire de

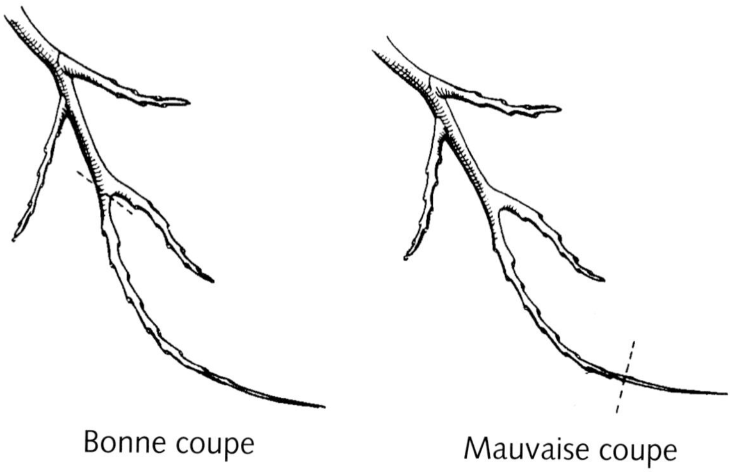

Figure 17 : La taille d'une branche trop basse.

supporter une branche, même si elle est lourdement chargée de fruits. Les branches ne cassent pas, même en cas de fort verglas. C'est facile à comprendre du fait que toutes les branches descendantes sont suspendues au tronc et aux charpentes. Si elles poussaient vers le haut, il est évident que les dégâts seraient majeurs, surtout en cas de verglas.

C'est un autre pomiculteur enthousiaste qui m'a fait remarquer qu'autrefois, ses confrères tournaient le «parapluie» à l'envers; depuis qu'ils connaissent la taille suisse, ils ont remis les choses à l'endroit! Ce pomiculteur voulait parler des arbres fruitiers auxquels on enlevait le centre, ce qui était pratique courante il y a un peu plus de trente ans. Avec la forme pyramidale, chaque arbre a maintenant une flèche au centre.

Planche 15 : Pommier standard non taillé.

Planche 16 : Pommier standard cinq ans après la taille de transformation.

Planche 17 : Pommier âgé de 30 ans, avant la taille de transformation.

Planche 18 : Le même arbre après la taille de transformation.

Planche 19 : Pommier âgé de 40 ans, avant la taille de transformation.

Planche 20 : Le même arbre après la taille de transformation.

Planche 21 : Branche de pommier avant la taille de transformation.

Planche 22 : La même branche après la taille de transformation.

Planche 23 : Mauvaise coupe.

Planche 24 : Bonne coupe.

Planche 25 : Pommier de 20 ans taillé en forme pyramidale.

Planche 26 : Pommier d'un an nouvellement planté, culture biologique.

Planche 27 : Pommier de deux ans, culture biologique.

Planche 28 : Pommier de trois ans, culture biologique.

Planche 29 : Pommiers nains. Prop. M. Arsène Poisson, Saint-Jean-Baptiste de Rouville.

Planche 30 : M. Jean Mercier, gérant de la Ferme Long Val, Dunham, près d'un pommier standard Macintosh.

Planche 31 : Pommier Macintosh en culture biologique (Centre d'agriculture biologique de La Pocatière).

Planche 32 : Pomme Cortland de régie biologique

LE TEMPS DE LA TAILLE

Il ne faut pas pratiquer la taille de transformation avant le mois de février. Les mois les plus propices sont même ceux de mars et d'avril. Les arbres fruitiers, comme la vigne, mûrissent leur bois tout l'automne. (On dit qu'ils «aoûtent»). Pour cette raison et à cause de la rigueur des hivers de l'Amérique septentrionale, il est risqué de tailler les arbres fruitiers aux mois de novembre, de décembre et de janvier. Procédez à la taille par un jour de temps calme et ensoleillé. Ne taillez pas par temps pluvieux car les risques de contamination par maladies sont plus grands.

L'IMPORTANCE DE LA TAILLE

Combien de branches faut-il enlever à un arbre à rajeunir? Un amateur peut, sans risque, enlever le tiers des branches d'un arbre n'ayant pas été taillé depuis plusieurs années au moment de la taille de transformation. On ne devrait jamais enlever plus du tiers du bois, mais jamais moins non plus.

POUR EN CONNAÎTRE DAVANTAGE

Nous voici arrivés au terme de ce chapitre sur la taille suisse. Dans ce texte, nous avons vu ce que sont les principes généraux qui vous permettront de passer à l'action sans risquer de commettre des erreurs majeures. Mais ce n'est pas suffisant pour faire de vous un expert en la matière; cela ne s'apprend quand même pas dans les livres. Celui qui aime la nature est bon observateur. Pour bien comprendre la taille suisse, il est important de savoir observer les arbres taillés, de bien percevoir leurs réactions à l'intervention de l'homme, surtout pendant la première année suivant la taille de transformation.

CHAPITRE 13

La taille de formation des jeunes arbres fruitiers nains, semi-nains et standard

Nous avons jusqu'ici parlé de la taille de transformation. Il s'agissait pour le pomiculteur de rajeunir de vieux arbres fruitiers standard. Cette taille est nécessaire pour produire de nouvelles branches fruitières afin d'obtenir des fruits de qualité sur de vieux arbres.

La taille de formation des jeunes arbres fruitiers est primordiale, car elle assure une charpente solide et résistante tout au long de la vie de l'arbre. La taille de formation ne s'improvise pas, elle tient compte des principes physiologiques et de développement de l'arbre comme le type de fructification, le port naturel des variétés et le type de porte-greffe utilisé. En effet, on observe des variations importantes au niveau du type de fructification selon les différentes variétés de pommes. Quatre types de fructification ont été bien définis, soit les types I, II, III et IV. Voici donc une courte description.

Type I

Les fruits se développent sur des bourgeons formant des coursonnes (branches taillées court pour que la sève s'y concentre) situées sur des rameaux de 2 ans jusqu'au tronc.

Les charpentières sont peu ramifiées et les fruits sont portés près de la branche. L'arbre est très ouvert et la tige centrale de l'arbre peu évidente. Les cultivars de type Spur (Macspur, Mor-spur...) appartiennent au type I.

TYPE II

Les bourgeons à fruits se développent principalement sur les branches de 2 à 4 ans et forment aussi de nombreuses coursonnes. L'arbre est moins ouvert au centre que le type I et il est plus facile de percevoir une tige centrale. Les cultivars Lobo et Empire appartiennent au type II.

TYPE III

Les bourgeons à fruits sont portés sur des rameaux de 1 à 3 ans. Les coursonnes sont très courtes lorsque présentes. La ramification des charpentières est plus importante et le port de l'arbre est aussi plus retombant avec l'âge. Une tige centrale est facile à conduire. Les cultivars Vista-Bella, Jersey Mac, Macintosh et Spartan... se classent dans le type III.

TYPE IV

Les bourgeons à fruits se retrouvent sur les rameaux de 1 à 2 ans. Il n'y a pas de coursonnes et les charpentières sont très ramifiées. La tige centrale est évidente et l'arbre possède un port pleureur très tôt dans son développement.

En conclusion, les cultivars appartenant aux types I et II développent leurs fruits plus au centre de l'arbre, alors que ceux des types III et IV présentent leurs fructifications plus à l'extrémité (à l'extérieur) des branches. La taille de fructification devra donc en tenir compte...

Il existe aussi un principe de relation entre la qualité des fruits et la vigueur des branches fruitières, selon les variétés de pommiers. Selon une étude de la taille de

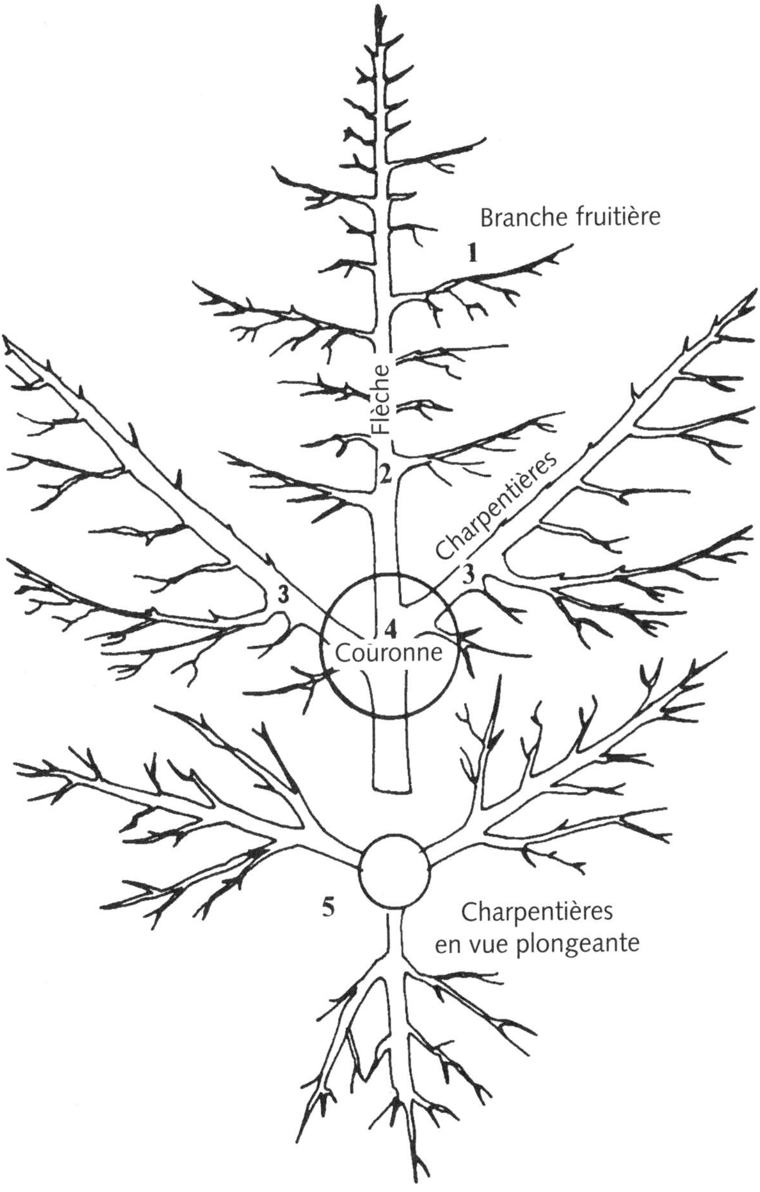

Figure 18 : Arbre modèle avec sa flèche, ses charpentières et ses branches fruitières.

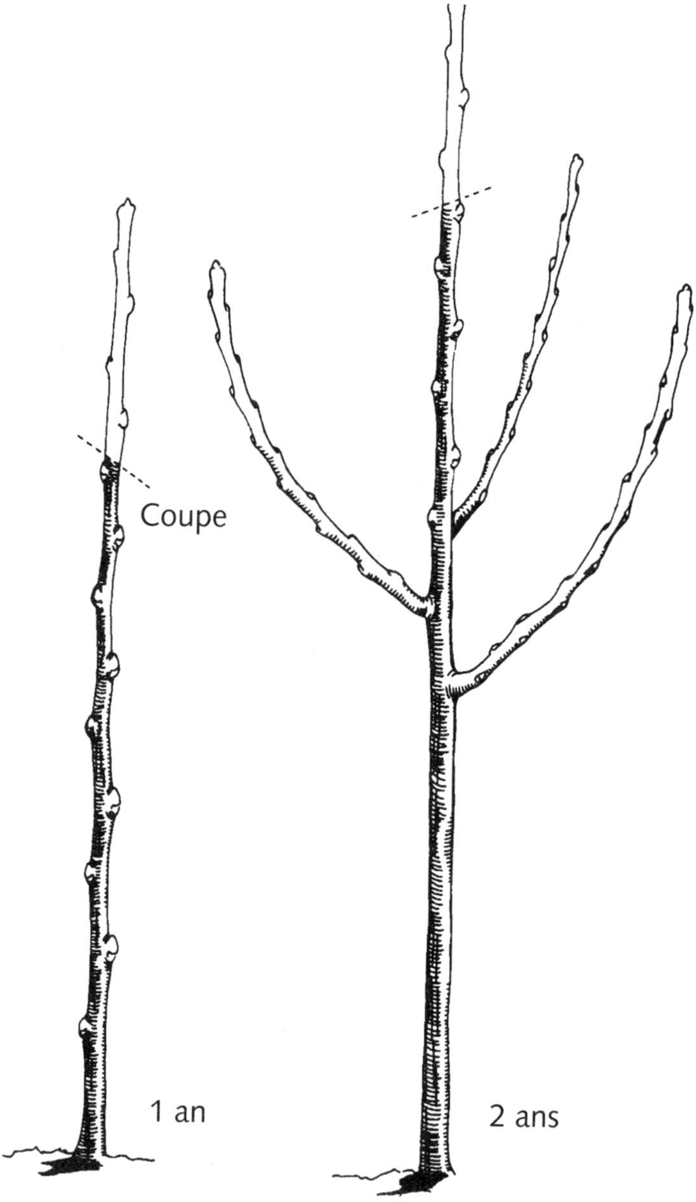

Figure 19 : La taille d'un jeune arbre fruitier : les première et deuxième années.

renouvellement (projet auxiliaire Canada-Québec no 2A2-02790211-027 en 1991), le principe «A.B.C.» tel qu'énoncé par J.-M. Lespinace, révèle l'influence de l'angle des rameaux porteurs sur l'équilibre de la mise à fruit / vigueur. L'on distingue ainsi trois zones bien définies occupées par les rameaux à fruits, soit :

- la zone A : rameaux les plus érigés, proche de la verticale (0° à 30°). Produit généralement plus de bois que de fruits;

- la zone B : rameaux plus horizontaux (30° à 140°). Cette zone est bien équilibrée entre la mise à fruit et la vigueur de l'arbre, permettant ainsi aux branches de se mettre rapidement à fruit;
- la zone C : rameaux fortement pendants (140° à 180°). Cette zone est constituée généralement de vieux rameaux. Après un certain temps, il est nécessaire de les régénérer.

LES POMMIERS NAINS TUTEURÉS

Le pommier nain produit très rapidement des fruits, dès la deuxième ou la troisième année en principe. Il faut donc profiter au maximum des branches fruitières. Toutefois, comme il n'est pas possible d'avoir simultanément une forte charpente et beaucoup de branches fruitières, il faut un bon tuteur pour soutenir la flèche.

Habituellement, le tuteurage des pommiers nains se fait sur câbles métalliques, soutenant ainsi l'arbre toute sa vie. Trois câbles métalliques reliés à des poteaux et à un tuteur de bambou servent à tenir le tronc de l'arbre bien droit. La fructification débutant beaucoup plus tôt (2 à 3 ans) chez les arbres nains, il y a un renouvellement rapide des branches fruitières. Il est essentiel de se référer aux caractéristiques des types de fructification des variétés déjà expliquées au début du texte.

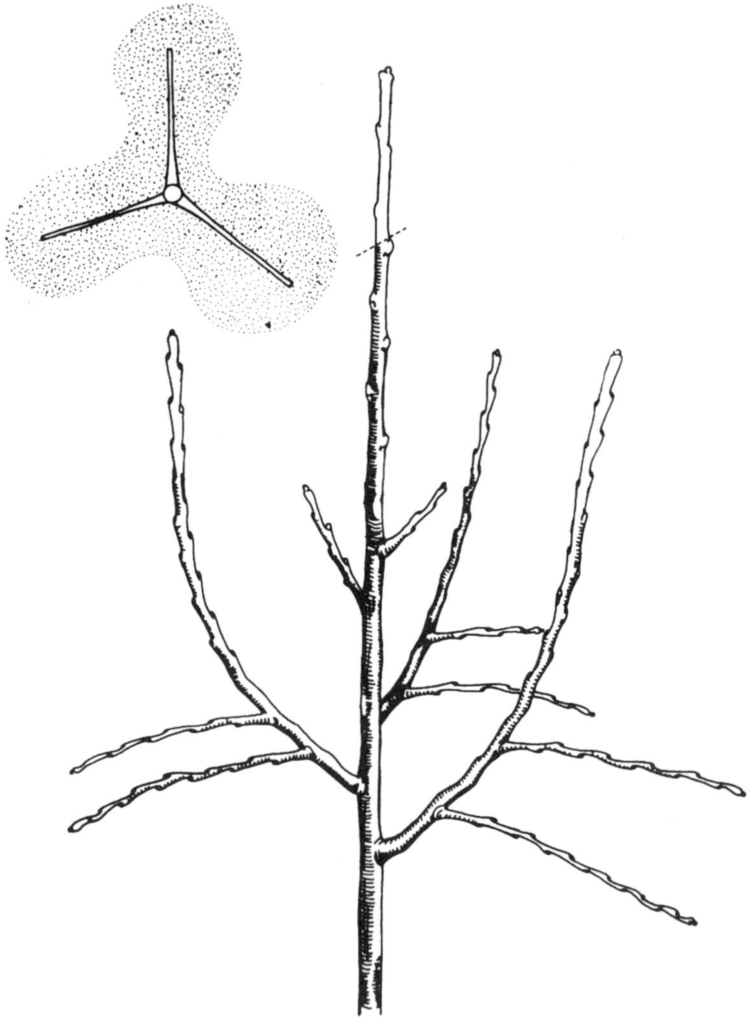

Figure 20 : La taille d'un jeune arbre fruitier : la troisième année.

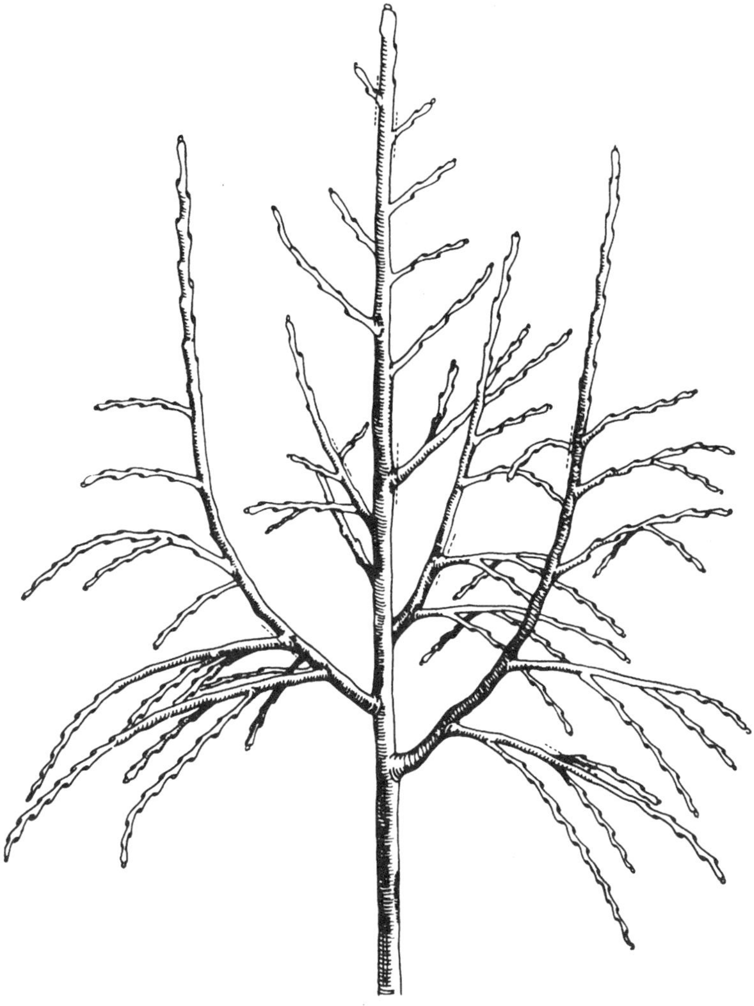

Figure 21 : La taille d'un arbre fruitier de quatre à cinq ans : avant la taille.

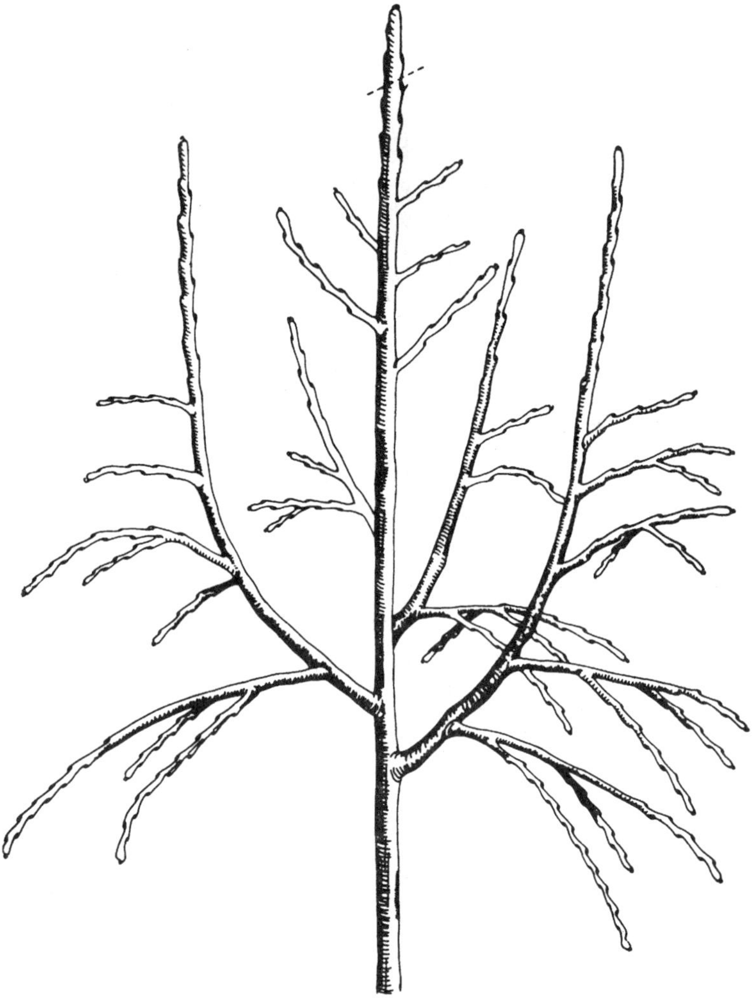

Figure 22 : La taille d'un arbre fruitier de quatre à cinq ans : après la taille.

Règle générale, il faut soigneusement sélectionner les charpentières et éviter les «étranglements» qui sont souvent multiples chez les nains. Arrivé à maturité, il est préférable d'incliner la tête de l'arbre et de l'attacher sur le câble, au lieu de la couper.

Les arbres nains sont généralement à éviter en production biologique. Ils sont naturellement plus faibles, la densité des arbres est très élevés sur de petites surfaces de production et leur port est trop près de la strate herbacée. Il s'en suit donc une pression plus importante de ravageurs (ex.: punaises ternes, tétraniques, etc...). De plus, ils obligent inévitablement à l'utilisation d'herbicide à la base de l'arbre afin d'éliminer la compétition des plantes couvre-sols. Il est donc fortement suggéré, dans ce cas, d'utiliser les porte-greffes semi-nains et standards.

LES POMMIERS SEMI-NAINS ET LES POMMIERS STANDARD

Pour ces pommiers, il est nécessaire de bien suivre la méthode décrite ci-dessous, tout en se référant aux principes de bases expliqués en début du chapitre.

Si votre pommier standard ou semi-nain n'a qu'un an, ce n'est qu'un scion de 1,2 à 1,8 m de hauteur. Il n'a pas de couronne. Pour en créer une, il faut enlever le tiers de la hauteur du scion, ce qui provoquera une forte réaction de l'arbre, et l'apparition d'une belle couronne. Nous ne garderons pendant la première saison, de cette couronne nouvelle, qu'une flèche et trois charpentières. Pendant l'été, nous enlèverons toutes les branches concurrentes verticales.

La deuxième année, sélectionner les charpentières selon des critères très précis.

1- Choisir des charpentières bien orientées vers des directions opposées.

2- Corriger ou éliminer les branches ayant un angle fermé avec le tronc de moins de 35°.

3- Éviter les étranglements, c'est-à-dire plusieurs charpentières qui origines d'un même point ou de la même hauteur. Il faut idéalement laisser une espace de 10 cm à 15 cm entre chaque charpentière.

4- Si cela n'a pas été fait l'année précédente, assurez-vous qu'il n'y ait qu'une seule «tête» ou tige centrale.

5- Rabattre la tige centrale d'un tiers de **la pousse annuelle** (il faut cependant avoir au préalable obtenu une croissance de 45 cm minimum de cette pousse). **Couper au-dessus d'un bourgeon faisant face aux vents dominants.**

6- Enfin, dégager le bas du tronc sur les 60 premiers centimètres à partir du sol. Ces branches nuisent aux travaux d'entretien (tonte du gazon), se cassent facilement l'hiver et empêchent de mettre en place de façon efficace un protecteur contre les mulots.

Avec le temps, vous gagnerez de l'expérience et vous apprendrez à former des arbres fruitiers de façon équilibrée. Jetez un coup d'oeil aux photos des pages 241 à 250 pour vous aider.

La taille de la troisième année se compare à celles des deux premières années. À ce moment-là, les branches fruitières sont beaucoup plus nombreuses. Il faut encourager leur croissance vers l'horizontale et favoriser leur mise à fruits rapide. Pour ce faire, il est un principe qu'il faut *absolument* suivre:

La taille arrête la mise à fruits et provoque la croissance des branches; il ne faut donc jamais couper l'extrémité des branches fruitières.

Selon ce principe, lorsqu'on laisse le bourgeon terminal sur une branche descendante, on encourage évidemment la mise à fruits.

La quatrième année, puis les années suivantes, poursuivez la taille de l'arbre jusqu'à ce qu'il ait atteint une taille normale, calculée selon la variété du porte-greffes: 5 m pour un semi-nain et 6 mètres ou plus pour un pommier standard. Enfin, il est normal d'enlever des charpentières qui se compétitionnent pour l'espace et la lumière. N'ayez pas peur d'intervenir à cette fin.

TAILLE D'ENTRETIEN

La taille d'entretien consiste à garder une forme pyramidale afin de maximiser l'ensoleillement des arbres. En plus, il faut prendre soin de :

- éclaircir le centre de l'arbre afin de faciliter la pénétration de la lumière et de l'air au centre de l'arbre. C'est sûrement le plus important;

- éliminer toutes les branches mortes ou malades;

- créer des entrées dans l'arbre (2 ou 3) pour les échelles lors de la cueillette, sinon, des bris importants sont à prévoir aux bourgeons fruitiers;

- éliminer les branches trop basses qui traînent dans l'herbe ou au sol. Elles nuiront, pendant l'été, aux travaux d'entretien et elles favoriseront le développement de la tavelure sur les fruits;

- éviter que les branches se superposent les unes sur les autres. Elles compétitionnent alors pour la lumière;

- redresser lentement les branches terminales franchement trop pendantes afin de stimuler l'apparition de nouvelles branches secondaires régénératrices sur les charpentières;

- garder toujours une tige centrale bien droite, faisant face aux vents dominants, afin d'éviter les déformations dites «en drapeau». Sinon, l'arbre se cambre alors d'un même côté et ainsi, brise la forme pyramidale. D'ailleurs, dans les régions où le vent est un élément important, on doit toujours le prendre en considération et «construire» l'arbre en conséquence.

Figure 23 : La croissance des branches fruitières vers le bas. Lors de la taille, toutes les branches poussant vers le haut ou à la verticale ont été coupées.

CHAPITRE 14
La plantation

Une fois que vous avez planté des arbres fruitiers, il est fort probable qu'ils occuperont le même emplacement pendant de très nombreuses années. Il est donc important de soigner même les détails car les erreurs faites au départ peuvent parfois porter à conséquence bien longtemps après. Nous avons jusqu'ici abordé beaucoup de sujets qui ont rapport à la croissance d'un arbre: le climat, les insectes et les maladies, les différentes variétés d'arbres fruitiers ainsi que les porte-greffes. De tout cela, rien n'est sans doute aussi important que l'organisation et la réalisation de la plantation. Avant de planter un seul arbre, il faut connaître parfaitement le terrain qui doit le recevoir, décider de l'espace qui séparera chacun des arbres du verger, de la dimension des trous à pratiquer et des premiers soins à prodiguer aux jeunes arbres. Il est nécessaire pour la santé future de l'arbre que la plantation ne soit pas effectuée à la légère. Prenez le temps de bien lire ce chapitre et sachez ce qu'il faut pour garantir le succès de votre entreprise.

LE CHOIX DU SITE

Le choix du site a de l'importance parce que la plupart des arbres fruitiers, quelle qu'en soit l'espèce, sont sensibles au froid. L'air se déplace un peu comme l'eau: les masses d'air froid courent au creux des vallées, comme les ruisseaux et les rivières. Si vos arbres sont plantés dans un endroit où l'air froid sera facilement évacué, vous aurez peu à craindre les gelées tardives du printemps. Par ailleurs, au moment des grands froids de l'hiver, les arbres ne se trouveront pas au centre de nappes d'air froid. Si les arbres que vous avez sélectionnés sont tous rustiques dans votre région, la question de la circulation de l'air reste importante non pas à cause des coups de froid de l'hiver mais plutôt pour la protection des boutons floraux. Il ne serait pas raisonnable de planter des pommiers de haute qualité s'ils ne sont pas vraiment rustiques dans la région choisie. Dans ces cas-là, la circulation de l'air est l'un des facteurs majeurs pour le succès de l'entreprise.

Tout comme l'eau, l'air peut être dévié par des obstacles. C'est ainsi qu'une haie plantée au sommet d'un versant garni d'arbres fruitiers protégera le verger contre les descentes d'air froid, contre les gels aussi. À l'inverse, une haie mal placée—au pied du verger par exemple— fera l'effet d'un barrage et maintiendra l'air froid au pied des arbres. Pour la même raison, c'est au sommet des pentes qu'il faut planter les arbres les plus petits. À cet endroit, les grands arbres auraient tendance à empêcher la circulation de l'air. En bas du versant, ils échapperont aux masses d'air froid parce que leurs branches sont hautes.

La plantation d'un verger sur le versant d'une colline favorise, comme nous venons de le voir, la circulation de l'air. Le terrain du verger ne doit cependant pas être en pente excessive. Comptez une inclinaison variant entre 4 et 8 %, c'est-à-dire d'une dénivellation de 4 à 8 mètres sur une distance de 100 m. Une pente plus raide nuira au déplacement de la machinerie agricole et au travail des cueilleurs (qui ne pourront stabiliser leurs échelles). Évidemment, l'amateur qui ne possède que quelques arbres fruitiers peut toujours se satisfaire de conditions plus difficiles mais pas impossibles.

Pendant des années, les spécialistes ont fermement discuté au sujet de l'orientation des vergers. Certains prétendaient qu'ils devaient faire face au nord, d'autres que l'orientation vers le sud était préférable en région froide. Dans le cas des arbres qui fleurissent tôt, tels les abricotiers, un verger orienté vers le nord peut être préférable parce que cela retarde la floraison. En ce qui concerne la plupart des autres arbres fruitiers, l'orientation vers le sud convient mieux. L'action du soleil est ainsi plus efficace et crée souvent des microclimats sur les versants sud des collines. Souvent, cette différence est équivalente à un gain d'une centaine de kilomètres vers le sud.

On peut planter des haies pour protéger le verger des vents dominants (en prenant soin de ne pas empêcher la circulation de l'air). Il ne faut toutefois pas que la haie soit plantée au bas de la pente. L'idéal serait d'établir un verger à l'abri d'une haie naturelle. Si le terrain choisi n'en possède pas, prévoyez planter une haie pour protéger les jeunes arbres du vent. Les haies naturelles de conifères mêlés à des arbres à feuillage caduc d'espèces de toutes tailles font de merveilleux coupe-vent. Demandez au spécialiste de votre région du Ministère de l'Agriculture quelles sont les espèces recommandées pour votre zone.

L'un des facteurs auquel peu de gens accordent de l'importance est la visibilité de la plantation depuis la maison. Si vous n'avez que peu d'arbres fruitiers, la question ne se pose même pas. Par contre, si vous êtes propriétaire d'un grand verger, cette proximité pourrait vous éviter la visite de cerfs, des chèvres d'un voisin, etc.

Au bout du compte, cela peut faire une bonne différence sur la quantité des récoltes. Le pillage des arbres chargés de fruits est aussi à considérer.

Figure 24 : Verger de huit ans, très bien protégé du vent par une haie d'arbres.

Puisque nous venons de parler de chèvres, je me permets d'ajouter quelques commentaires de mon cru. Il semble que les chèvres soient des ennemis jurés des arbres fruitiers. Vous pouvez être certain que tôt ou tard, les chèvres s'évaderont de l'enclos où on les garde. Quand cela se produira, elles auront tôt fait de détruire des années de travail... en moins d'une heure sans doute. Si vous élevez des chèvres, faites un choix entre les animaux et la culture des arbres fruitiers. Si ce sont les voisins qui élèvent des chèvres, parlez-leur de vos projets avant de les entreprendre et faites-leur part de vos craintes. Si leurs chèvres s'approchent de votre verger, chassez-les et prévenez vos voisins des risques qu'ils vous font courir. Il est vrai, cependant, que plusieurs volailles comme les oies, dindes ou poules sont souhaitables dans le verger. Elles se nourrissent en abondance d'insectes et de fruits au sol déjà attaqués par des ravageurs.

LES QUALITÉS DU SOL

Les arbres fruitiers ont certains besoins minimaux quant aux qualités du sol. Si l'on ne les respecte pas, on réduit d'autant les chances de succès de la récolte. Les cerisiers doux et les framboisiers ont besoin d'un sol bien drainé. En fait, ces espèces mourront si elles sont plantées dans des sols trop humides. Les cerisiers acides sont à peine moins exigeants. Les pommiers et les groseilliers supportent un sol qui n'est bien drainé que jusqu'à une profondeur de 35 cm. Les pommiers dont les fruits sont à cuire, les poiriers, les pruniers, les framboisiers noirs et les groseilliers à maquereau prospéreront même si le drainage n'est bon que jusqu'à une profondeur de 40 cm. Les mûriers sont plus tolérants à condition de disposer de suffisamment de matières nutritives. Les fraisiers sont les plantes fruitières les moins exigeantes sur ce plan. Il suffit que le drainage soit bon jusqu'à 30 cm, même s'il est presque nul en profondeur.

Il est assez facile de vérifier si le drainage d'un sol est bon ou pas. La plupart des sols sont riches en fer. La couleur du fer varie en fonction des quantités d'oxygène présent dans le sol. Dans un terrain bien drainé, on trouve de l'oxygène en abondance, et presque pas dans les terrains où l'eau ne parvient pas à s'évacuer.

Les sols bien drainés sont habituellement rouge-brun en surface et jaune brunâtre ou jaune en profondeur. Les photographies en couleur de la première planche hors texte montrent un sol relativement bien drainé. Dans ce cas, il est possible que des amas de terre de couleur variée apparaissent à une profondeur d'un mètre ou plus. La couleur du sol ne permet pas toujours d'évaluer le degré de perméabilité à l'eau, néanmoins, l'existence de telles poches est l'indice d'une perméabilité moyenne.

Dans des sols mal drainés, les couleurs sont moins prononcées. Le sous-sol est d'un gris jaunâtre et l'on trouve quelques amas rouges. Les sols les plus mal drainés comportent de telles taches plus près encore de la surface. Les terrains du genre restent longtemps détrempés. Il n'est pas difficile de comprendre le rapport qui existe entre les couleurs du sol et la qualité du drainage. Vous savez qu'une tige de fer rouille avec l'action de l'oxygène et de l'eau, le métal prenant alors une coloration rouge. Dans le sol, le phénomène est semblable mais la couleur tourne plutôt au jaune. Plantée dans un sol très pauvre en oxygène (dans du fumier, par exemple), la même barre de métal prendra une coloration grise. Plus un sol est bien drainé, plus il est riche en oxygène. Essayez d'imaginer la couleur que prendrait une tige de métal plantée en différents points de votre terrain et vous aurez une bonne idée de la qualité du drainage.

En plus d'être sensibles au drainage, les arbres fruitiers ont besoin d'un sol profond et fertile. Les pommiers font parfois exception à la règle, devenant trop vigoureux en terrain profond quand le porte-greffes est déjà une espèce vigoureuse. Les sols peu profonds sur une couche rocheuse sont évidemment à éviter, d'autant plus qu'il est difficile d'y creuser des trous pour planter les arbres. Si le sol du verger n'a pas été bien préparé et fertilisé (première section du chapitre sur les petits fruits), songez à attendre un an encore avant d'y planter les premiers arbres sinon la présence des mauvaises herbes et le manque d'éléments nutritifs finiront par avoir rai son des nouveaux venus et nuiront à la qualité des récoltes.

LA DISTANCE ENTRE LES ARBRES

Il y a malheureusement beaucoup de gens qui réalisent, après plusieurs années seulement, qu'ils ont commis des erreurs majeures en plantant leurs arbres. L'erreur la plus fréquente consiste à avoir planté sans laisser suffisamment de distance entre les arbres. Les vergers dans lesquels les arbres sont trop rapprochés doivent être éclaircis un jour ou l'autre, ce qui signifie souvent qu'il faut couper un arbre sur deux. Quelle perte de temps et d'argent! Pour prospérer, les arbres ont besoin de lumière et d'air, ce qu'ils n'ont pas en quantités suffisantes quand ils sont trop près les uns des autres.

Il n'est pas facile de déterminer la distance qui doit séparer les arbres d'un verger car il faut tenir compte de nombreux facteurs. La variété du porte-greffes, la vigueur de l'arbre et le climat ont une influence sur la taille qu'atteindra chaque arbre, donc sur la distance vitale dont il aura besoin.

Le climat n'est pas le principal facteur qui influence la dimension des arbres. Il est toutefois vrai que plus le sol est froid, plus les arbres sont petits. Les paillis ont aussi un effet restrictif sur la croissance des arbres parce qu'ils gardent le sol plus froid au printemps, au moment où débute la période de croissance.

Les arbres ont tendance à rester plus petits lorsque le sol n'est pas très fertile. La dimension du système radiculaire, tant en largeur qu'en profondeur, rend difficile la correction efficace d'un problème de manque de fertilité du sol. C'est pour cela qu'il faut alors planter les arbres à moindre distance les uns des autres, contrairement à la conclusion qu'on serait porté à tirer.

Certaines variétés des mêmes espèces d'arbres fruitiers poussent plus rapidement que d'autres. Ces variétés vigoureuses greffées sur les mêmes porte-greffes donneront évidemment des arbres adultes plus grands que des variétés moins vigoureuses. La vigueur des porte-greffes a aussi un effet certain sur la taille des scions.

Les pommiers

Selon leur variété, les pommiers ont besoin de plus ou moins d'espace pour prospérer. Les variétés standard (porte-greffes Dolgo, Antonovka, EM12 et EM16) demandent un espace de 10 m sur 12 m en sol fertile, et de 8 m sur 10 m en sol moins fertile. Les variétés semi-standard (porte-greffes Beautiful Arcade, Baccata, Alnarp2, EM13, Robusta5, MM109 et MM111), dont la taille atteint de 70 à 90% de celle des pommiers standard adultes, demandent un espace de 8 m sur 10 m en sol fertile, et de 6 m sur 9 m en sol moins fertile. Les variétés semi-naines les plus grandes (porte-greffes EM1, EM2 et MM104), dont la taille atteint de 55 à 70% de celle des pommiers standard adultes, demandent un espace de 5 m sur 8m en sol fertile, et de 4 m sur 7 m en sol moins fertile. Les variétés semi-naines plus petites (porte-greffes EM4, EM7 et MM106), dont la taille atteint de 40 à 55% de celle des pommiers standard adultes, demandent un espace de 4 m sur 6 m en sol fertile, et de 3 m sur 5,5 m en sol moins fertile. Enfin, les variétés naines (porte-greffes EM9, EM26 et Ottawa 3), dont la taille atteint de 20 à 40 % de celle des pommiers standard adultes, demandent un espace de 2 m sur 4 m en sol fertile, et de 1,5 m sur 4 m en sol moins fertile.

Les poiriers

Jusqu'à récemment, on plantait les poiriers standard en laissant 8 ou 9 mètres entre les arbres. De nos jours, on recommande de planter à des distances moindres. Si le sol est fertile, un espace de 6 m sur 8 m est suffisant, réduit à 6 m sur 6 m si le sol est *moins* fertile. Les scions du porte-greffes «Old Home» peuvent être considérés comme des arbres semi-standard; il leur faut donc un espace de 6 m sur 6 m dans un sol fertile, et moins encore si le sol est moins fertile. Les scions sur porte-greffes «Quince A» sont des semi-nains pour lesquels on laisse un espace de 4 m sur 6 m. «Quince C» est une variété naine et les scions doivent être plantés dans un espace de 2 m sur 4 m.

Les cerisiers

Les cerisiers doux greffés sur des porte-greffes «Mazzard» ont besoin d'un espace de 8 m sur 8 m, tandis que les scions de la variété «Colt» requièrent 6 m sur 6 m. C'est aussi la distance qui convient aux cerisiers acides greffés sur «Mahaleb»; la variété Northstar et autres semi-naines greffées sur «Colt» n'ont besoin que de 4 m sur 6 m. Les cerisiers croisés avec des pruniers poussent bien dans un espace de 3 m sur 5 m.

Les pruniers

Les hybrides japonais et américains greffés sur «Myrobolan» devraient disposer d'un espace de 5 m sur 5 m. Les variétés européennes sont plus exigeantes et demandent un espace de 6 m sur 6 m ou 5 m sur 7 m. Les scions sur porte-greffes de variétés naines —tel St. Julien X— requièrent moins d'espace.

Les abricotiers et les autres espèces fruitières
Comptez un espace de 5 m sur 8 m pour les arbres les plus vigoureux, et de 4 m sur 6 m pour les autres, y compris les espèces naines.

LA MISE EN TRAIN

La distribution des arbres au verger est l'un des facteurs les plus importants. Il est essentiel de bien choisir l'emplacement de chaque arbre, de s'assurer que l'espace de chacun corresponde à ses besoins. Voyez si votre choix de variétés est suffisamment varié pour assurer la pollinisation croisée. Gardez les coins les plus difficiles pour les espèces les plus rustiques. C'est particulièrement important sur le plan du drainage.

Réservez vos arbres tôt chez le pépiniériste afin de ne pas être déçu par une commande à demi remplie. Placez des tuteurs de 2 m de hauteur à chacun des arbres. Procurez-vous-en quelques-uns de plus que le nombre dont vous avez effectivement besoin. Quant au matériel d'appoint, clôtures, fertilisants, etc., il devrait être livré avant que vous ne plantiez le premier arbre.

1. Choisissez un endroit protégé du vent.
2. Creusez une tranchée dont le fond est en pente légère.
3. Placez les arbres, avec les racines au plus profond de la tranchée.
4. Couvrez les racines de terre en éliminant les poches d'air.

Figure 25 : Si vous n'avez pas d'endroit pour garder les arbres à l'abri en attendant de les planter, enterrez temporairement tout le système radiculaire.

Les racines de toute jeune plante, et surtout des arbres fruitiers, sont très sensibles, particulièrement à la sécheresse. Il faut éviter de les exposer au soleil et au vent. Pour le transport à partir de la pépinière, le système radiculaire doit être très bien protégé. Si votre pépiniériste expédie des plants sans protéger les racines, ou expose les arbres déracinés sans aucune protection, changez simplement de fournisseur! Lorsque vous recevez les arbres, rangez-les dans un endroit frais d'où vous ne les retirerez qu'au moment de les planter. Veillez à ce que les racines restent bien humides. Si vous êtes dans l'impossibilité de planter les arbres avant quelques jours et que vous ne disposez pas d'espace au frais pour les ranger temporairement, vous devrez enfouir leurs racines dans le sol pour éviter de les perdre (fig. 26). Ainsi butés, ils pourront attendre sans dommages.

LE TROU

Il vaut mieux mettre une pièce d'un cent dans un porte-monnaie en crocodile que de mettre une pièce d'un dollar dans une bourse en chiffon! Il en est de même des arbres. La façon dont on creuse le trou qui recevra l'arbre fruitier est un facteur important pour la prospérité de cet arbre. En vérité, il est presque impossible de faire un trou suffisamment grand, à moins d'utiliser un bouteur ou une pelle mécanique. Un petit arbre a en effet besoin d'un trou d'au moins 80 cm de diamètre et de 50 cm de profondeur. Un arbre semi-standard ou standard demande un trou d'au moins un mètre de diamètre et 80 cm de profondeur. Ce n'est pas terrible pour qui n'a que quelques arbres à planter, mais cela donne à réfléchir quand on veut créer un verger. On voit donc combien il est inapproprié de planter des arbres fruitiers comme on plante des poteaux de clôture! En ce qui concerne les petits vergers commerciaux, il faut trouver le meilleur compromis qui soit entre le coût de la main-d'oeuvre, par exemple, et les exigences des espèces à planter.

Enlevez l'herbe de la zone à transformer et gardez-la pour en faire du compost. Il y a des gens qui enfouissent l'herbe au fond des trous de plantation mais cela est peu recommandable car certaines espèces d'herbes ont la vie dure et pourraient refaire surface. Étalez une grande feuille en plastique à proximité du trou pour recevoir la terre arable que vous enlèverez. Creusez ensuite le sol, plaçant cette fois la terre dans une brouette. Installez les tuteurs avant de planter les arbres; ils devraient dépasser le sol d'au moins 150 cm. Choisissez des tuteurs assez longs pour qu'ils pénètrent jusqu'au sous-sol et tiennent bien en place.

Préparez un mélange d'un volume de compost pour deux volume de terre arable. Puisque vous ne réutiliserez pas la terre du sous-sol, il vous faudra disposer de plus de terre arable que ce que vous aurez récupéré pour boucher les trous. Pour cela, la terre achetée convient bien. Placez un peu de la préparation au fond du trou, ajoutez les fertilisants et mêlez le tout.

Pour préparer le fertilisant, mélangez 750 ml (3 tasses) de phosphate sous forme colloïdale, 250 ml (1 tasse) de poudre d'os, 250 ml de dolomite, 250 ml de Sul-Po-Mag et 250 ml d'algues marines (facultatif).

S'il y a un pommier qui donne de bonnes récoltes à proximité du site choisi pour le verger, prélevez un peu de terre près de ses racines et mélangez-la au compost afin de faire profiter les jeunes arbres de la mycorhization (symbiose entre les arbres fruitiers et des micro organismes).

Ensuite, procédez de la façon suivante.

1) Placez un peu de la préparation au centre du trou.

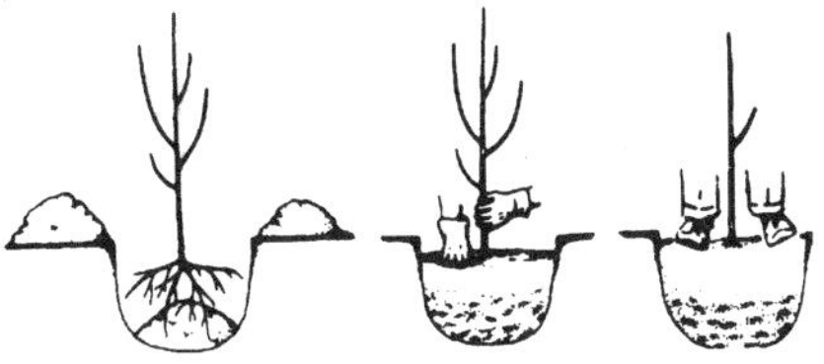

Figure 26 : Les trois étapes de la plantation.

2) Sortez les arbres un à un de l'endroit où vous les gardez au frais. Si vous plantez une bonne quantité d'arbres, facilitez votre tâche en plaçant une large couverture en plastique sur laquelle vous étendrez de la mousse de tourbe. Là, vous pourrez placer sans risque plusieurs arbres à la fois en attente.

3) Trempez les racines dans une solution d'algues marines. Les hormones de ces algues facilitent l'adaptation de l'arbre transplanté en stimulant la croissance des racines. Coupez toutes les racines endommagées ou cassées.

4) Placez les racines délicatement dans le trou, sur le fond de terre. Calculez bien de sorte que le bourrelet de la greffe se trouve entre 8 et 10 cm au-dessus du sol. En règle générale, les arbres greffés devraient être plantés un peu plus profondément qu'ils ne l'étaient en pépinière. Si le bourrelet de la greffe se retrouve sous terre, le greffon développera ses propres racines, ce qui rend la greffe inutile.

5) Remplissez le trou de terre arable en comprimant le sol au fur et à mesure pour éliminer les poches d'air. Une fois le trou rempli, attachez l'arbre au tuteur (utilisez de vieux bas de nylon) et étiquetez-le correctement.

6) Arrosez copieusement même si le temps est à la pluie. Arrosez ensuite deux fois par semaine au moins pendant le premier mois, puis une fois par semaine pendant le reste de l'été.

7) Ajoutez de 2 à 5 cm de compost en surface. Couvrez le pied des jeunes arbres avec du papier journal retenu par des pierres.

8) Taillez l'arbre en le débarrassant de ses branches, comme décrit au chapitre «Taille de formation».

9) Protégez le tronc des arbres transplantés avec des spirales en plastique spécialement conçues. Cela les mettra à l'abri des rigueurs de l'hiver et des rongeurs. Choisissez le format de 60 cm de hauteur.

Au cours des trois ou quatre premières années, vous devrez prendre soin de limiter la croissance des herbes autour des arbres. Ajoutez du compost une fois par année, à raison de 5 kg par année d'âge des arbres. N'oubliez pas que les racines d'un arbre grandissent au même rythme que sa cime et que ses branches; étalez donc le compost pour ne pas qu'il soit concentré près du tronc. Établissez une carte de votre verger et placez-la dans un endroit sûr, précaution d'autant plus utile si vous possédez quelques arbres d'espèces rares.

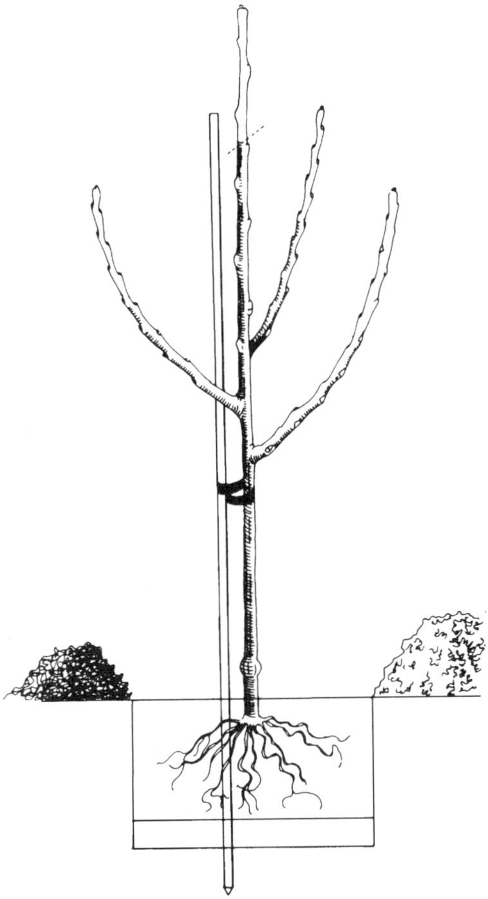

Figure 27 : L'arbre nouvellement planté, avec son tuteur profondément enfoncé dans le sol.

CHAPITRE 15

La multiplication

La multiplication des plantes est un art des plus variés, qui va du simple prélèvement de boutures à la culture in vitro. Tôt ou tard, chaque amateur est intéressé par la multiplication des plantes soit pour préserver son verger, soit pour obtenir de nouveaux plants de variétés prometteuses. Les techniques sont nombreuses et s'adaptent à chaque plant, à chaque lieu. Dans ce chapitre, nous verrons dans les grandes lignes ce que sont les principales méthodes de multiplication végétative. Les lecteurs qui voudront en savoir plus trouveront quantité de livres bien documentés sur le sujet. L'expérience n'est pas non plus à dédaigner et a parfois même plus de valeur que tout ce qu'on trouve dans les livres. L'amateur qui fera quelques essais a aussi de bonne chances d'être amené à établir avec d'autres pomiculteurs des relations qui ne manqueront pas d'intérêt. Il existe un regroupement panaméricain de pomiculteurs intéressés à la multiplication des arbres fruitiers, *North American Fruit Explorers* (NAFEX). Ces gens disposent de professionnels dans certaines régions pour l'évaluation des nouveaux plants et porte-greffes, de même que des conseillers en techniques de greffes. L'adresse du groupe est donnée à l'annexe 2.

Il en coûte 5$ U.S. par année pour devenir membre, ce qui est une somme bien faible en comparaison des services et de l'aide qu'on peut obtenir.

LES GREFFES

Plusieurs espèces d'arbres fruitiers se reproduisent par graines et les caractéristiques des parents se retrouvent invariablement, ou presque, dans les rejetons. La plupart des espèces cultivées, cependant, sont des hybrides du genre le plus complexe qui soit, c'est-à-dire que les rejetons peuvent n'avoir aucune ressemblance avec leurs parents. Pour obtenir plusieurs arbres identiques, on greffe donc une branche prélevée sur cet arbre sur un porte-greffes, ou encore un seul bourgeon. Dans ce dernier cas, la technique est sensiblement différente et nous y consacrons plus loin une partie du chapitre.

On peut prélever des greffons en tout temps après le début de la période de dormance des arbres. Si l'on procède au début de l'hiver, il faudra conserver les scions pendant un bon bout de temps dans les meilleures conditions possibles. Cela présente cependant l'avantage de faciliter la détection des maladies. Selon moi, il convient donc de prélever les greffons entre la mi-février et la fin de mars, à peu près à l'époque de la taille. Cela permet de faire deux choses à la fois au verger et d'obtenir un nombre maximal de greffons. Il faut toutefois préciser qu'en procédant ainsi, on court le risque de perdre plusieurs scions. Il revient finalement à chacun de choisir entre deux maux le moindre. Ceux qui sont prêts à entreposer pendant de longs mois les greffons peuvent utiliser une cave fraîche ou un réfrigérateur. Les caves non chauffées ont une température constante, ce qui est un avantage.

Les meilleurs greffons consistent en pousses terminales qui se sont développées et dont le bois a durci au cours de la dernière saison. Le bois de deux ans est moins recommandable mais on peut quand même obtenir de bons résultats. De toute façon, prenez soin de toujours bien étiqueter les greffons.

La longueur des greffons n'est pas importante. Ils sont évidemment plus faciles à entreposer quand ils ont moins de 30 cm de longueur. Trempez la partie coupée dans un mélange à quantités égales de cire d'abeille et de paraffine pour éviter que la tige ne sèche. Faites attention car la température de la cire est un facteur important. Si elle est trop chaude, elle endommagera les tissus végétaux. Si elle est trop épaisse, au contraire, elle risquera d'étouffer la tige. Placez les greffons au frais sans attendre après les avoir prélevés et traités. Rangez-les dans un sac en plastique au fond duquel vous aurez mis de la mousse de tourbe ou un chiffon humide. (Le degré d'humidité ne devrait toutefois pas être trop élevé car les greffons risquent de pourrir.) Au lieu des sacs en plastique, on peut aussi utiliser des boîtes remplies de mousse de tourbe, de sable, de brin de scie ou de feuilles.

Le diamètre des greffons peut varier en autant qu'il dépasse 3 mm. Il serait préférable que les greffons aient un diamètre comparable à celui du porte-greffes. Il n'y a pas de conséquence au fait qu'il soit plus petit. En principe, on considère qu'un greffon de la grosseur d'un crayon à mine sur un porte-greffes légèrement plus grand est le mariage qui a les plus grandes chances de succès. Le plus important, c'est de s'assurer que l'écorce du greffon et celle du porte-greffes puissent bien se lier ensemble. On ne peut rien réussir en greffage avec des coupes peu soignées. Coupez toujours en une seule fois, nettement. N'entaillez jamais ni le greffon ni le porte-greffes pour leur donner une forme quelconque; coupez franchement. Ce qu'il faut, c'est un très bon couteau et du savoir-faire.

La **greffe à l'anglaise** est une technique qui requiert peu de matériel (voir fig. 29). Les débutants devraient greffer deux ou trois bourgeons par scion, ce dernier ayant une longueur de 10 à 15 cm. Ceux qui ont un peu plus d'expérience pourront greffer trois, ou même deux bourgeons par scion. Suivez les conseils de l'encadré (p. 287). Maintenez le tout en place avec du raphia afin que les cambiums (tiges en croissance active qui se trouvent juste sous l'écorce) restent en contact l'un avec l'autre. Vous pouvez enduire la partie greffée avec une cire de greffage, encore que bien des spécialistes pensent que ce ne soit pas nécessaire (certains disent même que cela peut nuire). Une fois que vous avez réalisé un bon nombre de greffes, trempez l'extrémité des scions dans de la paraffine. Prenez soin de garder la cire à la température voulue; elle ne doit être ni trop chaude ni trop froide.

Après avoir soigneusement étiqueté les arbres, placez-les dans des sacs en plastique où vous les laisserez pendant trois ou quatre jours, à une température de 25°C pour que les greffes prennent. L'idéal serait de garder le bois du scion à l'air libre tout en lui laissant les racines dans l'eau. Au bout de trois ou quatre jours, les tiges seront très sensibles à la moisissure; assurez-vous donc que la ventilation soit parfaite. Après ces quatre jours de cicatrisation, placez les arbres au frais ou plantez-les directement si la terre est suffisamment dégelée. La meilleure période de l'année pour ce genre de greffes est la fin d'avril, quand la terre s'amollit. Cependant, si l'on en juge par le nombre de clients qui courent les pépiniéristes dès les premiers jours d'avril, on comprend que les jardiniers amateurs aient bien d'autres choses à faire. On peut alors avancer la période de greffage, mais on diminue du même coup les chances de succès. En fait, il vaut mieux que le greffage et la cicatrisation se fassent tout juste avant la plantation.

Une seconde méthode assez fréquente est la **greffe en fente terminale.** Cette technique consiste à substituer à la cime d'un arbre une nouvelle cime choisie, et peut servir à greffer plusieurs variétés de fruits sur le même tronc. L'un des fondateurs de NAFEX, Milo Gibson, aurait quelque 450 variétés de pommes greffées... sur quatre arbres! Évidemment, quand le greffage atteint de telles proportions, l'étiquetage devient aussi matière inquiétante.

C'est au tout début du printemps qu'on doit prélever les tiges pour la greffe en fente terminale, après la première éclosion des bourgeons. Le scion ne doit pas, cependant, avoir quitté sa période de dormance. Il est possible de procéder plus tôt ou plus tard au printemps, mais les chances de succès s'amenuisent. Cette technique ne donne pas par ailleurs d'aussi bons résultats dans certaines régions, dont les Prairies, à cause de certaines maladies.

Commencez au sommet de l'arbre de sorte que les scions n'aient pas d'ombre au cours de leur première année. Choisissez les branches porte-greffes avec soin si vous voulez que le futur arbre ait une belle forme. Certains spécialistes disent qu'il est préférable d'étaler le greffage sur quatre ans. Les deux premières années, ils greffent les deux premières moitiés de la cime; les deux dernières années, ils procèdent aux greffes du bas de l'arbre en deux parties. Ne greffez pas sur des branches qui ont plus de 40 ou 50 mm de diamètre car elles sont moins vigoureuses que les plus petites. Enlevez la pointe de la tige porte-greffes au moyen d'un couteau affûté. Prenez soin de ne

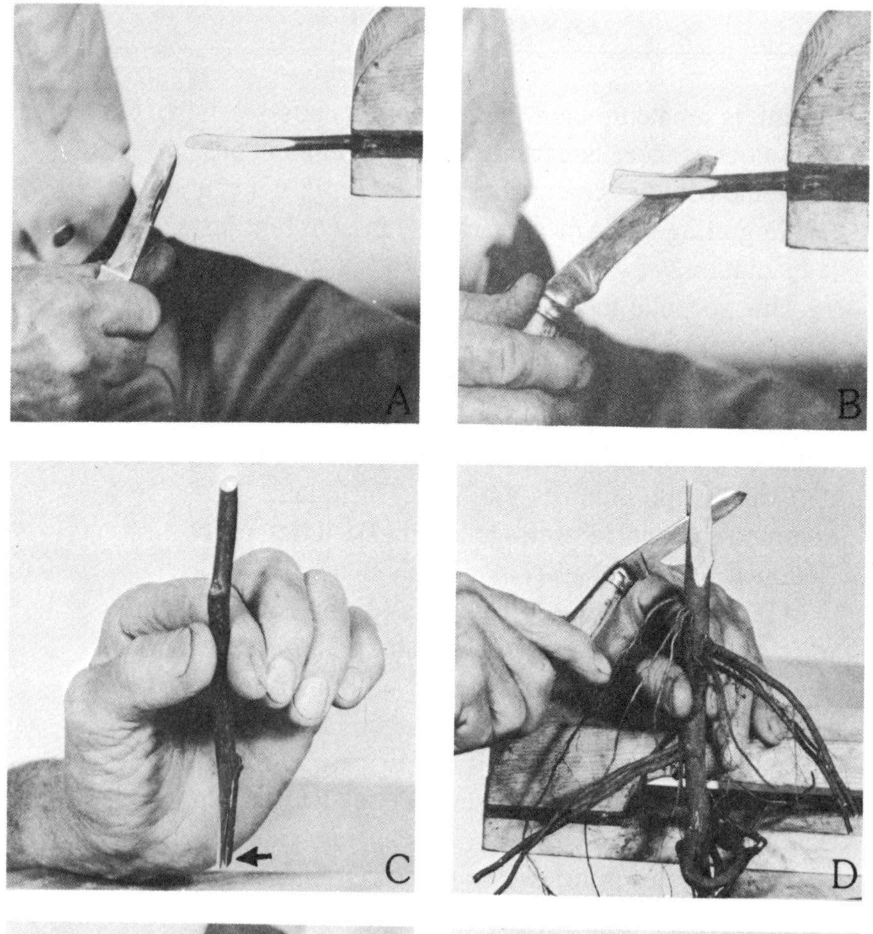
A
B
C
D
E
F

Figure 28 : Le greffage à l'anglaise.

A. Pour tailler le scion, tenez-le pointé vers vous. Faites une première coupe diagonale en un coup avec un couteau affûté, sur 5 cm de longueur.
B. Fendez l'extrémité du scion sur 5 cm. Les deux languettes devraient être de même longueur. (Le couteau, en écartant les languettes, montre bien la coupe.)
C. Les deux languettes doivent être de longueur égale.
D. Préparez le porte-greffes de la même façon. Sur la photo, la tige est coupée beaucoup trop près des racines; elle devrait avoir au moins 15 cm de longueur.
E. Insérez le scion dans la fente du porte-greffes. Veillez à ce que le bois soit bien en contact. Que les bois soient ou pas de mêmes dimensions, l'écorce du scion et du porte-greffes doivent être en continuité en un point au moins. Fixez la greffe avec du raphia.
F. Si vous voulez couvrir la greffe de cire, veillez à ce que la cire ne soit ni trop chaude ni trop froide. Lorsque vous avez terminé, couvrez la cire de sable afin qu'elle ne reste pas collante.

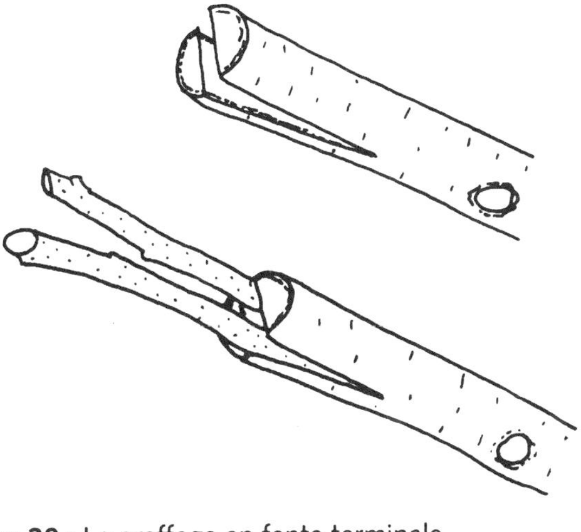

Figure 29 : Le greffage en fente terminale.

pas abîmer l'écorce. Opérez une fente verticale dans le porte-greffes avec une lame de couteau aiguisée, sur une profondeur de 3 ou 4 cm. Si la branche est assez épaisse, gardez la fente ouverte pour faciliter l'insertion des scions. Les outils de greffages sont spécialement conçus pour ce genre de travail mais on peut aussi employer un tournevis, un crayon ou tout autre substitut du genre.

Coupez en biseau le greffon à partir de sa base, sur une longueur de 4 cm (fig. 30). Introduisez deux greffons par porte-greffes afin de favoriser le contact des cambiums. Une fois l'entaille refermée sur les greffons, donnez une légère poussée au greffon pour raffermir le contact des cambiums. Enserrez le tout avec du raphia de bonne longueur (20 cm environ) et couvrez avec de la cire à greffage. Mettez un peu de cire sur les extrémités des scions.

Vous pourriez fabriquer vous-même, à la maison, de la cire à greffage. Voici une recette simple.

300 g de paraffine
200 g de cire d'abeilles
100 g de résine
25 ml d'huile de lin

Mélangez la cire d'abeille et la paraffine au bain marie. Dans un autre contenant, mélangez la résine et l'huile de lin, puis versez sur la première préparation. Mélangez encore et versez, pour la faire sécher, dans un poêlon peu profond dont vous aurez préalablement couvert le fond de papier ciré. Cette recette ne vous donnera pas de grandes quantités de cire mais vous pouvez multiplier les quantités selon vos besoins. Laissez sécher la cire en couches de 2 à 4 cm d'épaisseur de sorte qu'on puisse facilement la casser le cas échéant.

Pour greffer sur le terrain, ce qui est différent parce qu'on reste en pleine nature, on utilise la technique de la

greffe en fente latérale. Elle est surtout utile pour remplacer les greffons qui n'ont pas pris. Coupez en double biseau la base du greffon sur 4 cm de longueur. À 15 cm du sol au moins, entaillez en direction du bas et légèrement vers l'intérieur, en imprimant un angle de 30°, la tige du porte-greffes. Une longueur identique à celle du biseau du greffon est satisfaisante. Insérez deux ou trois scions dans l'incision en prenant soin de vérifier la qualité du contact entre chacun des greffons et le porte-greffes. Vous n'avez

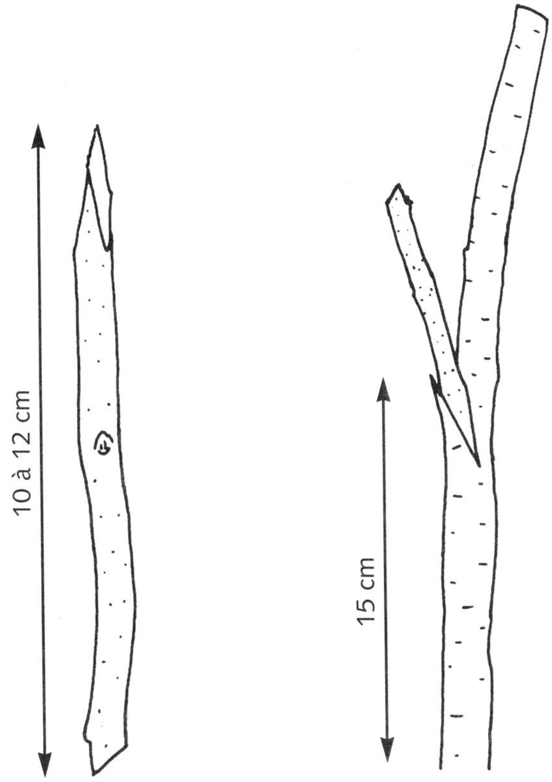

Figure 30 : Le greffage en fente latérale.

pas besoin d'enserrer le tout dans du raphia parce que l'écorce entaillée du porte-greffes maintiendra le greffon. Vous pouvez toutefois coller avec du ruban adhésif. Couvrez de paraffine (ou d'asphalte émulsifié disponible dans le commerce—marque Tree-Kote, par exemple). N'oubliez pas de mettre un peu de cire sur les parties coupées qui restent à l'air.

On peut pratiquer des greffes en utilisant plusieurs autres méthodes. Lorsque les branches porte-greffes ont plus de 50 mm de diamètre, la **greffe en coulée** est la méthode qui s'impose (fig. 31). Le greffon est alors placé sous l'écorce du porte-greffes. Lorsqu'on veut greffer plusieurs tiges autour d'une tige principale, on utilise la technique de la **greffe sur le tronc** (fig. 32). La **greffe en poinçon** ferait aussi l'affaire. Un arbre abîmé par les rongeurs peut être sauvé par des **greffes en pont** pour rétablir l'arbre sur toute sa longueur. Je vous conseille de vous renseigner sur ces différentes méthodes avant de les mettre à l'essai.

On doit faire appel à des techniques particulières quand le greffage d'une tige sur un porte-greffes donné présente des difficultés de compatibilité. Bien faites, beaucoup de ces greffes peuvent durer des années. De nombreux poiriers européens ont été greffés de cette façon sur *Pyrus ussuriensis, Cotoneaster, ou* sur des aubépines, des amélanchiers, etc. On utilise parfois un porte-greffes incompatible sans grand risque pour une greffe temporaire. Le greffon est alors placé de telle sorte qu'au bout d'un ou deux ans, il puisse atteindre le sol et développer son propre système radiculaire. Cependant, puisque le scion finit toujours par grandir sans l'aide du porte-greffes, on ne peut ainsi avoir que des arbres standard.

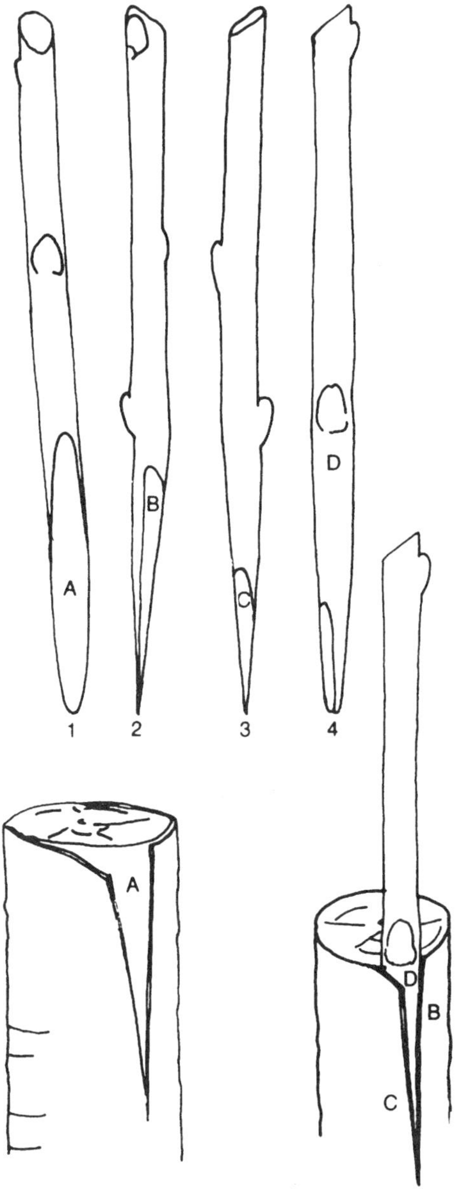

1. Coupe en biseau commençant à l'opposé d'un oeil.
2. Coupe mince et étroite sur le côté droit (B) pour exposer les zones génératrices (écorce et aubier).
3. À mi-hauteur des deux premières coupes, sur le côté gauche (C), enlevez juste assez d'écorce pour exposer le cambium.
4. À l'opposé de la coupe en biseau, même opération qu'en 3. mais en laissant une pointe d'écorce (D) pour combler la fente du porte-greffes.

A est retourné et placé contre le bois blanc, sous l'écorce du porte-greffes.
B adhère à la partie non soulevée de l'écorce du porte-greffes.
C touche la partie soulevée de l'écorce du porte-greffes.
D est l'opposé de A, inséré jusqu'au niveau de l'oeil.

N.B.: Ligaturez et recouvrez bien de mastic les parties mises à nu.

Figure 31 : Le greffage en coulée.

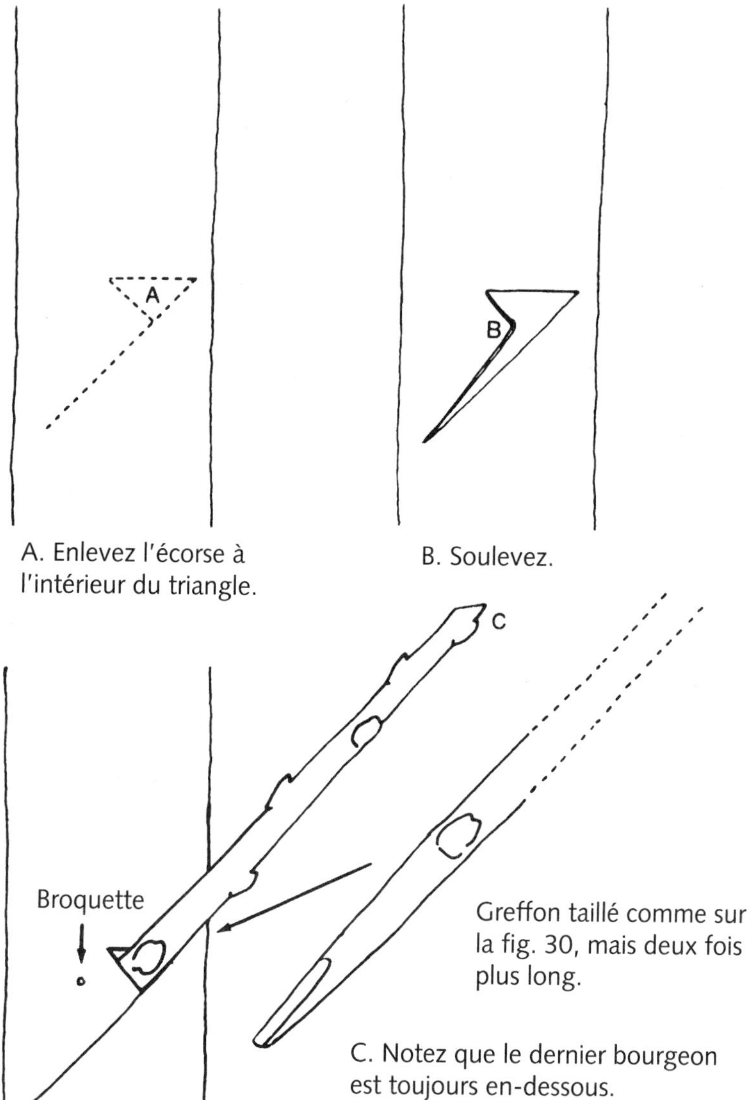

Figure 32 : Le greffage sur le tronc.

L'ÉCUSSONNAGE

L'écussonnage, parfois aussi appelé «greffe en écusson», est la technique la plus utilisée pour la reproduction des espèces fruitières dans les grandes pépinières. C'est une méthode pratique parce qu'elle permet d'obtenir jusqu'à trois fois plus d'arbres que les autres méthodes de greffage. L'écussonnage convient bien aux poiriers, pruniers, cerisiers, pêchers et abricotiers, espèces pour lesquelles les autres techniques sont difficiles à réussir. Les greffages sur tiges, faciles à réussir pour les pommiers, donnent de piètres résultats avec ces arbres.

Le succès de l'écussonnage repose sur l'âge du greffon (qu'on doit prélever à la base d'une feuille de l'année). Il est très important que l'écorce du porte-greffes se détache facilement du bois du tronc, sinon la greffe ne pourra pas réussir. On peut procéder à l'écussonnage des pommiers et des poiriers au cours de la première moitié d'août dans la plupart des régions. Les cerisiers et les pruniers peuvent être écussonnés dès juillet. Dans les régions de climat froid, il est possible qu'il soit difficile de réussir des écussonnages alors que le greffon prend bien sur la tige mais ne grossit pas l'année suivante. Des arbres écussonnés il y a deux ans n'ont encore rien donné de ce qu'on avait souhaité. Dans les nord des provinces des Prairies, par exemple, plusieurs pépinières ont réalisé des écussonnages sans aucune difficulté. Il y a donc un problème qui ne vient pas systématiquement, mais auquel on peut avoir à faire face.

L'écussonnage ordinaire est la technique de loin la plus courante. Prélevez des bourgeons en juillet ou en août, selon l'espèce d'arbre que vous voulez greffer. Choisissez une plante pour les greffons, prélevez une tige et enlevez toutes les feuilles, à l'exception d'un centimètre de longueur du pétiole de chaque feuille. Opérez une entaille dans la tige à 3 mm au-dessous d'un bourgeon bien développé. Prolongez l'entaille jusque sous le bourgeon et dégagez la languette. Placez-la dans un verre d'eau. Prenez soin de bien étiqueter tout ce que vous prélevez ou préparez. Au début du siècle, les fonctionnaires du Département américain de l'Agriculture manquaient de rigueur dans leur étiquetage, si bien que des difficultés ont surgi (et ont perduré de nombreuses années) quant aux pommiers importés de Russie.

Pour préparer le porte-greffes à l'écussonnage, pratiquez une incision en T dans l'écorce du côté nord ou nord-est de l'arbre, à 15 cm du sol environ. Coupez d'abord horizontalement sur une longueur de 10 à 15 cm. Entaillez bien l'écorce. À partir du centre de cette première coupe, taillez à

Figure 33 : L'écussonnage.

A. Soulevez les deux partie de l'écorce pour la dégager du bois en glissant un couteau dans la fente. L'écorce devrait être enlevée sur toute la longueur de l'entaille.
B. Pour préparer le scion, enfoncez la lame du couteau à 20 cm environ sous l'oeil et coupez juste assez profondément pour garder un peu de bois. Taillez une longueur de 10 à 15 cm.
C. Les coupes doivent toujours être franches; il faut utiliser un couteau affûté. Sur la photo, les coupes sont bien visibles. Les dimensions de l'écusson du greffon doivent aussi correspondre à peu près à la surface entaillée sur le porte-greffes.
D. Tenez l'oeil par la pointe du pétiole que vous avez conservée. Mettez-le en place sur le porte-greffes.
E. Coupez toute longueur de la languette du greffon qui dépasserait la limite inférieure de l'entaille pratiquée sur le porte-greffes.
F. Fixez le tout avec du ruban adhésif ou du raphia. Étiquetez la greffe.

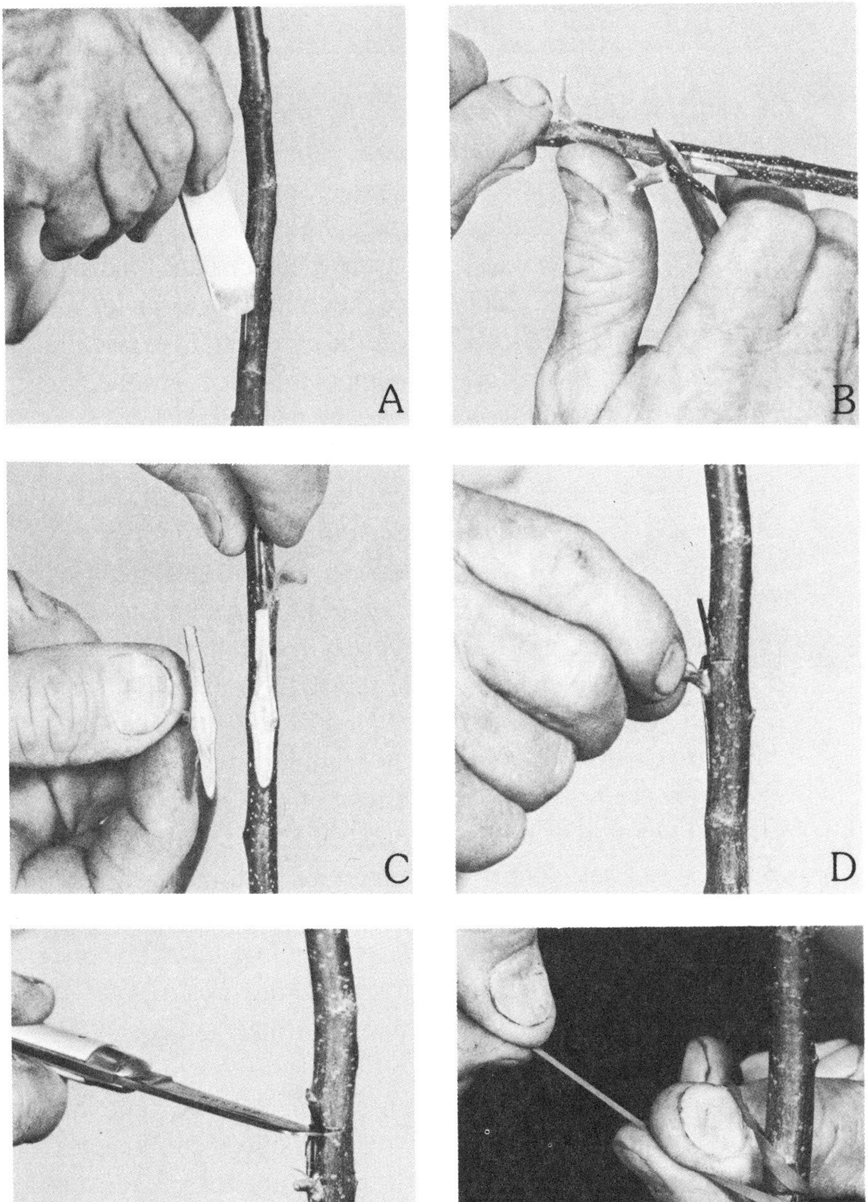
A
B
C
D
E
F

la verticale, sur une longueur de 40 mm. Avec la lame du couteau, soulevez ensuite l'écorce pour bien la dégager du bois. Préparez le greffon en éliminant tout le bois qui reste en-dessous, ne gardant que l'écorce. Le greffon devient alors l'«oeil». Insérez l'oeil et sa languette d'écorce dans l'incision en T du porte-greffes. Si l'écorce du greffon est assez longue pour empêcher l'oeil d'atteindre la barre du T, excisez la queue. Assurez-vous que le contact soit bon et attachez greffon et porte-greffes. Cela empêche par ailleurs le bois de se dessécher. Au printemps suivant, éliminez le haut du porte-greffes en coupant à 10 ou 15 cm au-dessus de l'oeil greffé. Éliminez aussi toutes les pousses du porte greffes. Servez-vous des 10 ou 15 cm restants de la tige du porte-greffes comme tuteur vivant pour la pousse du greffon.

L'écussonnage sur souche est une autre technique qui présente quelques avantages par rapport à la méthode traditionnelle. On peut en effet procéder à l'écussonnage en tout temps de l'année. C'est donc une technique utile pour remplacer les greffes ratées ou mortes durant l'hiver. Choisissez un bourgeon et taillez-le. Pour cela, tenez le bourgeon pointé vers vous. Placez le couteau à 10 cm environ sous l'oeil du bourgeon. Faites glisser le couteau sous le bourgeon sans trop faire pénétrer la lame dans le bois. Placez ensuite le couteau à 15 mm au-dessus de l'oeil et taillez de la même façon, en direction inverse cependant. Détachez ensuite le greffon.

Préparez le porte-greffes en entamant son écorce sur une longueur de 30 mm, à 15 cm au-dessus du sol. Relevez la languette d'écorce et enfilez ensuite le greffon en veillant à ce que le contact avec le tronc du porte-greffes soit le plus intime possible. Taillez l'écorce là où elle couvre celle du greffon. Fixez le tout avec du raphia en gardant l'oeil bien dégagé.

LE DRAGEONNAGE

Plusieurs espèces de petits fruits, dont les framboisiers, se multiplient par des drageons (fig. 34). Un grand nombre d'espèces sauvages —aubépines, sumacs, amélanchiers—se multiplient de la même façon. Il est important de savoir que cela ne fonctionne pas si la plante mère est un scion (sur un porte-greffes). La veille du jour choisi pour la division des racines, arrosez copieusement le sol tout autour de la plante mère. Souhaitez ensuite que le temps soit couvert le lendemain. Le printemps est la meilleure saison pour procéder à la division des touffes, juste avant l'apparition des feuilles. Creusez tout autour des racines à prélever. Coupez franchement les racines avec un sécateur ou un couteau affûté. Creusez toujours au lieu de tirer pour dégager les racines. Laissant autant que possible la terre qui colle aux racines, transplantez sans attendre, à la même profondeur que celle qu'occupait le rejet. Arrosez copieusement.

Il existe une variante de la division des touffes qui consiste à planter des pousses en tranchée. Ces pousses devraient avoir de 5 à 10 cm de longueur et aucun bourgeon. Procédez tôt au printemps avant que les plantes mères ne soient sorties de leur période de dormance. L'ennui, c'est que le sol n'est pas toujours bien dégelé avant que ne débute la période végétative. Planifiez bien votre intervention. Par ailleurs, faites surtout attention de ne jamais laisser sécher les rejets. Creusez une tranchée de 10 cm de profondeur et remplissez le trou à moitié de mousse de tourbe ou de compost. Disposez les pousses sur ce tapis et remplissez le trou de terre arable. Arrosez bien.

LE MARCOTTAGE EN BUTTE

Cette technique est utilisée dans toutes les grandes pépinières pour la multiplication par drageonnage ou par pous-

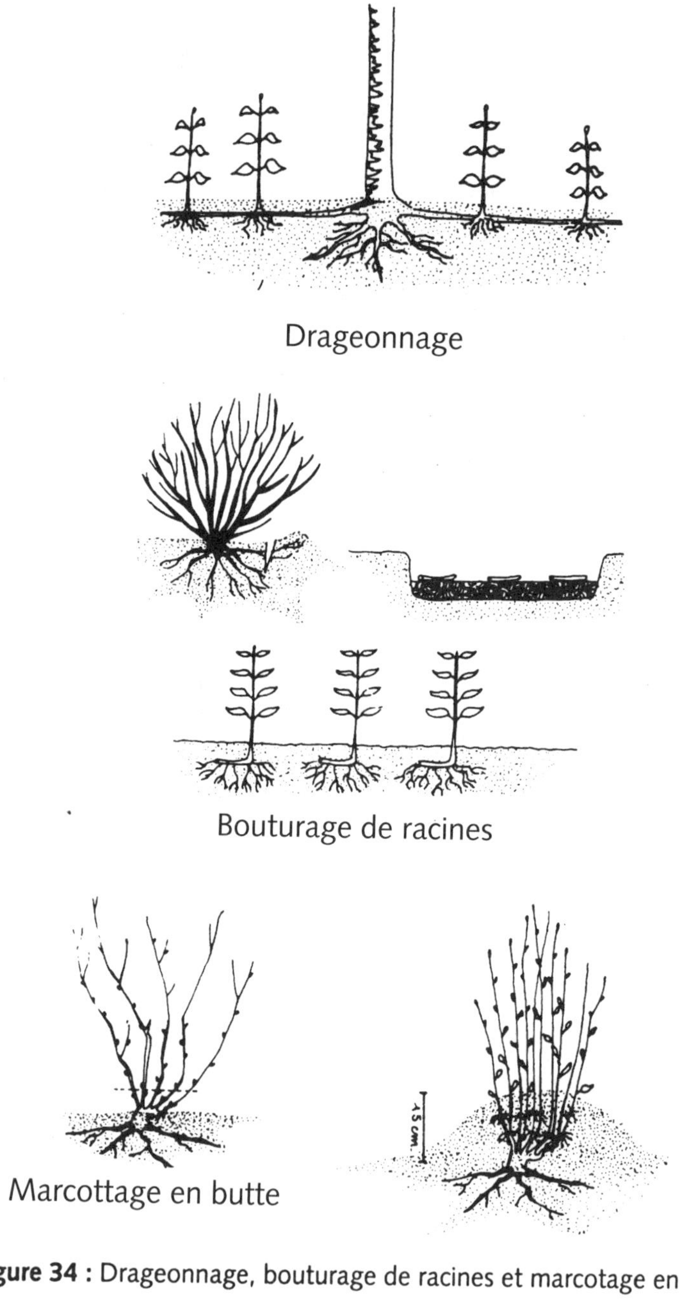

figure 34 : Drageonnage, bouturage de racines et marcotage en butte.

ses. Pour préparer la butte, choisissez une terre fertile riche en matières organiques. Plantez les drageons au printemps, en laissant entre 30 et 60 cm entre chacun d'eux. Faites des rangs distants de deux ou trois mètres selon l'équipement que vous utilisez pour l'entretien des plantations. Laissez les plants croître pendant une saison afin qu'ils établissent des systèmes radiculaires forts. Au cours des printemps suivants, taillez les pousses basses pour forcer leur dédoublement. Lorsque les nouvelles pousses auront une longueur de 25 cm, enfouissez-les à une profondeur de 5 à 10 cm dans le sol au centre de la butte. Refaites la butte en juillet de sorte que la terre vienne à 15 ou 20 cm des branches basses. La butte aura alors une épaisseur de 25 à 35 cm. À l'automne, lorsque le bois des nouvelles pousses a durci mais avant les premiers gels, défaites la butte et dégagez les pousses avec leur jeune système radiculaire. Normalement, vous devriez les placer dans du brin de scie humide ou du sable, dans une cave non chauffée, jusqu'au printemps. À ce moment-là, vous pourrez les greffer ou les planter pour le marcottage en butte. De nouvelles pousses apparaîtront à partir de la couronne dès le printemps et le processus se répétera.

On peut varier la technique en couvrant les moignons des pousses coupées sur la plante mère d'un grillage fin (6 mm) galvanisé. Le fait de pousser à travers le grillage favorisera la croissance des pousses et facilitera la récupération des nouvelles pousses au moment où on les détache de la plante mère.

LE MARCOTTAGE

Le marcottage est l'une des méthodes de multiplication des plantes des plus simples qui soient. Il s'agit d'enfouir dans le sol l'extrémité d'une branche qui a poussé l'année précédente afin qu'elle développe son propre système radiculaire. La plupart des espèces de plantes se prêtent à ce genre de pratique, encore que le procédé soit sur tout utilisé pour la multiplication des framboisiers noirs, des vignes, des groseilliers, des groseilliers à maquereau, des amélanchiers et des sureaux. Les bleuets et les arbres fruitiers peuvent être multipliés de la même façon, à cette différence près qu'il faut souvent au moins deux ans aux pousses pour prendre racine.

Sélectionnez une branche vigoureuse et pliez-la très délicatement. Sur la partie de la branche qui sera le plus profondément enfouie dans le sol, entamez l'écorce sur une courte distance avec un couteau affûté. Coupez l'extrémité de la branche et couvrez la blessure d'hormone en poudre

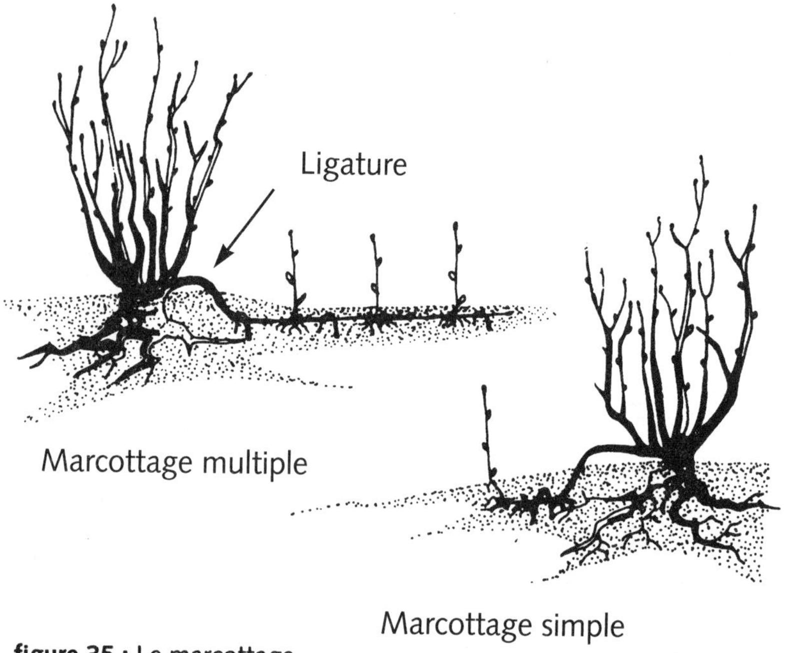

figure 35 : Le marcottage.

(Seradix ou Rootone). Enfouissez une partie de la branche à 10 ou 15 cm de profondeur dans le sol. Ne gardez que trois ou quatre bourgeons sur la branche, et veillez à ce qu'ils restent hors de terre. Maintenez la branche en place avec un caillou ou un piquet. Au bout de quelques jours, la branche développera un système radiculaire indépendant. Lorsque les nouvelles racines seront assez fortes pour nourrir la nouvelle plante issue de la branche, séparez cette dernière de la plante mère mais ne la déplacez pas tout de suite. Ce n'est qu'au printemps suivant que vous pourrez procéder à la transplantation.

Vous pouvez produire plus d'une nouvelle plante par branche en utilisant la technique du marcottage multiple. Au printemps, creusez une tranchée de 15 cm de profondeur d'une longueur équivalente à celle de la branche. Couchez-y la branche et fixez-la avec du fil métallique numéro 8 ou 9. Au lieu d'enlever la plupart des bourgeons, ne retirez que ceux qui risquent de se retrouver sous le niveau du sol. Ne remplissez la tranchée de terre que lorsque les bourgeons commencent à éclore, tout en prenant soin, en outre, de laisser une longueur d'au moins 10 cm hors du sol pour chaque pousse. Une fois que les pousses ont atteint 15 ou 20 cm de longueur, forcez-les à produire leur propre système radiculaire en entaillant l'écorce sur une courte longueur tout autour de la tige, ou en y serrant un fil de cuivre. Au printemps suivant, séparez les nouvelles plantes de la plante mère et transplantez-les.

Lorsque vous procédez à une multiplication par marcottage, assurez-vous que les membres de votre famille ou vos employés soient au courant de vos projets. Lewis Hill, propriétaire de pépinière dans le nord du Vermont depuis de nombreuses années, me racontait que peu après son mariage, son épouse lui annonça toute fière qu'elle venait de «sauver» toute une série d'arbres dont les branches avaient été en partie enfouies dans le sol. Bien qu'elle eût un peu hésité, se demandant sans doute ce qui avait pu mettre ces pauvres plantes dans un tel état, elle finit malheureusement par tout arracher!

LES BOUTURES

On peut reproduire beaucoup d'espèces de plantes ornementales par bouturage. Qui n'a pas déjà multiplié des géraniums, des fuschia et autres plantes de même genre en repiquant des feuilles avec leur pédicule? Bart Hall-Beyer s'amusait à raconter qu'il avait vu, au Yukon, la haie de peupliers la plus régulière qui fût au monde. En effet, un cultivateur de la région avait coupé des peupliers pour faire une clôture et en peu de temps, les retailles avaient pris racine! Rares sont néanmoins les espèces fruitières qui se multiplient aussi facilement. Les groseilliers, les vignes et les sureaux donnent de bons résultats. Les groseilliers à maquereau et les bleuets sont plus difficiles mais pas impossibles à réussir.

Pour que les retailles de bois mou prennent bien, il faut les sélectionner avec soin. Choisissez une pousse du printemps et pincez-en l'extrémité une semaine environ avant de la couper. Cela favorisera la croissance des feuilles restantes. Coupez la tige à une longueur de 10 à 30 cm et enlevez les feuilles basses. (Certains spécialistes recommandent de couper en deux les feuilles restantes afin de limiter les pertes d'humidité.) Trempez la blessure dans de l'hormone d'enracinement (Seradix, par exemple), et plantez-la à une profondeur de 5 à 10 cm dans du sable, de la perlite ou de la tourbe. Arrosez abondamment et gardez à une température aussi près que possible de 30° C. Pour la multiplication sur grande échelle, les producteurs

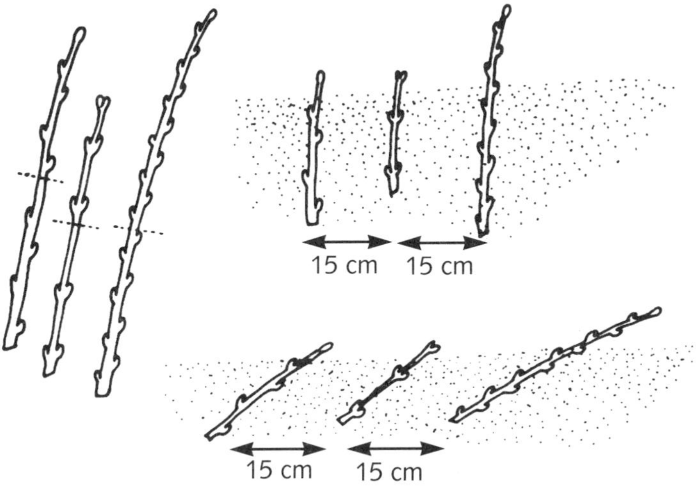

Bouturage de rameaux ligneux

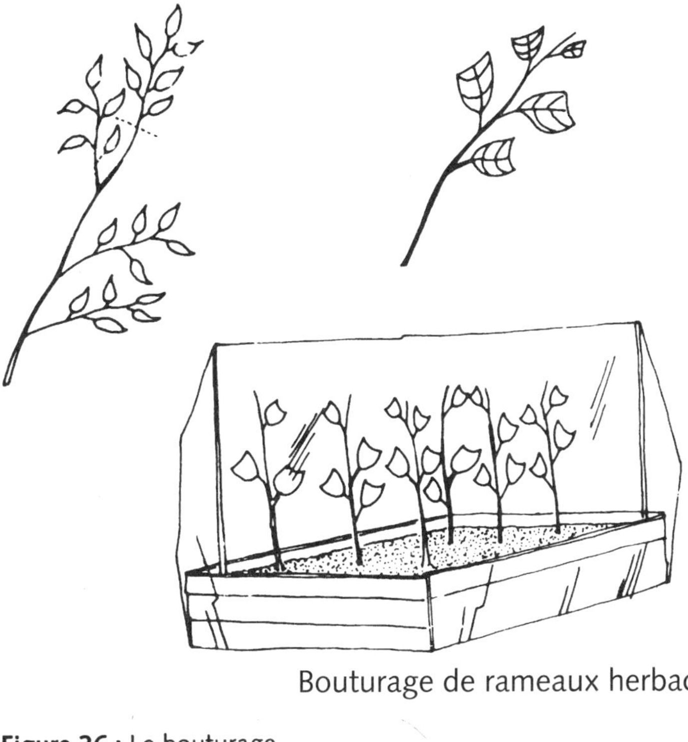

Bouturage de rameaux herbacés

Figure 36 : Le bouturage.

placent les boîtes sur un lit de gravier et arrosent les jeunes poussent toutes les 30 à 60 secondes. C'est évidemment impossible à réaliser à petite échelle. Pour que le degré d'humidité soit toujours suffisant toutefois, placez la boîte des pousses dans un grand sac en plastique qui retiendra l'humidité. Il ne coûte pas cher non plus de fabriquer un petit appareil pour la multiplication par bouturage. Visitez une pépinière et, en «espionnant» (demandez la permission et l'on vous autorisera, sans doute), notez l'information qui vous sera utile sur les appareils des professionnels.

Les boutures feront rapidement des racines, en quelques semaines en fait. Transplantez les jeunes plants dans un pot quand ils sont assez forts; c'est alors qu'ils entameront leur seconde phase de croissance. Ne les transplantez en pleine terre qu'une fois que leur système radiculaire est bien établi. (Si vous les gardez en pot, assurez-vous que les pots soient assez grands pour ne pas nuire à la croissance des arbres.)

Le bouturage des bleuets présente quelques difficultés particulières. Au milieu de l'été, choisissez des rameaux sur les branches latérales dont la base commence à durcir mais dont l'extrémité est encore verte. Pincez les pousses 8 à 10 jours avant de les couper. Coupez des boutures de 15 cm de longueur, en ajoutant au moins 2 cm de vieux bois (ce qui donne des rameaux de 17 cm au moins). Enfoncez les pousses à 10 cm dans les caissettes de multiplication et ne laissez sortir que la feuille terminale. Les boutures de bleuets ont besoin de beaucoup d'humidité. Après un mois ou deux, vous devrez aussi leur donner un fertilisant azoté. Pendant l'hiver, conservez les caissettes au frais, en cave, jusqu'au printemps suivant. L'année suivante, vous pourrez les transplanter en pleine terre. La multiplication des bleuets par bouturage se fait au prix de beaucoup de pertes.

Le bouturage de rameaux ligneux, des tiges de bois dur ou aoûté, convient pour les vignes, les groseilliers, les groseilliers à maquereau et les aubépines. Coupez des longueurs de 15 à 40 cm à la fin de l'hiver et conservez les pendant un mois dans du sable humide ou du brin de scie, au frais. Lorsqu'apparaîssent les premières radicelles, trempez les boutures dans des hormones d'enracinement et plantez-les à l'extérieur, dans un terreau fertile et riche en matières organiques. Ne les enfoncez pas à plus de 5 cm de profondeur et arrosez copieusement. Dans les régions balayées par le vent, essayez de trouver un endroit abrité. Après quelques semaines, les feuilles et les racines auront commencé à pousser. Favorisez cette croissance en arrosant les boutures avec une solution d'émulsion de poissons. Plantez un peu de seigle pour maintenir un degré élevé d'humidité dans le sol et empêcher la croissance des herbes nuisibles. Au printemps suivant, transplantez les boutures en pleine terre.

LES SEMIS

Dans les régions à climat froid, la propagation par semence est depuis longtemps la méthode la plus courante pour la multiplication des pommiers. Il faut mentionner les cas des porte-greffes Beautiful Arcade et Antonovka, multipliés par semis. Ce sont des variétés plutôt naines qui donnent de bons fruits. Les graines de ces arbres, ou d'autres variétés telles Dolgo ou Malus baccata, sont récupérées sur les fruits en automne. Pour qu'elles mûrissent, il faut qu'elles aient une période de dormance en hiver. C'est pourquoi, au lieu de se substituer à la nature et de tenter de conserver les graines en cave, il vaut mieux semer en automne et laisser faire Dame Nature.

Les porte-greffes des poiriers, pêchers et abricotiers peuvent aussi être multipliés par semis, même en régions à climat chaud. Le plus simples est de semer à l'automne et de laisser faire la nature. Dans certains cas —les porte-greffes Green Gage et Damson pour les pruniers, par exemple—, les jeunes arbres reproduisent souvent fidèlement les caractéristiques de la plante mère. Ce n'est pas tout à fait le cas pour les bleuets, les amélanchiers, les aubépines et de nombreuses plantes sauvages. Celles-ci sont toutefois faciles à multiplier par semis et, avec un peu de patience, vous pourrez sans doute obtenir quelques spécimens intéressants.

La multiplication des plantes est un défi merveilleux. Tout amateur sérieux, producteur ou pomiculteur devrait s'essayer à pareille tâche et produire ses propres plants. C'est un plaisir de suivre l'évolution d'une plante obtenue par sa propre intervention, coup de pouce donné à la nature. Les gens qui multiplient ainsi les plantes vous diront qu'ils voient, grâce à leur passe-temps, la vie différemment. Ces gens-là, au lieu de répéter «voyez comme j'ai vieilli», diront plutôt «voyez comme mon arbre a grandi»! Et dire qu'en plus de cette satisfaction, la nature nous offre les fruits en prime!

ANNEXE 1

Publications utiles

LIVRES

Brady, N.C., *The Nature and Property of Soils,* MacMillan, New York, 1974.

Brooks, R.M. et Olmo, H.P., *Register of New Fruit and Nut Varieties,* University of Californie, 1972, 708 pages.
Nombreuses descriptions de variétés fruitières nouvelles créées et commercialisées en Amérique du Nord entre 1910 et 1972. Ce livre est surtout utile au professionnel.

Carr, A., *Color Handbook of Garden Insects,* Rodale Press, Emmaus (Penn.), 1979.
Livre riche de merveilleuses photographies en couleurs. L'auteur présente la plupart des espèces d'insectes nuisibles.

Page, S. et Smillie, J., *Spraysaver Calender,* Rockport (Maine).
Livret très utile dans lequel l'auteur fait le tour de la culture des pommiers. Ce livre sera particulièrement utile à ceux qui veulent essayer de produire des pommes sans utiliser de produits chimiques.

Paradis, R.O., *Le contrôle des insectes dans les vergers du Québec,* Bulletin technique no 16, Station de recherche d'Agriculture Canada, Saint-Jean-Sur-Richelieu (Qc).

Présente une approche intéressante sur la question des insectes nuisibles ou utiles aux cultures fruitières dans les régions tempérées. Ce livre a beaucoup servi dans la préparation du chapitre sur les insectes.

Peterson, M.G., *How to Know Wild Fruits,* Dover Publications, New York, 1905 (Réimprimé en 1973).

Yepsen, R.B., *Organic Plant Protection,* Rodale Press, Emmaus (Penn.), 1976.

Étude portant sur le problèmes d'infestation par les insectes, classés selon les types de cultures. Le texte est meilleur que celui du livre de Carr, mais les photographies sont moins bien choisies.

Yves Gagnon

Introduction au jardinage écologique
800 rang du Portage
Saint-Didace, Qc.
JOK 2GO

PÉRIODIQUES

Le magazine Bio-bulle
401 rue Poiré,
La Pocatière (Québec)
G0R 1Z0
Téléphone : (418) 856-1110, poste 340.

ANNEXE 2

Adresses utiles

CONSEILLERS ET FOURNISSEURS

Les Éditions Colloïdales
800, ch. du portage
Saint-Didace, Qué.
J0K 2G0
514-835-5813

Dr Stuart B. Hill
a/s Projets pour une Agriculture Écologique
Campus Mc Donald (McGill)
Ste-Anne-De-Bellevue, Qué
H9X 3V9

Albany International
Controlled Release Division
40 A Street,
Needham Heights, Mass. U.S.A. 02194

Offrent plus de quarante type de pièges au phérormones et autres.

William Dam Seeds Ltd.
Box 8400
Dundas, Ont.L9H 6Ml

Société qui offre divers produits: *Bacillus thurin giensis,* roténone, terre diatomée avec ou sans pyréthine ou roténone, savons insecticides, *Tanglefoot,,* etc. Elle n'accepte que des commandes en provenance du Canada.

Ecological Agriculture Projects
Box 225
MacDonald College (McGill)
Ste-Anne-De-Bellevue, Qué H9X lC0

L'école offre quelque 25000 articles, 2000 titres de livres, 60 revues, du matériel audio-visuel sur l'agriculture écologique, les énergies renouvelables, etc. Le personnel est peu nombreux mais ce sont des gens dévoués.

Necessary Trading Company
328 Main Street
Newcastle, Va, U.S.A. 24127

Tous types de fertilisants et d'insecticides naturels qu'on peut commander par la poste. Le compost est le moins cher et l'un des meilleurs qui soit.

Progressive Agri-Systems
201 Center Street
Stockertown, Pa, U.S.A.

Nombreux types de fertilisants et d'insecticides naturels. Approvisionnement assuré de ryana. La société offre des services conseils et organise des conférences dans diverses régions.

American Fruit Grower,
37841 Euclid Ave.
Willoughby, Ohio, U.S.A. 44094

Publication mensuelle surtout destinée aux grands producteurs. On y trouve beaucoup d'articles intéressants, d'approche assez traditionnelle. Les annonceurs sont variés et la publicité est utile; on propose entre autres bon nombre de livres sur tous les sujets.

IPM Practitioner
Box 28A, Rt.2
Winters, California, U.S.A. 95694

Si vous voulez connaître les dernières nouvelles en matière de lutte écologique contre les insectes, voici ce que vous cherchez. L'abonnement est coûteux mais vaut la peine si vous vous intéressez sérieusement à l'agriculture écologique.

Pomona
c/o Maru Kurle
10 S 055 Madison St.
Hinsdale, Illinois, U.S.A. 60521

Magazine trimestriel du groupe *North American Fruit Explorers.* On y trouve beaucoup d'informations utiles et des offres d'échanges venant des quelques 3 000 membres et chercheurs que compte l'association.

Otto Richter and Sons Ltd.
Goodwood, Ont. L0C 1A0

Roténone, pyrèthre, terre diatomée, savons insecticides, *Tanglefoot,* insectes utiles, etc. On y trouve aussi plusieurs semences. N'accepte que les commandes provenant du Canada.

Sandoz inc., Crop Protection
480 Camino des Rio S.
San Diego, Ca, U.S.A. 92108

Producteur de *Bacillus thuringiensis* et de plusieurs virus et autres produits pour la lutte biologique contre les insectes. La société offre de l'information technique sur demande et la liste des distributeurs les plus près de chez vous.

GOUVERNEMENTS ET UNIVERSITÉS

Les provinces et États suivants comptent un nombre important de producteurs fruitiers et offrent des bulletins périodiques de grand intérêt. Il suffit d'écrire aux adresses ci-dessous pour obtenir les catalogues des publications.

États-Unis

Illinois Agricultural Extension, Urbana, Ill. 61801
Massachusetts Agricultural Extension, Amherst, Mass. 01002
Michigan Agricultural Extension, East Lansing, Mich. 48823
New Jersey Agricultural Extension, New Brunswick, N.J. 08903
New York Agricultural Extension, Ithaca, N.Y. 14850
Ohio Agricultural Extension, Columbus, Ohio 43210
Oregon Agricultural Extension, Corvalis, Ore. 97330
Pennsylvania Agricultural Extension, State College, Penn.

Canada

British-Columbia Ministry of Agriculture, Victoria, B.C.
Nova-Scotia Ministry of Agriculture, Halifax, N.-S.
Ontario Ministry of Agriculture, Queen's Park, Toronto, Ont,.

GOUVERNEMENTS FÉDÉRAUX

Les gouvernements canadien et américain publient une véritable collection de dépliants sur les fruits et les petits fruits. Écrivez pour obtenir un catalogue des publications gouvernementales et demandez la liste des stations de recherche où l'on poursuit des travaux sur les fruits et les petits fruits. Ces fermes expérimentales publient souvent leurs propres fascicules.

Agriculture et Agroalimentaire Canada
Service des publications ministérielles
Pièce 118, Édifice Sir John Carling
930, av. Carling
Ottawa, Ont.
K1A 0C5

Horticulture Research Institute of Ontario
Vineland Station, Ont.

Publications Division
United-States Departement of Agriculture
Washington, D.C. 20250

Station de recherches, Agriculture Canada
C.P. 457
Saint-Jean-sur-Richelieu, Qc
J3B 6Z8

Les canneberges ATOCA inc.
Marc et Marie Bieler
25, route 218
St-Louis de Blandford, Qc
G02 1B0

INSECTES UTILES

California Green Lacewings
Box 2495
Merced, Ca, U.S.A. 95340
Neuroptères, trichogrammatides, etc.

Metro Pest Management Consultants
Box 1029
Denver (Arvada), Co, U.S.A. 80001
Neuroptères et autres.

Necessary Trading Company
328 Main Street
Newcastle, Va, U.S.A. 24127

Neuroptères, coccinelles, trichogrammatides, etc.

Rincon Vitova Insectaries
Box 95 OAK
View, Ca, U.S.A. 93022

Neuroptères, coccinelles, trichogrammatides, etc.

Les Canadiens qui veulent importer des insectes de ces sociétés doivent obtenir un permis d'Agriculture Canada, en écrivant à:

Service du contrôle des insectes
Agriculture Canada
Édifice K.W. Neatby
Ottawa, Ont. KlA 0C6

Précisez que vous voulez commander des spécimens des espèces suivantes:

Chrysopa carnea
Hippodamia convergens
Amblyseius (prédateur des mouches)
Trichogramma (prédateur des zigzags)

PÉPINIÈRES

Pépinière Arbro-vie inc. (pépinière écologique)
Guy Langlais
164, chemin des Sables, C.P. 1852
La Pocatière, Qué G0R 1Z0
Tél. : (418) 856-4354

Pépinière Des Aulnaies enr. (pépinière écologique)
Claude Anctil
1167 de La Seigneurie
St-Rock-des-Aulnaies, Qué GOR 4E0
Tél. : (418) 354-2940

INSTITUTIONS / ASSOCIATIONS

Institut de Technologie Agricole
401 rue Poiré
La Pocatière, Qc
G0R 1Z0

M. Roland Boisvert, agronome
Guy Langlais, professeur

New York State Fruit Testing Cooperative Association
Geneva, N.Y., U.S.A. 14456

Les membres s'échangent de l'information concernant les nouvelles variétés de pommiers, leur résistance aux maladies, etc. On s'y intéresse aussi beaucoup aux vignes.

North American Fruit Explorers (NAFEX)
c/o Mary Kurle
10 S 055 Madison St.
Hinsdale, Il, U.S.A. 60521

Organisation qui regroupe plus de 3000 pomiculteurs amateurs et autres chercheurs. Le journal du groupe, *Pomona,* regorge d'informations utiles. C'est le genre d'association rêvée pour établir des liens intéressants avec d'autres amateurs et enrichir son expérience de celles d'autrui. La carte de membre annuelle coûte 5,00$ U.S.

Northern Nut Growers Association
c/o John English
R.R. 3
Bloomington, In, U.S.A. 61701

Une organisation semblable à NAFEX mais dont l'intérêt se limite aux noyers. Beaucoup de documentation intéressante toutefois. De nombreux membres de NAFEX sont aussi membres de cette seconde organisation, et vice versa.

Centre d'Agriculture Biologique
401, rue Poiré
La Pocatière, G0R 1Z0
418-856-1110 ext. 340

Rutgers Fruit Research and Development Center
283 toute 539
cream ridge, Nj, U.S.A. 08514
609-758-7311

Index